エッセンシャルテキスト

光学

左貝 潤一 著

Optics

森北出版株式会社

まえがき

光学は，自然科学の中でも比較的古くから発達している学問である．16 世紀末には光学顕微鏡の発明があった．17 世紀には天体望遠鏡の発達，スネルの法則やフェルマーの原理あるいはホイヘンスの原理の発表，複屈折の発見など，現在につながる多くの貢献があった．19 世紀にはヤングの干渉実験，偏光・旋光性・ブルースタ角の発見，ガウスの結像理論，ストークスパラメータやフレネル・キルヒホッフによる回折理論の発表，ポアンカレ球の提唱など，おもに偏光関係と干渉・回折の分野で進展があった．20 世紀にはブラッグの回折理論やホログラフィが進んだ．

近代に入ると，1960 年に可干渉性に優れたレーザが発明され，光学の内容と応用が質的な変革を遂げた．上記の基礎的内容に加えて，多くの知見がもたらされるとともに，他領域の考え方を取り入れることにより，光学の幅が広がっている．フーリエ光学，非線形光学，近接場光学，位相共役光学，導波光学，変換光学などはその例である．また，自然界の物質では屈折率が $n > 1$ であるが，フォトニック結晶やメタマテリアルなど人工的に作製された物質では，負屈折（$n < 0$）や超屈折（$0 < n < 1$）など，従来の自然界の物質では見られない新しい現象や概念が生まれている．

光学は科学だけでなく，近年は工学にも影響を及ぼしている．電気・電子工学あるいは機械工学との融合により，境界領域である光エレクトロニクスやオプトメカトロニクスなどの分野が生まれ，応用としての光学の重要性が増している．また，光ディスクやバーコードリーダ，レーザプリンタなどのレーザ応用装置が，身近なところにも入り込んでいる．

しかし，このような光学の重要性の増加にもかかわらず，近年では学校で光学を学習する機会が大幅に減少している．多くのことを身につける必要性が増している現代では，特定の分野に十分な時間をさいてじっくりと学習することが困難となっている．そのため，本書では大学における半期の講義時間を想定して，ページ数および題材を制限している．

取り上げる題材の選択では，光学の基本知識を付与することを前提として，基礎的で重要性の高いものを優先させている．バランスよく知識を与えるよりも，知恵となる内容，つまり「このように考えると理解が深まる」という説明をすることに重点をおいている．

上記の目的を達成するため，本書には以下のような特徴をもたせた．

(i) 基礎理論で得られる知識について，光学の基本現象ではホイヘンスの原理，結像作用ではフェルマーの原理と関連づけた議論を行うことにより，定性的でより深い理解ができるようにする．

(ii) プリズムがもつ特性の多様性に着目して，これを光学現象の説明に利用している．通常は光線の折れ曲がりや全反射の取り扱いが多いが，本書では結像作用への応用や，位相変換因子とフーリエ変換因子との関連にも言及している．

(iii) 回折現象では光の波動的扱いだけでなく，ホイヘンスの原理と関連づけた議論を行っている．

(iv) 基礎理論と応用との結びつきを関連個所で記述している．

(v) 学習の便を図るため，重要な結果を得るための途中の計算をできる限り示すように努めた．

紙数の都合により，必要性の低いものや高度なものは省いている．そのため，単色収差やコルニューの螺旋，非球面レンズ，光の粒子性などを扱っていない．

1～7 章が基礎編，8～10 章が上級編となっている．章内には例題，各章末には演習問題を配置し，解答は丁寧に示している．さらに，一部の式や結果については，その詳しい導出過程を，付録として下記の web サポートページに掲載している．必要に応じて参考とされたい．

https://www.morikita.co.jp/books/mid/077631

本書を出版するにあたり，終始お世話になった森北出版（株）の関係各位に厚くお礼を申し上げる．

2019 年 5 月

左貝　潤一

目　次

1章 光学の基礎事項

光の応用では，波動としての振る舞いがよく利用されるが，波長が短いという性質を利用した光線としての扱いも，光学現象を直観的に理解するうえで重要である．本章では，光学の基礎となるこれらに関係する概念を説明し，次章以降を読み進むための準備をする．

1.1 節では光波での基本パラメータを，1.2 節では光波の記述法を説明する．1.3 節では，波面の概念を導入した後，波動の伝搬を定性的に理解するうえで重要なホイヘンスの原理を紹介する．1.4 節では光線の概念とその特徴を説明する．1.5 節では，光線の伝搬経路の決定に関係する，光路長，フェルマーの原理，光線方程式を説明する．1.6 節では電磁波エネルギーを，1.7 節では様々な媒質における屈折率などの光学特性を説明する．

1.1 光波での基本パラメータ

光は電磁波の一種であり，その速度は観測者の移動速度によらず不変である．真空中の光速（light velocity of vacuum）は，次式で定義されている．

$$c = \frac{1}{\sqrt{\varepsilon_0 \mu_0}} \equiv 2.99792458 \times 10^8 \,\mathrm{m/s} \fallingdotseq 3.0 \times 10^8 \,\mathrm{m/s} \tag{1.1}$$

$$\varepsilon_0 = 8.854188 \times 10^{-12} \,\mathrm{F/m} \left(= \frac{10^7}{4\pi c^2} \right)$$

$$\mu_0 = 1.256637 \times 10^{-6} \,\mathrm{H/m} (= 4\pi \times 10^{-7})$$

光速を表す c は「速い」を意味するラテン語 celer に由来する．ここで，ε_0 は真空の誘電率，μ_0 は真空の透磁率である．

単位時間あたりの波動の振動回数を**周波数**（frequency）とよび，周波数 ν は媒質の種類によらず不変である．また，

$$\omega = 2\pi\nu \tag{1.2}$$

は**角周波数**（angular frequency）とよばれ，周波数 ν を位相角で表したものである．真空中の光速 c と周波数 ν の関係は，次式で表せる．

$$c = \nu\lambda \tag{1.3}$$

ここで，λ は**波長**（wavelength）とよばれ，時間 t を固定するとき，波動における隣

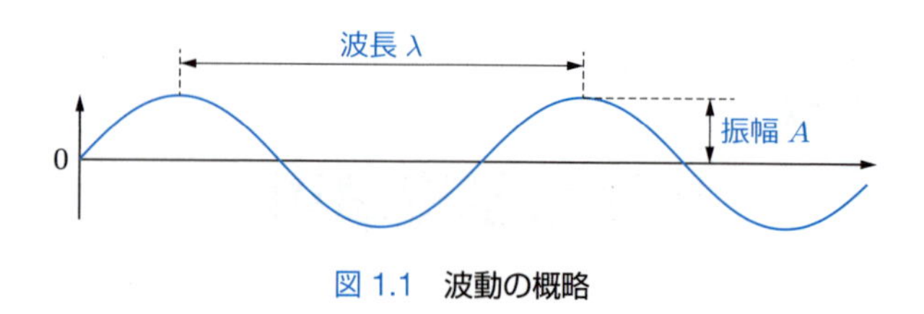

図 1.1　波動の概略

接した山と山の間の距離である（図 1.1）．単位距離あたりに含まれる波の数を**波数**（wavenumber）とよび，次式で表される．

$$k = \frac{2\pi}{\lambda} \tag{1.4}$$

光の特性は媒質に依存する．媒質の特性を記述するパラメータのうち，光学でとくに重要な概念は**屈折率**（refractive index）であり（▶ 1.7.2 項），その値は真空を $n = 1$ と定義して，相対値で表されている．標準空気（1 気圧，15°C）の可視光では $n = 1.00028$ であり，厳密な議論をしない限りは，空気と真空を同一視しても問題がない．

光の周波数 ν は媒質によらず不変であるが，光速や波長などは媒質中で変化する．媒質中での光速 v は真空中よりも遅く，その比率が屈折率 n に対応しており，

$$v = \frac{c}{n} \tag{1.5}$$

で表せる．式 (1.5) で表される速度を**位相速度**（phase velocity）という．

媒質中での波長 λ は，真空中の波長 λ_0 よりも短くなり，

$$\lambda = \frac{\lambda_0}{n} \tag{1.6}$$

が成り立つ．また，媒質中の波数 k と真空中の波数 k_0 は

$$k = nk_0 = \frac{\omega}{v}, \quad k_0 = \frac{\omega}{c} \tag{1.7}$$

で関係づけられる．本書では，真空中と媒質中の値を区別する必要があるときには，真空中の値に添え字 0 を付して表すことにする†.

人間の眼で見える光を**可視光**（visible light）といい，個人差はあるが下限波長が 380 nm 前後，上限波長が 780 nm 前後である．可視光より長い波長 780 nm ≦ λ ≦ 数 100 μm 程度の光を赤外（IR: infrared）光といい，可視域に近い方から近赤外，普通赤外，遠赤外とよぶ．可視光より短い波長である数 10 nm ≦ λ ≦ 380 nm 程度の光を紫外（UV: ultraviolet）光という．

---

† 干渉や複屈折など，媒質中と空気中での光の伝搬を区別する必要がある場合には，真空中の値に添え字 0 を付すが，通常は煩雑さを避けるため添え字 0 を省く．

例題 1.1　ナトリウムの D 線（$\lambda_0 = 589.3\,\mathrm{nm}$）の光波について，次の諸量を求めよ．
(1) 周波数　　(2) 屈折率 $n = 1.5$ の媒質中での波長と波数

解答　(1) 式 (1.3) より，周波数は $\nu = c/\lambda_0 = 2.998 \times 10^8/(589.3 \times 10^{-9})\,\mathrm{Hz} = 5.087 \times 10^{14}\,\mathrm{Hz} = 508.7\,\mathrm{THz}$ となる．
(2) 媒質中での波長は，式 (1.6) より $\lambda = \lambda_0/n = 589.3 \times 10^{-9}/1.5\,\mathrm{m} = 393 \times 10^{-9}\,\mathrm{m} = 393\,\mathrm{nm}$ となる．媒質中での波数は，式 (1.4) より $k = 2\pi/\lambda = 2\pi/(393 \times 10^{-9})\,\mathrm{m}^{-1} = 1.60 \times 10^7\,\mathrm{m}^{-1}$ となる．

1.2　光波の記述

光の振る舞いは，マクスウェル方程式から導かれる波動方程式を解いて調べることができる（▶ 4.1 節）．その結果は正弦波で記述でき，光の波動的側面を強調するとき，光を**光波**（optical wave）とよぶ．

ここでは簡単のため，光波が 1 次元で伝搬するときを考える．光波が z 軸方向に伝搬しているとき，前節で説明した周波数と波長を用いると，光波の時空間的振る舞いが

$$u = A \sin\left[2\pi\left(\nu t \mp \frac{z}{\lambda}\right)\right] = A \sin(\omega t \mp kz) \tag{1.8}$$

と書ける．ここで，A は振幅，括弧内は位相を表す．位相は，干渉，反射，偏光，複屈折など，多くの光学現象で重要な役割を果たす．式 (1.8) で位相が 2π だけ変化するのに要する時間を周期とよび，これを T で表すと，

$$T = \frac{2\pi}{\omega} \tag{1.9}$$

と書ける．式 (1.9) を式 (1.8) に代入すると，光波が次式でも表せる．

$$u = A \sin\left[2\pi\left(\frac{t}{T} \mp \frac{z}{\lambda}\right)\right] \tag{1.10}$$

一般の伝搬方向に対する光波では，三角関数ではなく，次の複素数表示が使われることも多い（▶ 5.1 節）．

$$u = A \exp[i(\omega t \mp \boldsymbol{k} \cdot \boldsymbol{r})] = A \exp\{i[\omega t \mp nk_0(l_{\mathrm{in}}x + m_{\mathrm{in}}y + n_{\mathrm{in}}z)]\} \tag{1.11}$$

$$l_{\mathrm{in}}^2 + m_{\mathrm{in}}^2 + n_{\mathrm{in}}^2 = 1$$

ただし，$\boldsymbol{k}$ は媒質中の波数ベクトル，$\boldsymbol{r}$ は 3 次元位置ベクトル，$(l_{\mathrm{in}}, m_{\mathrm{in}}, n_{\mathrm{in}})$ は光波伝搬方向の方向余弦，n は屈折率，k_0 は真空中の波数である．

1.3 光波の伝搬

1.3.1 位相と波面

光は波動性をもっており，その伝搬特性を記述するうえで重要な概念として，位相や波面がある．図 1.1 の振幅が一定した波動において，隣接した山と山，あるいは谷と谷を見てみよう．これらは式 (1.8) からわかるように，それぞれ位相が 2π だけ異なっている．位相が 2π の整数倍だけ変化した状態は，同じ**位相**（phase）にあるという．2 次元または 3 次元空間の波動において，時空間における波動の特定の山の位置に着目すると，式 (1.8) や式 (1.10) からわかるように，その近傍でも山の部分が連続的に存在する．同じ山の位置をつないでいくと一つの面ができ，この面上では位相が等しくなっている．このような位相がそろった波動の面を**波面**（wave-front）または**等位相面**（co-phasal surface）という．

伝搬に伴って位相は変化するので，波面を用いることで波動の伝搬の様子が理解できる．なお，位相変化は，伝搬だけでなく，反射に伴っても生じる．

1.3.2 ホイヘンスの原理

光の波動性を象徴する波動伝搬の原理として，1678 年に提唱された**ホイヘンスの原理**（Huygens' principle）がある（図 1.2(a)）．この原理によれば，ある波面が存在するとき，この波面上の各点が新たな波源となって，波動が屈折率に依存した速さで伝搬して素波面を作り，素波面の包絡面が次の 2 次波面を形成する．波動は，これを繰り返して順次伝搬する．

ホイヘンスの原理を用いると，波動の伝搬だけでなく，後述する屈折，反射，干渉，回折など，波動性に起因する様々な現象を半定量的に説明することができる．

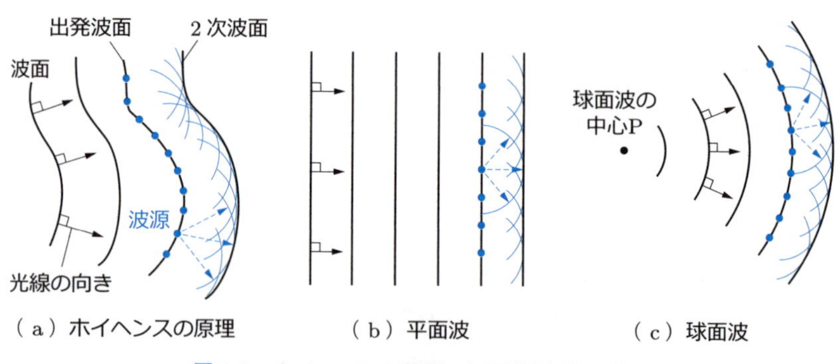

図 1.2　ホイヘンスの原理による波面伝搬の様子
隣接する波面間の光路長（▶ 1.5.1 項）は等しい．波面と光線の向きは直交している．

1.3.3 平面波と球面波

屈折率が一様な媒質で，図 1.2(b) のように初期の波面形状が平面のとき，ホイヘンスの原理を適用すると，2 次波面も初期波面に平行な平面となる．このように，波面が平面をなす波動を**平面波**（plane wave）という．平面波は，式 (1.8) や式 (1.10) の表示で，振幅 A が伝搬方向に垂直な面内で定数となる．平面波は，たとえば一直線状の海岸線に，沖から波打ち際に寄せてくる波でイメージできる．

図 1.2(c) のように，波面の形状が球面をなす波動を**球面波**（spherical wave）という．これは，一点を中心として円を描いて広がっていく波動で，たとえば静かな水面の池に石を投げた場合に生じる波紋の状態である．これの振幅は波源からの距離に反比例して減少し，波動の進行方向は一点を中心とした外向き方向となる．

このように，波動の伝搬方向は，波面（等位相面）に垂直な方向として定義される．

1.4 光線の概念と特徴

光を波動として扱う方法は厳密ではあるが，直観的に理解しにくい．光が自由空間で直進することはよく知られているが，この事実は，光の伝搬をあたかも線として扱ってもよいことを示唆している．光の軌跡を線で表したものを光線といい，光波と光線を結び付けるものとして波面が介在する．

波面は，1.3.1 項で説明したように，波動における位相の等しい面であり，波動の伝搬方向は波面法線の方向と定義できる．そこで，波長より大きいが，全波面より十分小さい微小な波面に，1 本の**光線**（ray）を対応させる．つまり，波面法線の方向を順次つないだものが，光線と考えることができる（図 1.3）．こうすると，波面の形状によらず，すべての光波と光線を対応させることができる．

光線の概念は，波長が無限小の極限（$\lambda \to 0$）で成立し，波長が対象とする空間の大きさよりも十分小さい場合に導入できる．したがって，波動を線で表す方法は，波長が長い電波では適用できないが，波長が相対的に短い光波では適用できる．光線を用いて光学現象を扱う学問は，幾何学的に考えることができるので幾何光学（geometrical

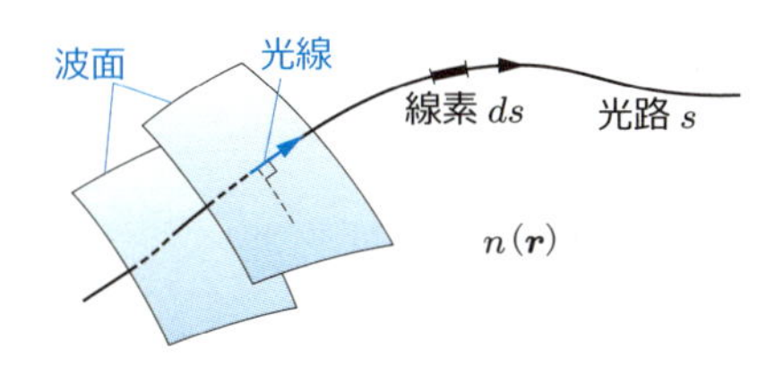

図 1.3　波面と光線の関係

optics）または光線光学（ray optics）とよばれる．光線は現象を直観的にわかりやすくする利点があり，その適用範囲は広い．

光線の特徴

(i) 直進性：一様媒質中では光線は直進する（▶ 1.5.3 項）．
(ii) 逆進性：光線の入・出射方向を逆にした場合，同じ経路を逆に進む（磁気光学効果など，一部で適用できない場合がある）．
(iii) 波長という概念が欠落する．
(iv) 光線の伝搬は幾何光学で扱えるが，近代的な手法では行列で扱われる．

光線の概念が適用できない領域

(i) 干渉や回折など波動固有の現象：波動性を特徴づける要素の一つである波長が光線では欠落しているため，適用できない．
(ii) 振幅や位相が空間的に激しく変動する場所：ここでいう変動とは，1 波長あたりの距離での変化を指し，光が当たる部分と影の境界部分や，レンズの焦点近傍での光波の振る舞いなどがある．

1.5 光線の伝搬経路の決定方法

1.5.1 光路長と位相変化

屈折率が空間的に変化している媒質中では，光は直線的に伝搬するとは限らず，また速さも一定ではないので，伝搬時間を求めるのが大変である．このような媒質中では，真空中の伝搬時間に置き換えると，いちいち屈折率に言及しなくて済むようになる．このような目的で導入される距離の概念が光路長である．

まず，光線の経路（光路）s に沿って幾何学的距離（線素）ds をとる（図 1.4）．屈折率 n の空間では，式 (1.5) からわかるように，光は真空中より遅く伝搬するから，位置に依存した屈折率に応じて長い距離を伝搬すると考えるとよい．屈折率 n の媒質中

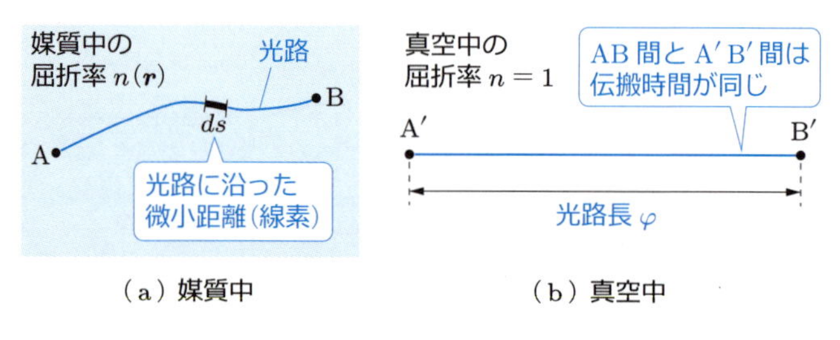

（a）媒質中　　（b）真空中

図 1.4　光路長

と真空中での光の伝搬時間を等値した，媒質での距離を**光路長**（optical path length）または**光学距離**（optical distance）とよび，これは

$$\varphi \equiv \int n(\boldsymbol{r})\, ds \tag{1.12}$$

で定義される．ここで，$n(\boldsymbol{r})$ は位置ベクトル $\boldsymbol{r}$ に依存する屈折率である．屈折率 n が一様なとき，光路長は（屈折率 × 幾何学的距離）で求められる．

伝搬に伴う位相変化は，式 (1.8) から予測できるように，時間を固定した場合，媒質中の波数 k と伝搬距離 z との積で与えられる．また，伝搬に伴う位相変化は，光路長 φ と真空中の波数 k_0 の積としても求められる．

例題 1.2　ナトリウムの D 線（$\lambda_0 = 589.3\,\mathrm{nm}$）が，厚さ 10 mm の BK7 ガラス（$n = 1.52$）を透過する場合，光路長と伝搬に伴う位相変化を求めよ．

解答　式 (1.12) を用いて，光路長は $\varphi = 1.52 \cdot 10\,\mathrm{mm} = 15.2\,\mathrm{mm}$ となる．位相変化は $\varphi k_0 = \varphi 2\pi/\lambda_0 = 15.2 \times 10^{-3} \cdot [2\pi/(589.3 \times 10^{-9})]\,\mathrm{rad} = 1.62 \times 10^5\,\mathrm{rad}$ となる．

1.5.2　フェルマーの原理

屈折率が空間的に変化する媒質中で，空間の任意の 2 点間での光の伝搬経路を規定するものが，1657 年に提唱された**フェルマーの原理**（Fermat's principle）である（図 1.5）．これは，「屈折率 $n(\boldsymbol{r})$ が連続的に変化する空間で，両端を固定して途中の経路を微小変化させるとき，光が実際に伝搬するのは伝搬時間が最小，つまり光路長が最小となる経路である」というもので，次式で表される．

$$\delta \int n(\boldsymbol{r})\, ds = 0 \tag{1.13}$$

ここで，δ は変分を表す．式 (1.13) の厳密な意味は，実現経路の光路長は極値をとるということである．極値とは極大・極小値等を意味するが，実用的には最小値を考えればよい．

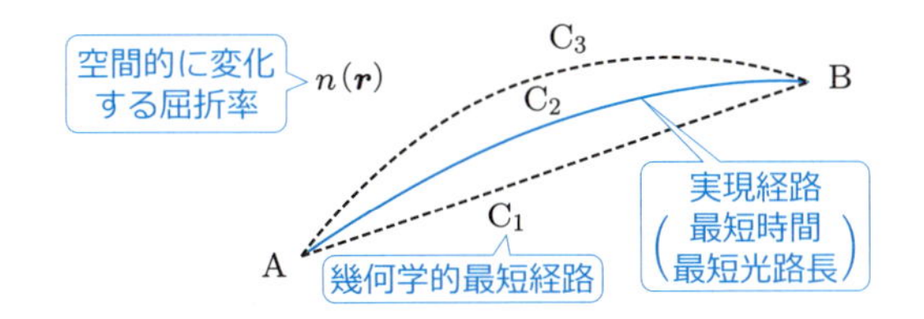

図 1.5　フェルマーの原理

C_1 の方が幾何学的距離が短いが，光路長が短く最短時間で伝搬できる C_2 が実現経路となる．

フェルマーの原理からいえることは，たとえ屈折率が空間的に変化していても，共役関係（▶3.1節）を満たす共役点間では，一方の点から出た光線の光路長は，他方の共役点まで光線の経路によらず等しいということであり，これは光学系における結像問題を考える際に重要となる．フェルマーの原理は，次項で説明する光線方程式と等価である†.

1.5.3 光線方程式

本項では，光線の伝搬経路を決める光線方程式を説明する．屈折率 $n(\boldsymbol{r})$ が空間的に変化している媒質中で，光線の光路 s に沿った幾何学的距離（線素）を ds，位置ベクトルを $\boldsymbol{r}$ とする．光線の単位ベクトルを $\boldsymbol{s}$ とおくと，$\boldsymbol{s}$ は光線の方向余弦を用いて，

$$\boldsymbol{s} = \frac{d\boldsymbol{r}}{ds} = \left(\frac{dx}{ds}, \frac{dy}{ds}, \frac{dz}{ds}\right) \tag{1.14}$$

で書ける．光線と関係する媒質中の波面はアイコナール φ で表せ，これは $\lambda \to 0$ の極限で $(\mathrm{grad}\,\varphi)^2 = n^2(\boldsymbol{r})$ を満たす．光線は波面法線の方向だから，次式が成り立つ．

$$\boldsymbol{s} = \frac{\mathrm{grad}\,\varphi}{|\,\mathrm{grad}\,\varphi|} = \frac{\mathrm{grad}\,\varphi}{n(\boldsymbol{r})} \tag{1.15}$$

式 (1.14)，(1.15) より次式が得られる．

$$n(\boldsymbol{r})\frac{d\boldsymbol{r}}{ds} = \mathrm{grad}\,\varphi \tag{1.16}$$

これの両辺を s で微分すると，式 (1.15) を利用して，次式を得る．

$$\frac{d}{ds}\left[n(\boldsymbol{r})\frac{d\boldsymbol{r}}{ds}\right] = \mathrm{grad}\,n(\boldsymbol{r}) \tag{1.17}$$

式 (1.17) は**光線方程式**（ray equation）とよばれ，屈折率分布が位置の関数として与えられたとき，光線の伝搬経路を決定する微分方程式である．式 (1.17) は，一様媒質中では，屈折率と光線の方向余弦との積が不変量となり，光が直進することを示している．

1.6 電磁波のエネルギー

媒質中に電流がない場合，電磁波による電磁界エネルギーに関して，$\boldsymbol{E}$ を電界，$\boldsymbol{H}$ を磁界，$\boldsymbol{D}$ を電束密度，$\boldsymbol{B}$ を磁束密度として，次のエネルギー定理が成り立っている．

$$\frac{dU}{dt} + \mathrm{div}\,\boldsymbol{S} = 0 \tag{1.18}$$

---

† 変分法におけるオイラーの方程式を用いることにより証明できる．

$$U = \frac{1}{2}\boldsymbol{E}\cdot\boldsymbol{D}^* + \frac{1}{2}\boldsymbol{H}\cdot\boldsymbol{B}^* \tag{1.19}$$

$$\boldsymbol{S} = \frac{1}{2}\boldsymbol{E}\times\boldsymbol{H}^* \tag{1.20}$$

ここで，$*$ は複素共役を表す．式 (1.19)，(1.20) において，係数 1/2 は時間平均の効果を意味する．式 (1.18) は電磁波エネルギーの保存則を表し，電磁波エネルギー密度 $U\,[\mathrm{J\cdot m^{-3}}]$ の時間変化が，$\boldsymbol{S}\,[\mathrm{W/m^2}]$ に伴うエネルギーの流出・入のみに依存することを示す．

式 (1.20) で定義された $\boldsymbol{S}$ は，**ポインティングベクトル**（Poynting vector）とよばれ，電磁波によって運ばれる，単位時間・単位面積あたりのエネルギーの大きさと伝搬方向を表す．ポインティングベクトルは，光線近似では，次式で表せる．

$$\boldsymbol{S} = v\langle w\rangle\boldsymbol{s} \tag{1.21}$$

ここで，v は媒質中での光速，$\langle w\rangle$ は全電磁界の平均エネルギー密度，$\boldsymbol{s}$ は光線の単位ベクトルである．式 (1.21) より，ポインティングベクトルは，電磁波エネルギーが媒質中の光速で光線の向きに一致して伝搬するという，物理的意味をもつ．

ある断面を通過する電磁波の単位時間あたりの伝搬エネルギー P_{g} は，$\boldsymbol{S}$ を用いて，

$$P_{\mathrm{g}} = \int \boldsymbol{S}\cdot\boldsymbol{b}\,dS \tag{1.22}$$

で記述できる．ただし，$\boldsymbol{b}$ は対象とする断面上の微小面積 dS における法線単位ベクトルであり，積分は断面全面で行う．

単位時間・単位面積あたりの時間平均された光エネルギーを**光強度**（optical intensity）といい，$I\,[\mathrm{W/m^2}]$ で表す．屈折率 n の一様媒質中を伝搬する単色平面波では，電界ベクトルを $\boldsymbol{E}$ として，長時間平均 $\langle\cdot\rangle$ をとり，光強度が次式で表せる．

$$I = \langle|\boldsymbol{S}|\rangle = \frac{1}{2}EH^* = \frac{1}{2}Y|\boldsymbol{E}|^2 = \frac{1}{2}\frac{n|\boldsymbol{E}|^2}{Z_0} = \frac{1}{2}nc\varepsilon_0|\boldsymbol{E}|^2 \tag{1.23}$$

$$E = ZH, \quad H = YE \tag{1.24a}$$

$$Z = \frac{1}{Y} = \frac{Z_0}{n}, \quad Z_0 = \frac{1}{Y_0} = \sqrt{\frac{\mu_0}{\varepsilon_0}} = 120\pi = 376.73\,\Omega \tag{1.24b}$$

とくに厳密な議論をしないとき，単に $n|\boldsymbol{E}|^2$ を光強度とよぶことがある．

Z と Y はそれぞれ屈折率 n の媒質の特性インピーダンスと特性アドミタンスという．これらは電界 $E\,[\mathrm{V/m}]$ を電圧，磁界 $H\,[\mathrm{A/m}]$ を電流に対応させたときの比を表し，Z_0 と Y_0 は真空での値である．

単位時間あたりの光エネルギー P を，**光パワー**（optical power）または**光電力**といい，その実用単位は [W] である．断面内での光強度が均一な場合，受光面積を A_{eff}

とすると，光パワーは $P = IA_{\mathrm{eff}}$ で表せる．

式 (1.10) における u を光電界 E に比例する量とみなすと，式 (1.23) より，光強度は u の 2 乗平均に比例する．光波の周期を可視光の波長 500 nm で見積もると，対応する周波数は式 (1.3) より $\nu = 600\,\mathrm{THz} = 6.0 \times 10^{14}\,\mathrm{Hz}$ で，角周波数が $10^{15}\,\mathrm{Hz}$ のオーダだから，式 (1.9) より周期 T が $10^{-15}\,\mathrm{s} = 1\,\mathrm{fs}$（フェムト秒）のオーダとなり，非常に短い．光領域ではこのような応答時間の短い検出器が存在しないため，測定時間 T_{m} は周期 T に比べて十分長いとみなせる．E^2 に対して長時間平均をとると，

$$
\begin{aligned}
\langle E^2 \rangle &= \lim_{T_{\mathrm{m}}\to\infty} \frac{A^2}{T_{\mathrm{m}}} \int_t^{t+T_{\mathrm{m}}} \sin^2\left[2\pi\left(\frac{t}{T} \mp \frac{z}{\lambda}\right)\right] dt \\
&= \lim_{T_{\mathrm{m}}\to\infty} \frac{A^2}{2T_{\mathrm{m}}} \int_t^{t+T_{\mathrm{m}}} \left\{1 - \cos\left[4\pi\left(\frac{t}{T} \mp \frac{z}{\lambda}\right)\right]\right\} dt \\
&= \frac{A^2}{2} - \lim_{T_{\mathrm{m}}\to\infty} \frac{A^2 T}{8\pi T_{\mathrm{m}}} \left\{\sin\left[4\pi\left(\frac{t+T_{\mathrm{m}}}{T} \mp \frac{z}{\lambda}\right)\right] - \sin\left[4\pi\left(\frac{t}{T} \mp \frac{z}{\lambda}\right)\right]\right\} dt \\
&= \frac{A^2}{2}
\end{aligned}
\tag{1.25}
$$

となる．したがって，光波領域では光電界の瞬時値を測定することができず，測定可能な量は長時間平均した光強度である．この事実は干渉で重要となる (▶ 5.1 節)．

光波を扱う際には，光波の瞬時値（言い換えれば，電界）と光強度の違いを明確に意識しておく必要がある．

1.7　様々な媒質での光学特性

本節では，様々な媒質をその性質に基づいて分類し，物質と光学特性の関係，屈折率に関係する諸概念，分散式などを説明する．

屈折率や電磁気的性質などが，電磁波の伝搬方向によって変わらない媒質を**等方性媒質**（isotropic material）とよぶ．これにはガラスを始めとして，多くの誘電体があてはまる．電磁気的性質が電磁波の伝搬方向に依存する媒質は**異方性媒質**（anisotropic material）とよばれ，これには，複屈折媒質，旋光性媒質や磁性体などがある．

1.7.1　位相速度と群速度

単一の波長（言い換えれば，周波数）からなる光波を**単色光**（monochromatic light）または単色波という（ただし，「厳密な」単色光は存在しない）．単一の周波数からなる光波の，式 (1.5) で定義された速度を位相速度という．単一の周波数ではないが，周波数幅が中心周波数に比べて十分微小な光波を**準単色光**（quasi-monochromatic light）

という．これには人工的に作られた光であるレーザが該当する．

太陽光をプリズムに通すと，虹のように色が分かれる．このように，一般の光は多くの周波数成分を含む**多色光**である．とくに，周波数が近接している場合には，うなりのように全体として周期的に変化しながら伝搬する．簡単な例として，等振幅の 2 周波からなる合成波の振幅を考えるため，式 (1.8) と類似の次式を想定する．

$$\begin{aligned} U &= A\cos(\omega_1 t - k_1 z) + A\cos(\omega_2 t - k_2 z) \\ &= 2A\cos\frac{(\omega_1-\omega_2)t-(k_1-k_2)z}{2}\cos\frac{(\omega_1+\omega_2)t-(k_1+k_2)z}{2} \end{aligned} \tag{1.26}$$

第 1 項の余弦関数は，第 2 項に比べて緩やかに変化する包絡線であり（図 1.6），**波連**（wave train）または**波束**（wave packet）とよばれる．

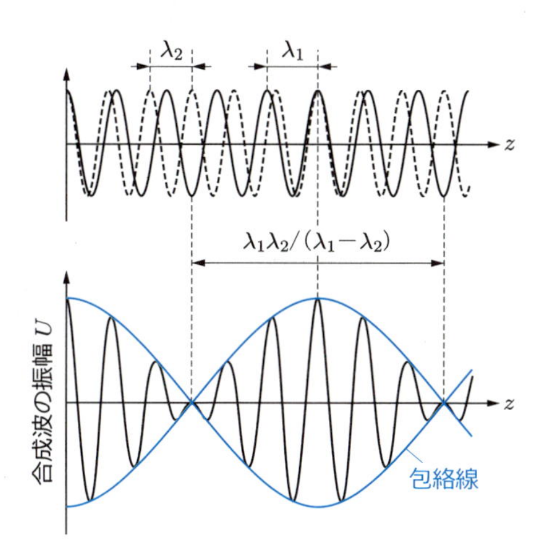

図 1.6　2 周波数光による波連の形成

合成波の振幅が最大となるのは，2 周波の位相がそろうときである．式 (1.26) 第 1 項の余弦関数で，時空点 t，z での位相差が，わずかにずれた時空点 $(t+\delta t)$，$(z+\delta z)$ でも保存されると，波形が不変に保たれる．その条件は次式で表せる．

$$\begin{aligned} (\omega_1 t - k_1 z) - (\omega_2 t - k_2 z) = [\omega_1(t+\delta t) - k_1(z+\delta z)] \\ - [\omega_2(t+\delta t) - k_2(z+\delta z)] \end{aligned}$$

これが時空点によらず成立するためには，$\delta t(\omega_1-\omega_2) - \delta z(k_1-k_2) = 0$ を満たせばよい．2 周波が近接しているとき，差分は微分に置き換えられるので，次式が成り立つ．

$$\frac{\delta t}{\delta z} = \frac{k_1-k_2}{\omega_1-\omega_2} = \frac{dk}{d\omega} = \frac{1}{v_{\mathrm{g}}} \tag{1.27}$$

ここで，v_{g} は包絡線の最大振幅の伝搬速度を表す．これを**群速度**（group velocity）と

いい，

$$v_{\rm g} = \frac{1}{dk/d\omega} \tag{1.28}$$

で書ける．群速度は電磁波エネルギーの伝搬速度でもある．波連は周波数成分が増加するほど，短い時間幅で存在するようになる．

式 (1.26) 第 2 項の余弦関数は，包絡線内部の周期的変化を示す項であり，その平均速度 $v_{\rm p} = (\omega_1 + \omega_2)/(k_1 + k_2)$ を**位相速度**という．位相速度 $v_{\rm p}$ は真空中の光速 c を超えることがあり得るが，群速度 $v_{\rm g}$ は必ず c より小さい．

1.7.2 屈折率

自然界の物質の屈折率は $n > 1.0$ で，たかだか 4.0 程度である．表 1.1 に種々の物質の屈折率を示す．ガラス材料にはいろいろあり，その屈折率は $n = 1.45$〜2.00 程度である．カナダバルサムは光学ガラスの貼り合わせ用接着剤，セダ油とブロモナフタレンは光学顕微鏡で開口数を大きくするための液浸レンズとして使用される．半導体の屈折率は比較的高い値を示す．

表 1.1　種々の物質に対する屈折率

物　質	屈折率※	物　質	屈折率※	物　質	屈折率
水	1.3330	MgF_2	1.38	石英ガラス	1.4585
クラウンガラス	1.518	カナダバルサム	1.542	ケイ素	3.448
フリントガラス	1.620	セダ油	1.516	ゲルマニウム	4.092
蛍石（CaF_2）	1.4339	ブロモナフタレン	1.660	ダイヤモンド	2.4195

※ナトリウムの D 線（波長 589.3 nm）に対する屈折率

屈折率が角周波数 ω つまり波長に依存することを**分散**（dispersion）とよび，このような媒質を**分散性媒質**（dispersive material）とよぶ．媒質中の波数は，式 (1.7) より $k = n(\omega)\omega/c$ で表せ，一般に角周波数 ω に依存する．分散性媒質では，式 (1.28) を用いて，媒質中での群速度が

$$v_{\rm g} = \frac{c}{n(\omega) + \omega[dn(\omega)/d\omega]} = v_{\rm p} - \lambda\frac{dv_{\rm p}}{d\lambda} = \frac{c}{n(\lambda) - \lambda[dn(\lambda)/d\lambda]} \tag{1.29}$$

で表せる．この式より，分散性媒質では群速度が位相速度と異なることがわかる．

屈折率が光波の角周波数の増加とともに増加または減少することを，それぞれ**正常分散**または**異常分散**という．可視域近傍で透明な物質は正常分散を示し，このときには $v_{\rm p} > v_{\rm g}$ となる．屈折率 n が角周波数つまり波長に依存しないとき，群速度は位相速度と一致する．このような媒質を非分散性媒質とよぶ．

屈折率の起源は電子物性論で示されており，物質（共振角周波数 $\omega_{{\rm r}j}$）に入射した光

波（角周波数 ω）が内部に微視的な振動子（質量 m_j）を誘起するとして説明される．$\omega \ll \omega_{\mathrm{r}j}$ のとき，吸収が無視できて，屈折率の分散式が次式で書ける．

$$n^2 = 1 + \frac{e^2}{\varepsilon_0} \sum_j \frac{N_j/m_j}{\omega_{\mathrm{r}j}^2 - \omega^2} \tag{1.30}$$

ただし，N_j は $\omega_{\mathrm{r}j}$ と m_j をもつ振動子の単位体積あたりの数，e は電気素量，ε_0 は真空の誘電率であり，添え字 j で振動子の種類を区別している．

可視域で透明な物質の屈折率は，紫外域にある共振角周波数の影響を受ける．光波の角周波数 ω が共振角周波数 $\omega_{\mathrm{r}j}$ に比べて十分低いとすると，式 (1.30) より，屈折率が光波の角周波数の増加とともに増え，正常分散となることが裏づけられる．

分散式の具体形は実験式で示されている．セルマイヤー（Sellmeier）の分散式は

$$n^2 - a_0 = \sum_{j=1}^{N} \frac{a_j}{\lambda^2 - \lambda_j^2} \tag{1.31}$$

で表される．ただし，a_j は実験的に決まる物質固有の定数，λ_j は吸収波長に対応する．式 (1.31) は通常，$N = 2$ または 3 で近似されている．吸収帯を除いて，可視域で十分な精度が得られるものとして，コーシー（Cauchy）の分散式

$$n = C_1 + \frac{C_2}{\lambda^2} + \frac{C_3}{\lambda^4} \tag{1.32}$$

がある．ただし，C_1, C_2, C_3 は物質固有の定数である．

波長を指定する際には，太陽スペクトル中のフラウンホーファーの暗線が用いられる．代表的なものは，ナトリウム（Na）の D 線（589.3 nm）である．

演習問題

1.1 真空中で波長 633 nm（ヘリウム－ネオンレーザ）の光波について，次の諸量を求めよ．

(1) 周波数

(2) 屈折率 $n = 1.5$ の媒質中での波長と波数

1.2 次の場合について，光路長と伝搬に伴う位相変化を求めよ．

(1) 真空中で波長 λ_0 の光波が，平行面からなる 3 層構造に垂直入射した場合の 3 層全体での値．ただし，それぞれの屈折率と厚さを n_j と d_j（$j = 1, 2, 3$）とする．

(2) 屈折率が，$0 \leqq x \leqq a$ で $n = n_1[1 - (1/2)(gx)^2]$，$a \leqq x \leqq b$ で $n = n_2$ であるとき，$0 \leqq x \leqq b$ 間での値．ただし，n_1 と g を定数，真空中の波数を k_0 とする．

1.3 屈折率 $n = 3.5$ の一様媒質中を伝搬する平面電磁波の光強度が $1.0\,\mathrm{mW/mm^2}$ であるとき，電界 E と磁界 H の大きさを求めよ．

1.4 ガラスの屈折率がコーシーの分散曲線 $n = C_1 + (C_2/\lambda^2)$ で表されるとき，次の問いに答えよ．ただし，係数を $C_1 = 1.42$，$C_2 = 1.6 \times 10^4\,\mathrm{nm^2}$ とする．

(1) $\lambda = 500\,\mathrm{nm}$ と $600\,\mathrm{nm}$ の光に対する屈折率，および位相速度と群速度を求めよ．

(2) この分散曲線で表される媒質は正常・異常分散のいずれか，根拠を示して答えよ．

1.5 波長 λ の光波が，一つの共振（吸収）波長 λ_r だけをもつ低密度の物質に入射するとき，屈折率 n が次式で近似できることを示せ．

$$n \fallingdotseq 1 + \frac{A\lambda^2}{\lambda^2 - \lambda_\mathrm{r}^2}, \quad A \equiv \frac{e^2 N \lambda_\mathrm{r}^2}{8(\pi c)^2 \varepsilon_0 m}$$

ただし，m は振動子の質量，N は λ_r と m をもつ振動子の単位体積あたりの数，c は真空中の光速，e は電気素量，ε_0 は真空の誘電率である．

2章 屈折と反射

光が屈折率の異なる媒質の間で，屈折したり反射したりすることは古くから知られている．本章では，光線で説明できる屈折・反射現象について述べる．波動的振る舞いを考慮する必要のある屈折・反射現象は，4 章で扱う．

2.1 節では屈折と反射を定量的に説明するうえで最も基本的なスネルの法則を，2.2 節では全反射を，2.3 節ではスネルの法則の幾何学的解釈を説明する．2.4 節では，光線と波面の直交性に関係するマリュスの定理を説明する．2.5 節では，屈折現象の応用として，広い範囲に役立つプリズムに関する特性を説明する．

2.1 スネルの法則

スネルの法則は 1621 年に発表されたもので，屈折率の異なる境界面で，光が屈折や反射をするとき，光の伝搬方向を決める基本法則である．これはいくつかの方法で導けるが，ここではホイヘンスの原理を用いて説明する．

平面を境界として，上（下）側の媒質 1（2）の屈折率を n_1 (n_2) とし，平面波が上側から斜め入射するものとする（図 2.1(a)）．ホイヘンスの原理を適用すると，上記平面波が境界面で屈折・反射後，別の平面波となることが予測できる．波面に垂直な方向が光線の向きに一致するから，光線の入射角を θ_i，屈折角を θ_t，反射角を θ_r とする．光線の角度は，境界面の法線に対する値をとり，反時計回りを正と約束する．

図 (a) で，媒質 1 での波面 AC 以前と，媒質 2 での波面 BD 以降が共通である．よって，フェルマーの原理により，線分 CB と線分 AD での光路長あるいは伝搬時間が等しくなる．媒質 1（2）中での光速が $v_1 = c/n_1$ $(v_2 = c/n_2)$ だから，線分 CB と線分 AD での伝搬時間が等しくなる条件は，次式で表せる．

$$\frac{\mathrm{CB}}{c/n_1} = \frac{\mathrm{AD}}{c/n_2}, \quad \mathrm{CB} = \mathrm{AB}\sin\theta_\mathrm{i}, \quad \mathrm{AD} = \mathrm{AB}\sin\theta_\mathrm{t} \tag{2.1}$$

この関係を整理すると，次式が導ける．

$$n_1 \sin\theta_\mathrm{i} = n_2 \sin\theta_\mathrm{t} \tag{2.2}$$

上式を**屈折の法則**（law of refraction）というが，これ単独でスネルの法則ともいう．

式 (2.2) から次のことがわかる．

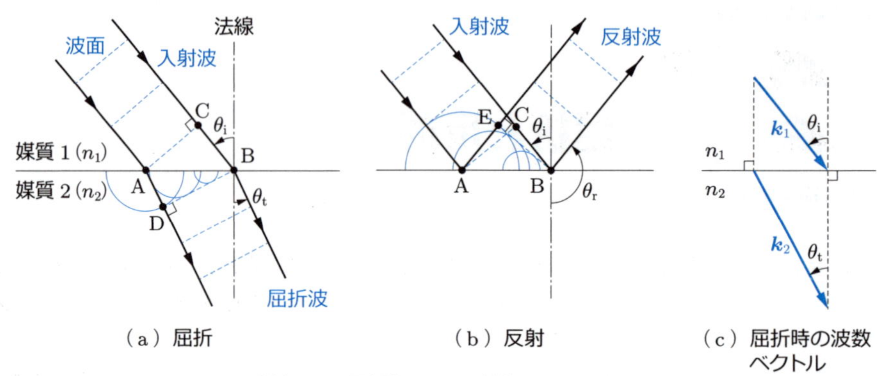

図 2.1　光の屈折と反射

図中の半円は，線分 AB 上の点を波源とする，屈折波と反射波に対する，ホイヘンスの原理に基づく素波面を表す．点 C（D）は点 A（B）から光線への垂線の足，点 E は点 B から反射波への垂線の足．

(i) 媒質の屈折率とその媒質での光線角度の正弦の積が，屈折の前後で等しい，つまり不変量となる．

(ii) 屈折率が大きい方の媒質における光線角度が小さくなる．

自然界の物質の屈折率は 1.0 より大きく，空気の屈折率がほぼ 1.0 だから，光が空気中から他の媒質に入射する場合，屈折角 θ_t は必ず入射角 θ_i より小さくなる．

媒質 1 の境界面での反射波は，図 (b) のように，反射後も入射波と位相が等しい条件から求められる．入射波と反射波の光速は，同一媒質内だから等しい．入射時の線分 CB と反射後の線分 AE の伝搬時間が等しいことより，

$$\mathrm{CB} = \mathrm{AE}, \quad \mathrm{CB} = \mathrm{AB}\sin\theta_i, \quad \mathrm{AE} = \mathrm{AB}\sin\theta_r \tag{2.3}$$

を得る．これより次式が導ける．

$$\theta_r = \pi - \theta_i \tag{2.4}$$

式 (2.4) を**反射の法則**（law of reflection）という．

式 (2.4) は，入射光線と反射光線が媒質 1 側での法線に対して対称となることを示し，入射光線と反射光線が境界面に対して鏡面反射の関係にあるともいえる．これは，平面鏡で傾き角の 2 倍だけ光路の角度を変えられることを意味する．この性質は，古くはガルバノメータ（検流計），最近では回転多面鏡を通じて，レーザプリンタやバーコードリーダに応用されている．

屈折と反射の法則をまとめて**スネルの法則**（Snell's law）という．これは，光線あ

るいは光波の，異なる媒質の境界面における伝搬を記述する基本法則である．

入射光線から境界面に垂線を下ろして，入射光線とこの垂線を含む面を**入射面**とよぶ．このとき，入射光線と屈折・反射光線はいずれも入射面内にある．

式 (2.2) の両辺に，真空中の波数 k_0 を掛けると，

$$n_1 k_0 \sin\theta_\mathrm{i} = n_2 k_0 \sin\theta_\mathrm{t} \tag{2.5}$$

が得られる．式 (2.5) は，図 (c) のように，媒質 1・2 での波数ベクトル $\boldsymbol{k}_j$ $(j = 1, 2)$ の境界面に対する接線成分が，屈折前後で不変となることを示している．

多層薄膜など，多数の平行平面板を考える場合に，スネルの法則は有用である．屈折率が既知の多数の平行平面板からなる層に光が入射する場合，最終層からの屈折角 θ_t は，全反射がない限り，途中の層における入射・屈折角を考慮することなく，最初の層での入射角 θ_i と最初・終層の屈折率のみで決定できる（▶ 演習問題 2.2）．

2.2 全反射

光が密な（屈折率 n_1 の高い）媒質から疎な（屈折率 n_2 の低い）媒質に入射する場合，入射角 θ_i を増加させていくと，ある入射角以上で入射光がすべて境界面に対して入射側に戻ってくる．この現象を**全反射**（total reflection）という．この現象は，入射角 θ_i の増加につれて屈折角 θ_t が増加し，$\theta_\mathrm{t} = 90°$ となる入射角（$0 < \theta_\mathrm{i} < 90°$）が存在することに起因している（図 2.2）．このときの入射角を**臨界角**（critical angle）といい，これを θ_c で表すと，$n_1 \sin\theta_\mathrm{c} = n_2 \sin(\pi/2)$ より

$$\theta_\mathrm{c} = \sin^{-1}\frac{n_2}{n_1} \tag{2.6}$$

と書ける．すなわち，全反射は，屈折の法則の式 (2.2) で屈折率が $n_1 > n_2$ で，かつ入射角 θ_i が $\theta_\mathrm{i} > \theta_\mathrm{c}$ を満たすときに生じる．

たとえば，光がガラス（$n_1 = 1.5$）から空気中（$n_2 = 1.0$）に伝搬するときの臨界

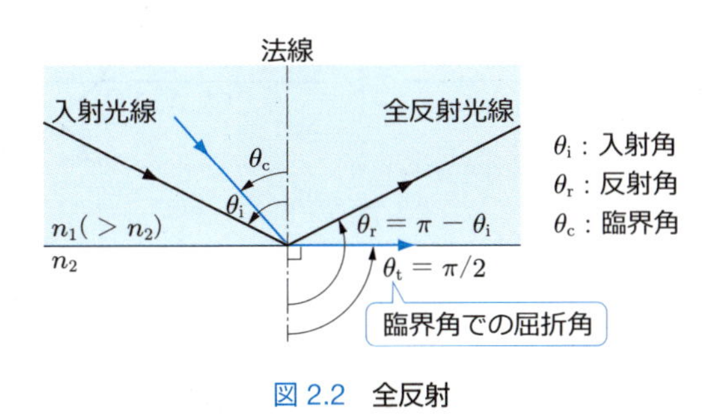

図 2.2　全反射

角は $\theta_c = 41.8°$ である．全反射は，直角プリズムによる光線の向きの変更（▶演習問題 2.4）などに利用されており，光導波路や光ファイバの導波原理にもなっている．光ファイバは，屈折率の異なる二重構造のガラス等からなる細い繊維状の物体で，光はその内部で全反射を繰り返して遠方まで伝搬する．

波動光学によると，実際には全反射でも光波がわずかながらも屈折側に浸み込んでいることがわかる（▶4.6 節）．

例題 2.1　ヘリウム－ネオンレーザ光（$\lambda = 633\,\mathrm{nm}$）が空気中から BK7 ガラス（$n = 1.52$，厚さ $d = 3.0\,\mathrm{mm}$）へ角度 45° で入射するとき，屈折角および媒質中での光路長を求めよ．また，光がガラス内から空気中へ伝搬するときの臨界角を求めよ．

解答　屈折角 θ_t は，式 (2.2) を用いて $1.0 \sin 45° = 1.52 \sin\theta_t$ より $\theta_t = 27.7°$ となる．光路長は，式 (1.12) より $\varphi = nd/\cos\theta_t = 1.52 \cdot 3.0/\cos 27.7° = 5.15\,\mathrm{mm}$ となる．臨界角は，式 (2.6) を用いて $\theta_c = \sin^{-1}(1/1.52) = 41.1°$ で得られる．したがって，これより大きな角度，たとえば 45° で光を入射させると，ガラス内で全反射する．これは，頂角 45° の直角プリズムを用いて，光線の向きを変えるのに利用されている．

2.3　スネルの法則の幾何学的解釈

図 2.3 で，媒質 1 を入射媒質，媒質 2 を屈折媒質とする．媒質 1・2 がともに等方性の場合，光線の屈折点 O を中心として，上側に半径 n_1（n_1：屈折率）の半円を，下側に半径 n_2（n_2：屈折率）の半円を描く．

図 (a) は $n_1 < n_2$ の場合で，たとえば，空気中から水中への光波伝搬などに相当する．光線の入射角を θ_i とし，半円上に入射点 A をとり，点 A から境界面に下ろした垂

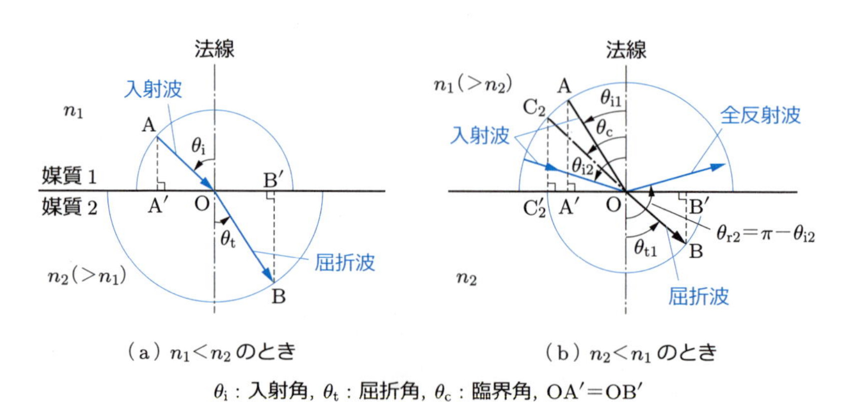

θ_i：入射角，θ_t：屈折角，θ_c：臨界角，OA′＝OB′

図 2.3　スネルの法則の幾何学的解釈

線の足を点 A' とする．境界面上で $\mathrm{OA}' = \mathrm{OB}'$ となる点 B' を，点 O に関して点 A' の反対側にとる．点 B' から境界面に垂直に引いた線と下側の半円との交点を点 B とし，線分 OB と法線のなす角度を θ_{t} とおく．このとき，$\mathrm{OA}' = \mathrm{OA}\sin\theta_{\mathrm{i}} = n_1 \sin\theta_{\mathrm{i}}$，$\mathrm{OB}' = \mathrm{OB}\sin\theta_{\mathrm{t}} = n_2 \sin\theta_{\mathrm{t}}$ だから，これを式 (2.2) に対応させると，θ_{t} が屈折角で，OB が屈折光線の方向を示すことがわかる．

図 (b) は $n_2 < n_1$ の場合である．入射角 θ_{i1} が小さいときは，図 (a) と同様にして屈折角 θ_{t1} を求めることができる．線分 OA の長さが下側の半円の半径よりも長いから，入射角が大きくなると，垂線の足 A' が下側の半円の左端 C_2' に一致する入射角が存在する．このときの入射角が臨界角 θ_{c} である．臨界角は，$n_1 \sin\theta_{\mathrm{c}} = n_2$ より，式 (2.6) と同じ結果が得られる．入射角が $\theta_{\mathrm{i2}} > \theta_{\mathrm{c}}$ になると，点 A から境界面に下ろした垂線と下側の半円との交点がなくなる．これは屈折波がないことを意味し，全反射に相当する．

2.4 マリュスの定理

前節までは，光線の立場からスネルの法則を説明したが，波面が屈折や反射後にどのように振る舞うかは，必ずしも自明のことではない．本節で述べるマリュスの定理は，屈折や反射があっても光線と波面が直交することを理論的に示すもので，1808 年に発表され，さらにその後に拡張された．

屈折率 n と光線の単位ベクトル $\boldsymbol{s}$ が位置ベクトル $\boldsymbol{r}$ の連続関数であるとき，光線伝搬を表す式 (1.16) で両辺の rot をとり，恒等式 $\mathrm{rot}\,\mathrm{grad} = 0$ を用いると，

$$\mathrm{rot}[n(\boldsymbol{r})\boldsymbol{s}] = 0 \tag{2.7}$$

を得る．上式に対し，ストークスの定理を用いると，次式が成り立つ．

$$\int_{\mathrm{S}} \mathrm{rot}[n(\boldsymbol{r})\boldsymbol{s}] \cdot \boldsymbol{b}\, dS = \oint_{\mathrm{C}} n(\boldsymbol{r})\boldsymbol{s} \cdot d\boldsymbol{r} = 0 \tag{2.8}$$

式 (2.8) はラグランジュの積分不変量とよばれる．ただし，dS は任意の閉曲線 C を辺縁にもつ曲面 S 上の微小面積，$\boldsymbol{b}$ は dS 上の法線単位ベクトル，$d\boldsymbol{r}$ は閉曲線 C 上の線素ベクトルである．

屈折率が一様な媒質中で，一点（たとえば点光源）から発している光線束を想定する．この光線束が屈折する際，図 2.4 のように，屈折面より左（右）側の屈折率を n_1 (n_2) とし，屈折前の波面を φ_1，屈折後の波面を φ_2 とする．φ_1 上の任意の異なる点 A_1 と B_1 から出た光線がそれぞれ屈折面上の点 P，Q を介して φ_2 上の点 A_2 と B_2 に達する．このとき，式 (2.8) 中辺の閉曲線 C を，光線と波面を含む閉曲線 $\mathrm{A}_1\mathrm{PA}_2\mathrm{B}_2\mathrm{QB}_1\mathrm{A}_1$

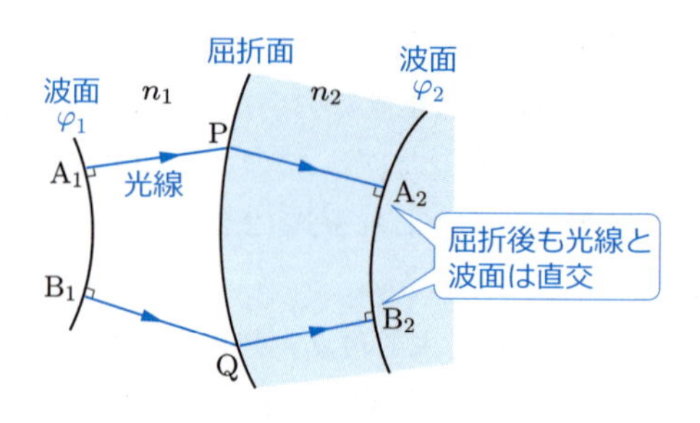

図 2.4　マリュスの定理

とすると，次式を得る．

$$\int_{A_1PA_2} n(\boldsymbol{r})\,ds + \int_{A_2B_2} n_2\boldsymbol{s}\cdot d\boldsymbol{r} + \int_{B_2QB_1} n(\boldsymbol{r})\,ds + \int_{B_1A_1} n_1\boldsymbol{s}\cdot d\boldsymbol{r} = 0 \quad (2.9)$$

ただし，ds は光線の経路に沿った線素である．

いま，点 A_1，P，A_2 を通る光線と点 B_1，Q，B_2 を通る光線の光路長が等しいとすると，次式が成り立つ．

$$\int_{A_1PA_2} n(\boldsymbol{r})\,ds + \int_{B_2QB_1} n(\boldsymbol{r})\,ds = 0 \quad (2.10)$$

波面の定義により，屈折前の波面 φ_1 上のすべての点で，光線の単位ベクトル $\boldsymbol{s}$ と φ_1 上の $d\boldsymbol{r}$ が直交するから，これは次式で書ける．

$$\int_{B_1A_1} n_1\boldsymbol{s}\cdot d\boldsymbol{r} = 0 \quad (2.11)$$

式 (2.10)，(2.11) を式 (2.9) に代入すると，

$$\int_{A_2B_2} n_2\boldsymbol{s}\cdot d\boldsymbol{r} = 0 \quad (2.12)$$

が導かれる．式 (2.12) が屈折後の波面 φ_2 上のすべての点で満たされるには，φ_2 上の微小部分 $d\boldsymbol{r}$ について，次式が成立しなければならない．

$$\boldsymbol{s}\cdot d\boldsymbol{r} = 0 \quad (2.13)$$

式 (2.13) は，屈折後においても光線と波面が直交することを示す．これを**マリュスの定理**（Malus theorem）という．つまり，光線束は，屈折や反射を何度繰り返しても，つねに波面と直交するように伝搬することが示された．この定理の存在により，光線で検討するだけでよく，波面についていちいち考慮する必要がなくなる．

2.5 プリズム

スネルの法則で光線の向きが容易に決定できるものの例として，プリズム（prism）を取り上げ，いくつかの性質を示す．

空気中に頂角 α，屈折率 n の 2 等辺プリズムがある．このプリズムの斜辺に光線が入射角 θ_1 で入射し，角度 θ_2 でプリズムから出射し，入射光線と出射光線の延長線が角度 δ をなしているとする（図 2.5）．この δ を**偏角**（angle of deviation）とよび，

$$\delta = (\theta_1 - \theta_1') + (\theta_2 - \theta_2') \tag{2.14}$$

で表せる．ここで，θ_j'（$j = 1, 2$）は θ_j に対する屈折角であり，スネルの法則

$$n = \frac{\sin\theta_j}{\sin\theta_j'} \quad (j = 1, 2) \tag{2.15}$$

を満たしている．△ABC に着目すると，$(\pi/2 - \theta_1') + (\pi/2 - \theta_2') + \alpha = \pi$ が成立しているから，式 (2.14)，(2.15) より，偏角 δ が頂角 α と次のように関係づけられる．

$$\delta = \theta_1 + \theta_2 - \alpha, \quad \alpha = \theta_1' + \theta_2' \tag{2.16}$$

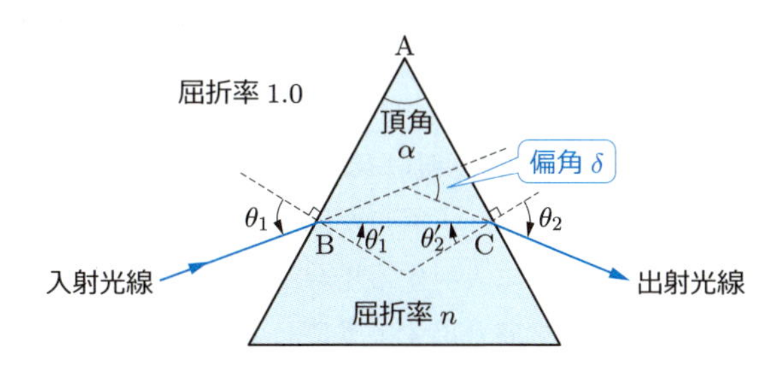

図 2.5　プリズムでの光線の屈折

入射光線の向きを固定してプリズムだけを回転させると，偏角 δ の値が変化する．このときの δ の最小値 δ_{m} を**最小偏角**（angle of minimum deviation）という．これは $d\delta/d\theta_1 = 0$ から求められる．そのとき，光線とプリズムが左右対称となり，光線はプリズム内で底辺に平行に進む．よって，最小偏角の下では

$$\theta_1 = \theta_2 = \frac{\delta_{\mathrm{m}} + \alpha}{2}, \quad \theta_1' = \theta_2' = \frac{\alpha}{2} \tag{2.17}$$

が成立し，これらを式 (2.15) に代入して，屈折率が次式で求められる．

$$n = \frac{\sin[(\delta_{\mathrm{m}} + \alpha)/2]}{\sin(\alpha/2)} \tag{2.18}$$

式 (2.18) を用いて媒質の屈折率測定を行う方法を，最小偏角法という．屈折率が未

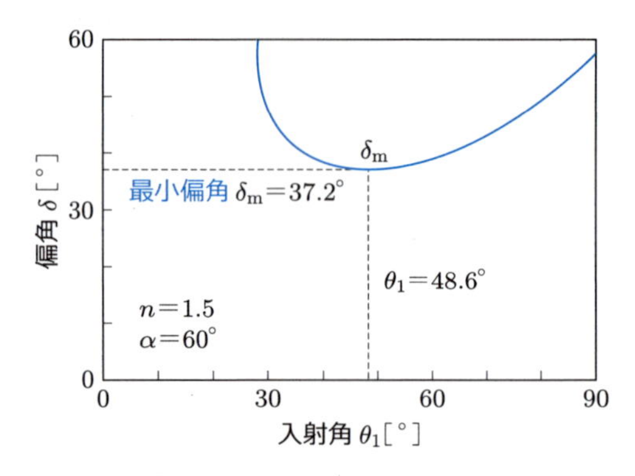

図 2.6　プリズムにおける偏角の入射角依存性

知の媒質をプリズム状に成形できるとき，屈折率が最小偏角から推定できる．図 2.6 に，ガラスプリズムに対する偏角の入射角依存性の例を示す．この場合，入射角が $\theta_1 = 48.6^\circ$ のとき，最小偏角が $\delta_\mathrm{m} = 37.2^\circ$ となっている．屈折率の変化が最小偏角近傍では少ないので，屈折率が高精度で測定できる．

プリズムの頂角 α，入射角 θ_1，出射角 θ_2 がともに微小なとき，$\theta_j \fallingdotseq n\theta'_j$ $(j = 1, 2)$ が得られる．これを式 (2.16) 第 1 式に代入後，式 (2.16) 第 2 式を利用すると，偏角が

$$\delta \fallingdotseq (n - 1)\alpha \tag{2.19}$$

で近似でき，偏角が光線の入射角と無関係になる．

媒質は通常，分散特性をもつので，入射角が同じでも屈折角が波長によって変化する．そのため，白色光がプリズムに入射する場合，出射光は虹のように分かれる．この現象は，特定の波長の光のみを取り出すようにして，分光に利用されている．

頂角が微小な二つのプリズムの頂角を逆向きにして設置し，両プリズムの頂角と屈折率を適切に選ぶと，特定の波長に対しては両プリズムを透過した光ビームの偏角をなくすことが可能となる．このようなプリズムを**色消しプリズム**という．

例題 2.2　ある媒質を頂角 45° のプリズムにして光線を入射させたとき，最小偏角 δ_m がほぼ 31° と 32° の間となった．この媒質の屈折率 n の範囲を求めよ．

解答　式 (2.18) より，$\delta_\mathrm{m} = 31^\circ$ のとき，$n = \sin[(31^\circ + 45^\circ)/2]/\sin(45^\circ/2) = 1.609$ となり，$\delta_\mathrm{m} = 32^\circ$ のとき $n = \sin[(32^\circ + 45^\circ)/2]/\sin(45^\circ/2) = 1.627$ となる．よって，屈折率 n の範囲は $1.609 \leqq n \leqq 1.627$ となる．

演習問題

2.1 空気中に置かれた，厚さ $d = 7.0\,\mathrm{mm}$ のフリントガラス（屈折率 $n = 1.62$）を直上から見るとき，見かけ上の厚さを求めよ．

2.2 3 枚の平行平面板からなる層があり，各層の屈折率が上側から順に 1.45，2.45，1.50 である．また，第 1 層の上側が空気層で，第 3 層の下側が水（$n = 1.33$）であるとする．光線が空気層から入射角 15° で入射するとき，水の層から出射される光線の屈折角を求めよ．

2.3 空気中にある透明な平行平板ガラス（屈折率 n，厚さ d）に，光ビームを入射角 θ_i で斜め入射させると，透過前後の光ビーム，および表面・裏面反射の光ビームのそれぞれが，空気中で伝搬方向に対して平行にずれる．

(1) 表面・裏面反射の光ビームの平行方向ずれ量 D_R を，θ_i の関数として求めよ．

(2) 透過前後の光ビームの平行方向ずれ量 D_T を，θ_i の関数として求めよ．

2.4 空気中にある頂角 45° の直角プリズムの斜辺に光ビームを垂直入射させるとき，これが光路の折り返しに使えるためには，プリズム媒質の屈折率 n をどの範囲にとればよいか．

2.5 空気中に置いた二つのプリズムによる色消しプリズムに関して，次の問いに答えよ．ただし，プリズムの頂角，光線の入・出射角が微小とする．

(1) 第 1 プリズム（頂角 α_1，屈折率 n_1）と第 2 プリズム（頂角 α_2，屈折率 n_2）を用いて色消しプリズムを作製するとき，頂角 α_2 を α_1，n_1，n_2 を用いて表せ．

(2) 第 1 プリズムがクラウンガラス（K3，$n_1 = 1.518$，$\alpha_1 = 5.0°$），第 2 プリズムがフリントガラス（F2，$n_2 = 1.620$）のとき，第 2 プリズムの頂角 α_2 を求めよ．

(3) 前問で二つのプリズムの頂角が同じ向きのとき，偏角がいくらになるか．

2.6 光ファイバは，高屈折率の中心部（コア）と，周辺部（クラッド）からなり，光波が境界面で全反射を繰り返しながら伝搬する．コアの屈折率を $n_1 = 1.45$，クラッドの屈折率を $n_2 = n_1(1 - \Delta)$ とおき，Δ が微小とする．光波がコアからクラッドに向かうときの臨界角 θ_c に対する近似式を Δ で表せ．また，$\Delta = 1.0\%$のときの臨界角を角度表示で求めよ．

3章 屈折・反射を用いた結像作用

虫眼鏡を使うと，太陽光を集束させたり，物を拡大して見たりできる．また，道路が大きくカーブするなど見通しの悪い場所では，カーブミラーで安全を確かめることができる．これらは，いずれも球面による屈折・反射に基づいた結像作用を利用したものである．本章では，球面レンズや球面鏡を中心とした結像作用を光線光学の範囲内で解析し，その特性を述べる．

3.1 節では，焦点距離が既知のレンズによる結像特性を説明する．3.2 節では，球面レンズによる結像作用の準備として，単一球面での屈折による結像を扱う．3.3 節では，応用上重要な，球面レンズの厚さを無視して考える薄肉レンズによる結像作用を説明する．3.4 節では，レンズの厚さを考慮した，より厳密な厚肉レンズによる結像作用を行列法で扱い，3.5 節では，組み合わせレンズと色消しを説明する．3.6 節では，収差のない特殊な形状の無収差反射鏡による結像を，3.7 節では，球面反射鏡による結像を説明する．結像作用のより一般的な意味は，9 章で改めて説明する．収差を減じる非球面レンズは本書では扱わない．

3.1 単一レンズによる結像特性

結像作用の最も簡単な例は，虫眼鏡などの 1 枚の凸レンズを用いる場合である．太陽光を虫眼鏡で集めて紙を後方に置き，レンズと紙の距離が一定の値になると，紙が燃えだす．この現象は，平行に進行して来た光線が，レンズ透過後に一点に集まり，そこが高温になるためとして説明できる．このとき，燃えだす位置を**焦点**（focal point），レンズと紙の距離を**焦点距離**（focal length）とよぶ．本節では導入として，焦点距離が既知のレンズが空気中にある場合の結像特性の求め方を説明する．

(1) 薄肉レンズ

レンズの厚さが無視できるほど十分薄い場合を**薄肉レンズ**（thin lens）とよぶ．薄肉凸レンズでの結像位置は，次に示す三つの光線伝搬則のうちの二つを用いて決定できる．

薄肉凸レンズの光線伝搬則

① 光軸（▶ 3.2 節）と平行に入射する光線は，凸レンズ透過後に後（像）側焦点 F_2 を通過する．

② 光線には逆進性があるので，前（物）側焦点 F_1 を通過する光線は，凸レンズ

透過後に光軸と平行に伝搬する．
③ レンズ中心に向かう光線は，透過後も向きを変えずに，そのまま直進する．

光線は，反射の場合を除き，左側から右側に進行するものと約束する．そのため，レンズや屈折面の左側にある場合を「前方」とよび，右側にある場合を「後方」とよぶ．

薄肉凸レンズが空気中にある場合の作図例を，上記の光線伝搬則を用いて図 3.1 に示す．図で，レンズ中心を H，レンズ頂点 V_1，V_2 から測った物体と像の位置をそれぞれ s_1，s_2 とおき，前・後側焦点距離をそれぞれ f，f' とおく．s_j $(j=1,2)$ の符号は，レンズより右（左）側を正（負）と約束する．レンズが空気中にあるときは $f'=-f$ が成立し，凸レンズでは $f'>0$，凹レンズ（▶図 3.5(b)）では $f'<0$ である．

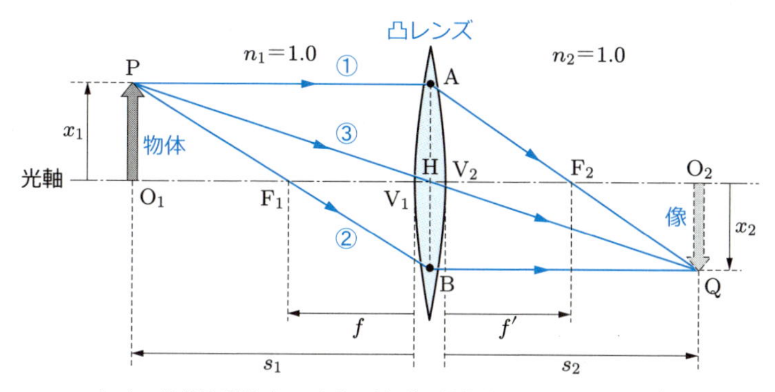

図 3.1　薄肉レンズによる結像
A，B は H を通り光軸に垂直な線と平行光線との交点．空気中では $f'=-f$．レンズ厚は無視できるほど薄いとする．①～③は本文の光線伝搬則に対応．

$\triangle HO_1P$ と $\triangle HO_2Q$，$\triangle F_1O_1P$ と $\triangle F_1HB$，および $\triangle F_2HA$ と $\triangle F_2O_2Q$ がそれぞれ相似形だから，次式が成り立つ．

$$\frac{QO_2}{PO_1}=\frac{s_2}{s_1},\quad \frac{BH}{PO_1}=\frac{QO_2}{PO_1}=\frac{-f}{s_1-f}=\frac{f'}{s_1+f'},\quad \frac{QO_2}{AH}=\frac{QO_2}{PO_1}=\frac{f'-s_2}{f'} \tag{3.1}$$

たとえば，式 (3.1) の第 1・3 式を等値して整理すると，次式を得る．

$$-\frac{1}{s_1}+\frac{1}{s_2}=\frac{1}{f'}=-\frac{1}{f} \tag{3.2}$$

式 (3.2) は**ガウスのレンズ公式**（Gaussian lens formula）とよばれ，物体位置とレンズの焦点距離が既知のとき，像の位置を求めるのに使用できる．ガウスの結像理論は 1840 年に発表された．

このように物体の像を形成することを**結像**（imaging）という．結像関係を満たすとき，物体位置を**物点**，像の位置を**像点**という．結像関係を満たす一対の物点 P と像点 Q は，その役目を交換しても結像関係を満たす．このような 2 点は互いに**光学的に共役**，または単に**共役**（conjugate）であるという．点 P と Q を**共役点**（conjugate points），共役点を通り，光軸に垂直な面を共役面とよぶ．

レンズ系では，前（後）方無限遠と後（前）側焦点は互いに共役であるが，焦点どうしは共役ではない．焦点を通り光軸に垂直な面を焦点面とよぶ．

物体と像の大きさをそれぞれ x_1，x_2 とするとき，物体と像の大きさの比を**横倍率**（lateral magnification）とよび，

$$M \equiv \frac{x_2}{x_1} \tag{3.3}$$

で定義する．像が光軸に対して物体と同じ側にあるとき $M > 0$ で正立像，反対側にあるとき $M < 0$ で倒立像という．$|M| > 1$ のとき拡大像，$|M| < 1$ のとき縮小像となる．じつは，式 (3.1) はすべて横倍率を表したものであり，

$$M = \frac{s_2}{s_1} = \frac{-f}{s_1 - f} = \frac{f'}{s_1 + f'} = \frac{f' - s_2}{f'} \tag{3.4}$$

のようにいくつかの形で表現できる．

(2)　厚肉レンズ

レンズの厚さを考慮する場合を**厚肉レンズ**（thick lens）とよび，薄肉レンズでの光線伝搬の考え方を拡張する方向で扱う．図 3.2 は，図 3.1 におけるレンズ内が引き延

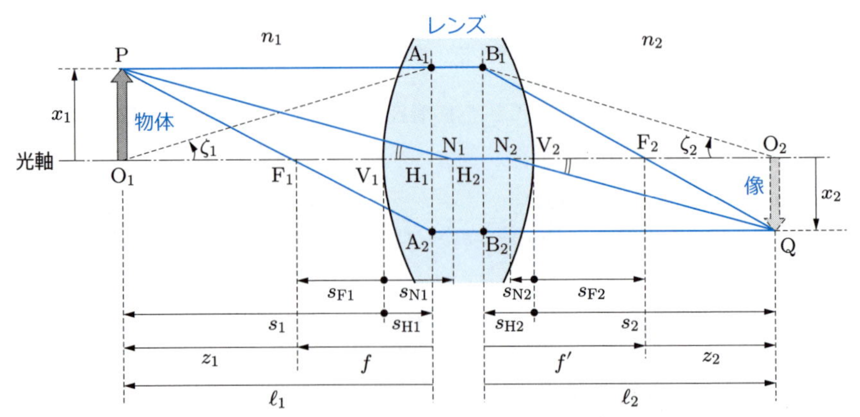

図 3.2　厚肉レンズによる結像
レンズ厚は，わかりやすさのため誇張して描いている．

ばされた形になっており，レンズが空気中以外にある場合も含む．

図中の点 H_1 と H_2 は，それらの間で横倍率が 1 となる共役点で**主点**（principal points）とよばれ，主点を通り光軸に垂直な面は主平面とよばれる．主点は光線伝搬則①を拡張するための点である．つまり，物点 P から出た，光軸に平行な光線が第 1 主平面上の点 A_1 に達すると，第 2 主平面で $H_2B_1 = H_1A_1$ となる点 B_1 に移動し，ここから光線が後側焦点 F_2 に向けて進行すると考える．

点 N_1 と N_2 は $\angle PN_1O_1 = \angle QN_2O_2$（$PN_1 \mathbin{/\!/} N_2Q$）を満たす**節点**（nodal points）であり，節点を通り光軸に垂直な面を節平面とよぶ．節点は薄肉レンズでの光線伝搬則③に対応するもので，左側から進行する光線が前（物）側節点 N_1 に到達すると，光線と光軸がなす角度と等しい角度で，後（像）側節点 N_2 から光線が出ていく．焦点，主点，節点をまとめて**主要点**（cardinal points）とよぶ．

レンズ頂点 V_1（V_2）から測った前（後）側焦点位置を s_{F1}（s_{F2}），前（後）側主点位置を s_{H1}（s_{H2}），前（後）側節点位置を s_{N1}（s_{N2}）とおく．主点を基準とした，物点と像点の位置を ℓ_j（$j = 1, 2$），前・後側焦点までの距離を焦点距離 f，f' と定義する．前（後）側焦点から測った物（像）点の位置を z_j として，

$$\ell_j \equiv s_j - s_{Hj} \quad (j = 1, 2) \tag{3.5}$$

$$f \equiv s_{F1} - s_{H1}, \quad f' \equiv s_{F2} - s_{H2} \tag{3.6}$$

$$z_1 \equiv s_1 - s_{F1} = \ell_1 - f, \quad z_2 \equiv s_2 - s_{F2} = \ell_2 - f' \tag{3.7}$$

で表す．s_{Fj}，s_{Hj}，s_{Nj}，ℓ_j，z_j の符号は，基準点より右（左）側を正（負）とする．

$\triangle F_1O_1P$ と $\triangle F_1H_1A_2$，および $\triangle F_2H_2B_1$ と $\triangle F_2O_2Q$ がそれぞれ相似形だから，横倍率が次式で表せる．

$$M = -\frac{(-f)}{-\ell_1 - (-f)} = -\frac{f}{z_1}, \quad M = \frac{f' - \ell_2}{f'} = -\frac{z_2}{f'} \tag{3.8}$$

式 (3.8) の 2 式で最右辺を等値して次式を得る．

$$z_1 z_2 = ff' \tag{3.9}$$

式 (3.9) は**ニュートンの公式**（Newtonian form of lens equation）とよばれる．この公式は，焦点から測った物点と像点の位置および前・後側焦点距離を結び付けるもので，薄肉・厚肉レンズの両方に適用できる．

物点から出る光線と像点に至る光線が，光軸となす角度の正接の比を**角倍率**（angular maginification）とよび，

$$\gamma \equiv \frac{\tan \zeta_2}{\tan \zeta_1} \tag{3.10}$$

で定義する．角度の符号は，光軸から測った角度が鋭角となるときに，その向きが反時計回りとなる場合を正とする．

図3.2で，物点 O_1 から出た光線が第1主平面と点 A_1 で交わり，光軸と平行に移動した第2主平面上の点 B_1 から像点 O_2 に至るとき，焦点から測った距離を用いると，

$$\tan\zeta_1 = \frac{A_1H_1}{-f - z_1}, \quad \tan\zeta_2 = \frac{B_1H_2}{-f' - z_2}, \quad A_1H_1 = B_1H_2 \tag{3.11}$$

が成り立つ．式(3.11)を式(3.10)に代入し，さらに式(3.8)を利用すると，角倍率が

$$\gamma = \frac{f + z_1}{f' + z_2} = \frac{z_1}{f'} = \frac{f}{z_2} \tag{3.12}$$

で表せる．

$\triangle A_2H_1F_1$ と $\triangle A_2A_1P$，および $\triangle B_1H_2F_2$ と $\triangle B_1B_2Q$ がそれぞれ相似形だから，

$$\frac{f}{\ell_1} = \frac{H_1A_2}{A_1A_2}, \quad \frac{f'}{\ell_2} = \frac{H_2B_1}{B_2B_1}$$

が成り立つ．主点の性質により，$H_1A_2 + H_2B_1 = A_1A_2 = B_2B_1$ が成り立つ．この等式に上式を代入すると，次式が導ける．

$$\frac{f}{\ell_1} + \frac{f'}{\ell_2} = 1 \tag{3.13}$$

式(3.13)は主点を基準とした**結像式**で，前・後側焦点距離が既知のときに使える．式(3.7)を用いると，式(3.9)と式(3.13)は相互に変換できる．

式(3.9)，(3.13)でレンズ厚が十分薄いとして，物点や像点，焦点の位置を主点ではなくレンズ頂点から測ると，これらは薄肉レンズでの結像式としても使用できる．

式(3.2)，(3.9)，(3.13)はいずれも幾何学的関係から導かれているので，このような学問を幾何光学とよぶ．近年では幾何学的関係を行列や射影変換に置き換えて光線の移動を考える方法があるので，この分野を光線光学とも呼称する．

例題 3.1　空気中にある後側焦点距離12 cmの凸レンズで，前側焦点の前方10 cmに物体を置くとき，像の位置および横倍率を求めよ．ただし，薄肉レンズとして，ガウスのレンズ公式およびニュートンの公式の両方を用いて求めよ．

解答　ガウスの公式(3.2)に $s_1 = -(12 + 10) = -22$，$f' = 12$ を代入して，$s_2 = 26.4$ を得る．式(3.4)を用いて，横倍率が $M = s_2/s_1 = -26.4/22 = -1.2$ となる．レンズが空気中にあるから，前・後側焦点距離の符号が反転して $f = -12$ で書ける．ニュートンの公式(3.9)に $z_1 = -10$，$f' = 12$ を代入して，$z_2 = 14.4$ を得る．式(3.8)を用いて，横倍率が $M = -f/z_1 = -12/10 = -1.2$ となる．よって，像は凸レンズの後方26.4 cm，つまり後側焦点の後方14.4 cmにでき，横倍率が -1.2 つまり倒立像が得られる．

3.2 単一球面での屈折による結像

本節では，球面からなる光学系での結像特性を，球面形状や屈折率などの関数として求めるための準備として，単一球面での屈折による結像を説明する．

屈折面や反射面をもつ光学系が回転対称のとき，回転軸を**光軸**（optic axis）とよび，通常，光軸を水平にとる．光軸上の曲率中心 O を中心として，曲率半径 R の球面からなる屈折面と光軸との交点を V とする（図 3.3）．屈折面の左（右）側の屈折率を n_1（n_2）とする．半径 R の符号は，曲率中心 O が屈折面より右（左）側にあるときを正（負）とする．

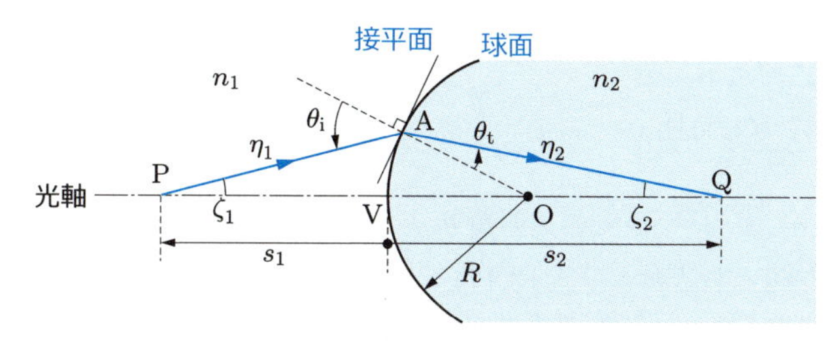

θ_i：入射角，θ_t：屈折角，O：半径 R の球面の曲率中心
η_1=PA, η_2=AQ

図 3.3 単一球面での光線の屈折

屈折率が一様な空間では，光軸上から出る光線は光線と光軸を含む面（これを**子午面**という）内を伝搬し，この光線を**子午光線**（meridional ray）とよぶ．よって，回転対称の光学系では，子午面内だけで考えても一般性を失わない．

光軸上で点 V の前方 s_1 にある点 P から出発した光線が子午面内を伝搬し，球面上の点 A で屈折後に，点 V の後方 s_2 にある光軸上の点 Q に達するとする．屈折後の光線が屈折面より右側で光軸と交わらないときは，屈折光線の延長線が光軸と交わる点を Q とする．s_j（$j=1,2$）の符号は，点 V より右（左）側を正（負）とする．

屈折点 A における光線角度を接平面での法線に対してとり，入射角を θ_i，屈折角を θ_t とおく．このとき，入射光線と光軸のなす角度を $\angle APV \equiv \zeta_1$，屈折光線と光軸のなす角度を $\angle AQV \equiv \zeta_2$ とおくと，各角度は次の関係を満たす．

$$\zeta_2 = \theta_i - \theta_t - \zeta_1 \tag{3.14}$$

角度 ζ_j（$j=1,2$）が微小な光線を**近軸光線**（paraxial ray）とよび，これを用いた近似を**近軸光線近似**という．以下では，各光線を近軸光線近似の範囲内で扱う．

点 P と屈折点 A の距離を η_1，点 A と点 Q の距離を η_2 とおくと，△APO に正弦定理を適用して，次式を得る．

$$\frac{R}{\sin\zeta_1} = \frac{\eta_1}{\sin(\zeta_2+\theta_\mathrm{t})} = \frac{-s_1+R}{\sin\theta_\mathrm{i}} \tag{3.15}$$

式 (3.15) 左辺と中辺で式 (3.14) を利用して ζ_2 を消去し，近軸光線近似として $\sin x \fallingdotseq x$ を用いると，入射角が次式で近似できる．

$$\theta_\mathrm{i} \fallingdotseq \frac{R+\eta_1}{R}\zeta_1 \tag{3.16}$$

また，$\triangle$AQO に正弦定理を適用して，次の関係式を得る．

$$\frac{R}{\sin\zeta_2} = \frac{\eta_2}{\sin(\pi-\zeta_2-\theta_\mathrm{t})} = \frac{s_2-R}{\sin\theta_\mathrm{t}} \tag{3.17}$$

式 (3.17) 左辺と中辺で式 (3.14) を用いて ζ_2 を消去した結果に，式 (3.16) を代入して，屈折角 θ_t が次式で近似できる．

$$\theta_\mathrm{t} \fallingdotseq -\frac{\eta_1(R-\eta_2)}{\eta_2 R}\zeta_1 \tag{3.18}$$

式 (3.16)，(3.18) は，接平面での入射角 θ_i と屈折角 θ_t を ζ_1 の関数として表している．

式 (3.15) の左辺と右辺および式 (3.17) の左辺と右辺に近軸光線近似を適用した結果に，式 (3.14)，(3.16)，(3.18) を代入して，次式が得られる．

$$s_1 \fallingdotseq -\eta_1, \quad s_2 \fallingdotseq \eta_2 \tag{3.19}$$

式 (3.19) より，近軸光線近似では s_1 が $-\eta_1$ に，s_2 が η_2 に等しいことがわかる．s_1 の右辺に負符号があるのは，s_j の符号を，点 V より右側を正としているためである．

屈折点 A に関する接平面でスネルの法則を適用すると，式 (2.2) と同じ関係式を得る．これに近軸光線近似を適用して，ただちに次式を得る．

$$n_1\theta_\mathrm{i} \fallingdotseq n_2\theta_\mathrm{t} \tag{3.20}$$

式 (3.20) に式 (3.16)，(3.18)，(3.19) を代入して，$R(n_1 s_2 - n_2 s_1) = -s_1 s_2(n_2-n_1)$ が得られる．この式の両辺を $-s_1 s_2 R$ で割って，次式が導ける．

$$-\frac{n_1}{s_1} + \frac{n_2}{s_2} = \frac{n_2-n_1}{R} \tag{3.21}$$

式 (3.21) を**単一球面の結像式**とよぶ．この式は，球面上の屈折点に依存する距離 η_1 と η_2 を含まず，光軸上での位置 s_1 と s_2 を含む．このことは，点 P から出た近軸光線が，球面上の屈折点の位置によらず，すべて点 Q に集束して像を形成することを意味する．

光軸に平行に進む光線が球面透過後に光軸と交わる点が後側焦点位置であるから，式 (3.21) で $s_1 = -\infty$ とおいたときの s_2 の値が**後側焦点距離** f' である．光線では逆進性が成り立つので，球面透過後に光軸に平行に進む光線が，透過前に光軸と交わる点が前側焦点位置である．よって，式 (3.21) で $s_2 = \infty$ とおいたときの s_1 の値が**前側焦点距離** f となる．このとき，各焦点距離が

$$\frac{n_2}{f'} = -\frac{n_1}{f} = \frac{n_2 - n_1}{R}, \quad f + f' = R \tag{3.22}$$

を満たす．式 (3.22) 第 1 式を利用すると，式 (3.21) が次のように書き直せる．

$$-\frac{n_1}{s_1} + \frac{n_2}{s_2} = \frac{n_2}{f'} = -\frac{n_1}{f} \tag{3.23}$$

式 (3.23) を焦点から測った式に変更するため，$s_1 = z_1 + f$，$s_2 = z_2 + f'$ を式 (3.23) に代入して整理すると，次式が導ける．

$$z_1 z_2 = f f' \tag{3.24}$$

単一球面での式 (3.24) は，形式的にニュートンの公式 (3.9) に一致している．

式 (3.21) を書き直すと，次式を得る．

$$n_1 \left(\frac{1}{R} - \frac{1}{s_1} \right) = n_2 \left(\frac{1}{R} - \frac{1}{s_2} \right) \tag{3.25}$$

式 (3.25) で，左（右）辺は屈折面より左（右）側における同一形式の量を表しており，これらの値が単一球面による屈折の前後で変化しないことを意味している．これは**アッベのゼロ不変量**（Abbe's null invariant）とよばれる．

3.3　球面光学系と薄肉レンズ近似

屈折面や反射面が球面の一部からなる光学系を**球面光学系**という．**球面レンズ**（spherical lens）は前節の結果を用いて扱える．本節では，これが薄肉レンズとして近似できる場合の結像特性を説明する．薄肉レンズ近似は，結像問題を比較的容易に扱え，かつ実用上十分な精度が得られる利点がある．

レンズによる結像を，前節で求めた球面が 2 面あるとして，2 面での屈折に分解して考える（図 3.4）．第 1・2 屈折面の間がレンズであり，その屈折率を n_{L}，光軸上でのレンズ厚を d_{L} とする．第 1（2）屈折面の曲率半径を R_1 (R_2)，また第 1（2）屈折面の左（右）の屈折率が n_1 (n_2) とする．レンズの凸凹の区別は，R_1 と R_2 の符号およびそれらの大きさによって決まる．

まず，第 1 屈折面の頂点 V_1 の前方 s_1 にある物点 P から出た光線が，第 1 屈折面の頂点の後方 s' にある点 P$'$ に像を結ぶとする（図に示していない）．近軸光線近似では，式 (3.21) で $s_2 = s'$，$n_2 = n_{\mathrm{L}}$，$R = R_1$ とおいて，次式を得る．

$$-\frac{n_1}{s_1} + \frac{n_{\mathrm{L}}}{s'} = \frac{n_{\mathrm{L}} - n_1}{R_1} \tag{3.26}$$

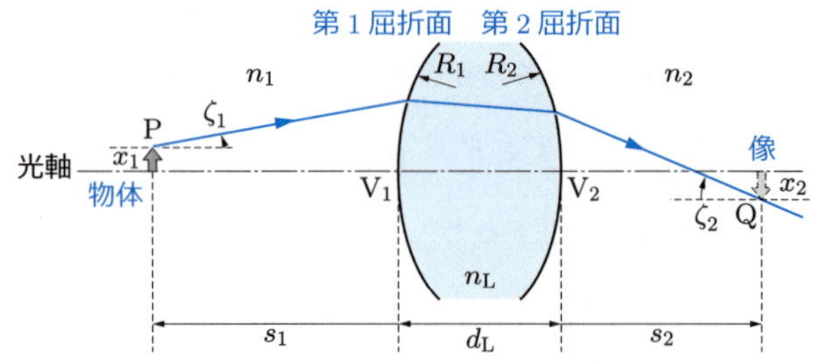

図 3.4　屈折面に分解したレンズによる結像

点 P′ は，第 2 屈折面の頂点 V_2 の後方 $s' - d_L$ にある物点とみなせる．物点 P′ から出た光線が，第 2 屈折面の頂点の後方 s_2 にある点 Q に像を結ぶとする．このとき，式 (3.21) で $s_1 = s' - d_L$，$n_1 = n_L$，$R = R_2$ とおいて，

$$-\frac{n_L}{s' - d_L} + \frac{n_2}{s_2} = \frac{n_2 - n_L}{R_2} \tag{3.27}$$

と書ける．レンズの結像特性は，式 (3.26)，(3.27) を連立させて求められる．

式 (3.26) と式 (3.27) を辺々加えて，次式を得る．

$$-\frac{n_1}{s_1} + \frac{n_2}{s_2} = \frac{n_L - n_1}{R_1} + \frac{n_2 - n_L}{R_2} + \frac{n_L d_L}{s'(s' - d_L)} \tag{3.28}$$

ここで，レンズ厚が曲率半径に比べて十分に小さい（$|R_j| \gg d_L$）と仮定すると，式 (3.28) の右辺第 3 項が無視でき，このようなレンズを**薄肉レンズ**とよぶ．このとき，

$$-\frac{n_1}{s_1} + \frac{n_2}{s_2} = \frac{n_L - n_1}{R_1} - \frac{n_L - n_2}{R_2} \tag{3.29}$$

を得る．式 (3.29) は薄肉レンズによる結像式である．厚肉レンズについては，拡張性の高い行列法を後で説明する （▶ 3.4 節）．

式 (3.29) を，単一球面のときと同じようにして，焦点距離を用いた式に書き換えると，薄肉レンズの**後側焦点距離** f' と**前側焦点距離** f が次式で書ける．

$$\frac{n_2}{f'} = -\frac{n_1}{f} = \frac{n_L - n_1}{R_1} - \frac{n_L - n_2}{R_2} \tag{3.30}$$

式 (3.30) より，前・後側焦点距離はつねに異符号である．式 (3.30) を用いて結像式 (3.29) の右辺を焦点距離で書き直すと，次式でも表せる．

$$-\frac{n_1}{s_1} + \frac{n_2}{s_2} = \frac{n_2}{f'} = -\frac{n_1}{f} \tag{3.31}$$

式 (3.31) も**薄肉レンズによる結像式**であり，ガウスのレンズ公式 (3.2) を空気中以外にも拡張したものである．式 (3.31) は，焦点距離の値が異なるが，単一球面の結像式

(3.23) と形式的に一致している.

式 (3.30) を式 (3.31) に適用して変形すると，次式を得る.

$$-\frac{n_1}{s_1}+\frac{n_2}{s_2}-\frac{n_2}{f'}=\left(\frac{n_{\mathrm{L}}-n_1}{R_1}-\frac{n_{\mathrm{L}}-n_2}{R_2}\right)\left(\frac{f}{s_1}+\frac{f'}{s_2}-1\right)=0$$

$$\therefore \frac{f}{s_1}+\frac{f'}{s_2}=1 \tag{3.32}$$

この薄肉レンズによる結像式は，式 (3.13) でレンズ厚を無視して，主点から測った ℓ_j をレンズ頂点から測った s_j に置き換えれば一致する．ここでは示していないが，単一球面の場合にも式 (3.32) と同一形式の結像式が成り立っている.

式 (3.31)，(3.32) は，物点 P から出た近軸光線が，レンズ前後の媒質の屈折率や，レンズでの屈折点の位置によらず，すべて一つの点 Q に集束して像を形成することを意味する．このような光学系を**理想光学系**とよぶ．理想光学系での結像点を，**近軸像点**あるいは理想像点，または研究者の名をとってガウス像点ともよぶ．入射光線が光軸となす角度が大きい周縁光線の場合には，特定の点に集束しないで像がぼけ，このことを**収差**（aberration）という（光線収差の説明は他書を参照されたい）.

レンズが空気中にある（$n_1=n_2=1.0$）場合，式 (3.31) の結像式はガウスのレンズ公式 (3.2) に帰着する．このとき，式 (3.30) より，前・後側焦点距離 f，f' が

$$\frac{1}{f'}=-\frac{1}{f}=(n_{\mathrm{L}}-1)\left(\frac{1}{R_1}-\frac{1}{R_2}\right) \tag{3.33}$$

のように，レンズ形状と屈折率で表せる．空気中のようにレンズ両側の屈折率が等しいとき，前・後側焦点距離は絶対値が等しく，逆符号となる.

中心厚が周縁よりも大きいレンズを**凸レンズ**（convex lens）または**正レンズ**とよび，$f'>0$ である．その逆のレンズを**凹レンズ**（concave lens）または**負レンズ**とよび，$f'<0$ である．単に焦点距離というときは，後側焦点距離を指す．近視用メガネのように，両面が同一方向に湾曲しているレンズをメニスカスレンズとよぶ.

式 (3.30) から得られる $f/f'=-n_1/n_2$ を式 (3.8) に適用すると，ニュートンの公式に対する横倍率が

$$M=-\frac{f}{z_1}=\frac{f'/n_2}{z_1/n_1},\quad M=-\frac{z_2}{f'}=\frac{z_2/n_2}{f/n_1} \tag{3.34a}$$

でも書ける．両式に加比の理と $z_1\equiv s_1-f$，$z_2\equiv s_2-f'$ を用いて，横倍率が

$$M=\frac{n_1(f'+z_2)}{n_2(f+z_1)}=\frac{n_1 s_2}{n_2 s_1}=\frac{s_2/n_2}{s_1/n_1} \tag{3.34b}$$

でも表せる．式 (3.34b) は，結像式 (3.31) に対応する横倍率の表現である.

横倍率と角倍率の積は，式 (3.12)，(3.34a) より

$$M\gamma = \frac{n_1}{n_2} \tag{3.35}$$

となる．これに横倍率と角倍率の定義式 (3.3)，(3.10) を代入し，近軸光線に限定して整理すると，次式を得る（▶図 3.4）．

$$n_1 x_1 \zeta_1 = n_2 x_2 \zeta_2 \tag{3.36}$$

式 (3.36) は**ラグランジュ－ヘルムホルツの不変量**とよばれ，屈折率と光線の高さと光線の傾きの積が，光学系の各部分で変化しないことを表す．

薄肉レンズによる結像例を図 3.5 に示す．図 (a) は $R_1 > 0$，$R_2 < 0$ の凸レンズ，図 (b) は $R_1 < 0$，$R_2 > 0$ の凹レンズである．凸（凹）レンズでは，後側焦点 F_2 がレンズより右（左）側にある．図 (a) では物体を前側焦点 F_1 より前方に置いており，3.1 節の光線伝搬則に基づいて作図している．図 (b) の凹レンズでは，次に示す光線伝搬則を用いている．

薄肉凹レンズの光線伝搬則

① 光軸と平行に入射する光線は，凹レンズ通過後，後（像）側焦点 F_2 から光線が発したように伝搬する．

② 凹レンズの前（物）側焦点 F_1 に向かう光線は，レンズ通過後，光軸と平行に進行する．

③ レンズ中心に向かう光線は，向きを変えずにそのまま直進する．

光学系で像形成に寄与する光線が，図 (a) のように集束光線であるとき，光線の集束点に紙などを置くとそこに物体の像ができ，それを眼で視認できる．このような像を**実像**（real image）という．また，図 (b) のように発散光線であるときは，光線は

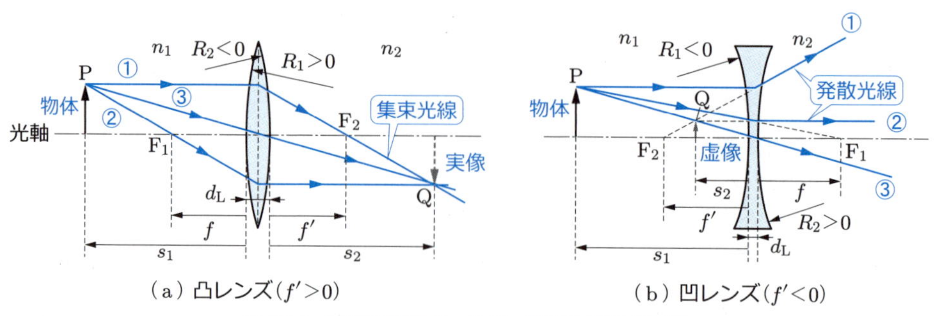

図 3.5　薄肉レンズによる結像

①～③は本文の光線伝搬則に対応．レンズ厚 d_L は無視できるほど薄いとする．

空間のどこにも集束しない．このとき，レンズの右側からのぞけば，発散光線の中心にある像を見ることができ，この像を**虚像**（virtual image）という．

実像の場合には，物点から光学系（レンズ）までの光路長 φ_1 と，光学系（レンズ）から像点までの光路長 φ_2 の和が，光線の経路によらず一定値となる．一方，虚像の場合には，光路長 φ_1 と φ_2 の差が一定値となる．

単レンズの結像特性の一般的性質（空気中）

(i) 凸レンズでは，物体が前側焦点より前方にあれば倒立実像が得られる．一方，物体が前側焦点と凸レンズの間にあれば正立虚像が得られ，横倍率が $M > 1$ となる（▶ 例題 3.2）．

(ii) 凹レンズでは必ず正立虚像が得られ，その横倍率が $0 < M < 1$ となる．

例題 3.2 空気中にある焦点距離 f' の薄肉凸レンズで，虚像が観測される物点の範囲と，そのときの横倍率の範囲を求めよ．

解答 結像式 (3.2) より $1/s_2 = (s_1 + f')/f's_1$ を得る．凸レンズは $f' > 0$ で，虚像が観測されるのは $s_2 < 0$ のときだから，$(s_1 + f')/s_1 < 0$ を満たせばよい．物点位置は $s_1 < 0$ だから $s_1 > -f'$ であり，まとめて $-f' < s_1 < 0$ が得られる．横倍率 M は式 (3.4) より $M = (f' - s_2)/f'$ で，$s_2 < 0$ だから $M > 1$ となる．つまり，物点が前側焦点と凸レンズの間にあれば，物体より大きい正立虚像が得られる．

3.4 行列法による厚肉レンズの解析

本節では，球面からなるレンズで，その厚さを考慮する**厚肉レンズ**における結像式や主要点位置などを，レンズ形状や屈折率の関数として求める．解析に行列を利用する**行列法**は，多数の球面がある場合に対して容易に拡張でき，数値計算に適している．

3.4.1 行列法での基本式

結像特性を行列で記述する場合，光線の位置と向きを指定する基底ベクトルのとり方が重要となる．成分の一つは光軸からの距離である．ほかの一つには，レンズや伝搬媒質などの一様媒質内では，屈折率と光線の方向余弦との積が不変量となることを利用する（▶ 式 (1.17)）．光線が x 軸，z 軸となす角度をそれぞれ ξ，ζ とし，基底ベクトルを次のように書く（図 3.6）．

$$\boldsymbol{Q}_j \equiv \begin{pmatrix} x_j \\ -n_j \cos \xi_j \end{pmatrix} \tag{3.37}$$

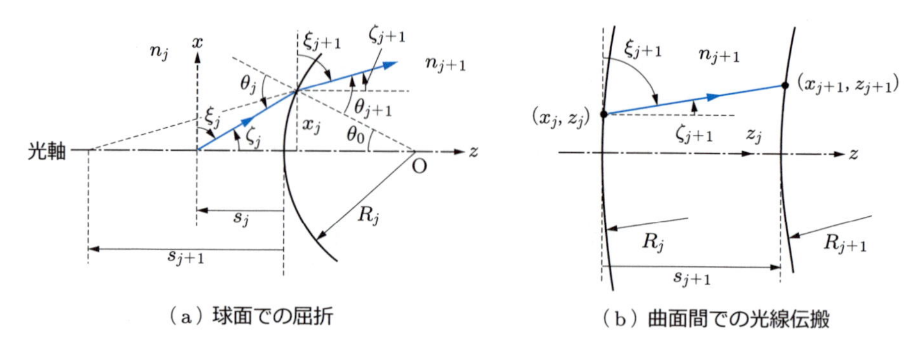

図 3.6　球面を含む光学系での光線伝搬
光軸を z 軸とし，光軸に垂直な方向に x 軸をとる．

この式の第 2 成分の負符号は，歴史的なガウス定数と符号を合わせるためである．

光線が曲率半径 R_j の球面で屈折する場合，曲面の左（右）側の屈折率を n_j (n_{j+1}) とする．球面上の光線入射点における接平面でスネルの法則 $n_j \sin\theta_j = n_{j+1}\sin\theta_{j+1}$ を用い，これに $\theta_j = \zeta_j + \theta_0$，$\theta_{j+1} = \zeta_{j+1} + \theta_0$，$\zeta_j = \pi/2 - \xi_j$，$\sin\theta_0 = x_j/R_j$ を代入し，近軸光線の条件（ζ_j：微小，ξ_j：$\pi/2$ 近傍）と，光線位置が曲率半径より微小（$x_j/R_j \ll 1$）ということを適用すると，次式が得られる．

$$n_{j+1}\cos\xi_{j+1} \fallingdotseq n_j\cos\xi_j + \frac{x_j(n_j - n_{j+1})}{R_j}$$

これを基底ベクトルと関係づけると，屈折面前後での光線の伝搬方向の変化が

$$\boldsymbol{Q}_{j+1} = \mathcal{R}_j\boldsymbol{Q}_j \tag{3.38a}$$

$$\mathcal{R}_j \equiv \begin{pmatrix} 1 & 0 \\ \phi_j & 1 \end{pmatrix}, \quad \phi_j \equiv \frac{n_{j+1} - n_j}{R_j} \tag{3.38b}$$

で表せる．$\mathcal{R}_j$ を**屈折行列**とよび，R_j の符号のとり方は 3.2・3.3 節と同様とする．

図 (b) のように，曲率半径 R_j と R_{j+1} の曲面間の光軸上での間隔が s_{j+1} であるとする．$|R_j|$ が間隔 s_{j+1} に比べて十分大きく，2 曲面間を近軸光線が伝搬するとき，伝搬方向の距離差は近似的に s_{j+1} に等しくなる．このとき，曲面間の光線伝搬が $x_{j+1} - x_j \fallingdotseq s_{j+1}\tan\zeta_{j+1} \fallingdotseq s_{j+1}\cos\xi_{j+1}$ で近似でき，次式で書ける．

$$\boldsymbol{Q}_{j+1} = \mathcal{T}_{j+1}\boldsymbol{Q}_j \tag{3.39a}$$

$$\mathcal{T}_{j+1} \equiv \begin{pmatrix} 1 & -s_{j+1}/n_{j+1} \\ 0 & 1 \end{pmatrix} \tag{3.39b}$$

$\mathcal{T}_{j+1}$ を**転送行列**または移行行列とよぶ．

球面レンズ（厚さ d_L，屈折率 n_L）は第 1 球面，転送部，第 2 球面から形成されて

いると考えることができる．よって，球面レンズの左端の入射直前から右端の出射直後まで伝搬する光線は，次式で記述できる．

$$\boldsymbol{Q}_{x2} = \mathcal{S}\boldsymbol{Q}_{x1}, \quad \mathcal{S} = \mathcal{R}_2\mathcal{T}_{\mathrm{L}}\mathcal{R}_1 \tag{3.40a}$$

$$\mathcal{R}_2 \equiv \begin{pmatrix} 1 & 0 \\ \phi_2 & 1 \end{pmatrix}, \quad \mathcal{T}_{\mathrm{L}} \equiv \begin{pmatrix} 1 & -d_{\mathrm{L}}/n_{\mathrm{L}} \\ 0 & 1 \end{pmatrix}, \quad \mathcal{R}_1 \equiv \begin{pmatrix} 1 & 0 \\ \phi_1 & 1 \end{pmatrix} \tag{3.40b}$$

$$\mathcal{S} \equiv \begin{pmatrix} c & d \\ a & b \end{pmatrix} = \begin{pmatrix} 1-\phi_1 d_{\mathrm{L}}/n_{\mathrm{L}} & -d_{\mathrm{L}}/n_{\mathrm{L}} \\ \phi_1+\phi_2-\phi_1\phi_2 d_{\mathrm{L}}/n_{\mathrm{L}} & 1-\phi_2 d_{\mathrm{L}}/n_{\mathrm{L}} \end{pmatrix}, \quad bc-ad=1 \tag{3.40c}$$

ここで，$\mathcal{S}$ をレンズの**システム行列**，成分 $a\sim d$ を**ガウス定数**とよぶ．屈折行列，転送行列ともにその行列式の値が 1 だから，システム行列の行列式の値も 1 となる．

厚肉レンズによる結像で，レンズの左端頂点 V_1 の前方 s_1 にある物体（大きさ x_{ob}）から出た光線が，レンズ透過後，レンズ右端頂点 V_2 の後方 s_2 に像（大きさ x_{im}）を結ぶとする（図 3.7）．レンズより左（右）側の媒質の屈折率を n_1 (n_2) とする．物体（像）の基底ベクトルを $\boldsymbol{Q}_{\mathrm{ob}}$ $(\boldsymbol{Q}_{\mathrm{im}})$，物体からレンズ左端までの転送行列を $\mathcal{T}_{\mathrm{ob}}$，レンズ右端から像までの転送行列を $\mathcal{T}_{\mathrm{im}}$ で表すと，物体から像までの光線伝搬が

$$\boldsymbol{Q}_{\mathrm{im}} = \mathcal{D}\boldsymbol{Q}_{\mathrm{ob}}, \quad \mathcal{D} = \mathcal{T}_{\mathrm{im}}\mathcal{S}\mathcal{T}_{\mathrm{ob}} \tag{3.41a}$$

$$\mathcal{T}_{\mathrm{ob}} = \begin{pmatrix} 1 & s_1/n_1 \\ 0 & 1 \end{pmatrix}, \quad \mathcal{T}_{\mathrm{im}} = \begin{pmatrix} 1 & -s_2/n_2 \\ 0 & 1 \end{pmatrix} \tag{3.41b}$$

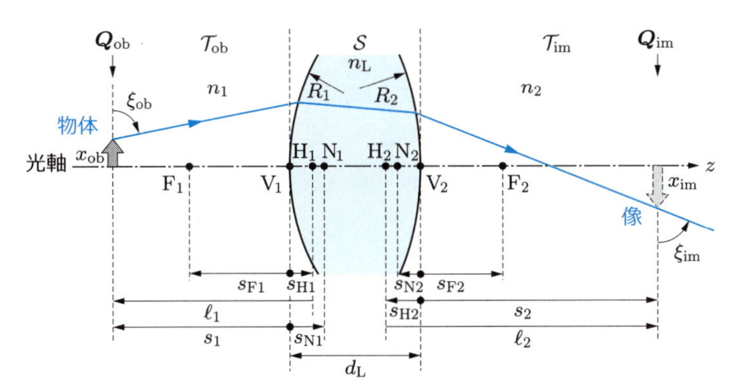

図 3.7　厚肉レンズでの光線伝搬と主要点

主点と節点は，レンズ形状によりレンズ内にあるとは限らない．

$$\mathcal{D} = \begin{pmatrix} c - as_2/n_2 & d + cs_1/n_1 - bs_2/n_2 - a(s_1s_2/n_1n_2) \\ a & b + as_1/n_1 \end{pmatrix} \tag{3.41c}$$

$$\boldsymbol{Q}_{\mathrm{ob}} \equiv \begin{pmatrix} x_{\mathrm{ob}} \\ -n_1 \cos\xi_{\mathrm{ob}} \end{pmatrix}, \quad \boldsymbol{Q}_{\mathrm{im}} \equiv \begin{pmatrix} x_{\mathrm{im}} \\ -n_2 \cos\xi_{\mathrm{im}} \end{pmatrix} \tag{3.41d}$$

で書ける．ここで，s_1 と s_2 の符号は，3.3 節と同じく，レンズ頂点より右（左）側を正（負）にとる．式 (3.41a) は，物体から像に至る光線を関係づける基本式であり，シュライエルマッヘル（Schleiermacher）の方程式とよばれる．

理想光学系（▶ 3.3 節）を言い換えると，結像位置 x_{im} が物体から出る光線の伝搬角 ξ_{ob} に依存しないことであり，これを**理想結像条件**とよぶ．このとき，式 (3.41c) における行列 $\mathcal{D}$ の 1 行 2 列成分がゼロとなり，次式を満たさねばならない．

$$d + c\frac{s_1}{n_1} - b\frac{s_2}{n_2} - a\frac{s_1s_2}{n_1n_2} = 0 \tag{3.42}$$

式 (3.42) が成り立つとき，式 (3.41a) は次のように書き直せる．

$$\begin{pmatrix} x_{\mathrm{im}} \\ -n_2 \cos\xi_{\mathrm{im}} \end{pmatrix} = \begin{pmatrix} c - as_2/n_2 & 0 \\ a & b + as_1/n_1 \end{pmatrix} \begin{pmatrix} x_{\mathrm{ob}} \\ -n_1 \cos\xi_{\mathrm{ob}} \end{pmatrix} \tag{3.43}$$

式 (3.43) における 2 行 1 列成分の a は光学系固有の定数であり，光線の向きの変化量に比例する光学系の屈折力とよばれる．この右辺の行列の行列式の値も 1 となる．

3.4.2 行列法における主要点と焦点距離の表現

厚肉レンズの特性を導く際，薄肉レンズからの自然な拡張として扱うため，焦点に加えて，主点と節点を導入する．焦点，主点，節点をまとめて**主要点**とよぶ．

横倍率 M の定義は式 (3.3) に示したように，物体と像の大きさの比だから，式 (3.43) の 1 行 1 列成分が M に該当する．そのとき，式 (3.43) の 2 行 2 列成分が $1/M$ に該当する．したがって，**横倍率**が次式で書ける．

$$M = c - a\frac{s_2}{n_2} = \frac{1}{b + as_1/n_1} \tag{3.44}$$

後側焦点位置 s_{F2} は，光軸に平行に伝搬する光線がレンズ透過後に光軸と交わる位置だから，$s_1 = \infty$ としたときの s_2 の値，つまり横倍率が $M = 0$ で得られる．光線の逆進性により，前側焦点位置 s_{F1} は $M = \infty$ となる s_1 の値で得られる．よって，

$$s_{\mathrm{F1}} = -b\frac{n_1}{a}, \quad s_{\mathrm{F2}} = c\frac{n_2}{a} \tag{3.45}$$

と書ける（▶ 図 3.7）．なお，物（像）側で光軸に平行でない平行光線が $M = 0$（$M = \infty$）を満たす像（物）側の面を像（物）側焦平面という．焦平面と焦点面が同義で用いら

れることもある．

主点は横倍率が 1 となる共役点だから，式 (3.44) より，前・後側主点位置 s_{H1} と s_{H2} が次式で表せる．

$$s_{\mathrm{H1}} = \frac{n_1(1-b)}{a}, \quad s_{\mathrm{H2}} = \frac{n_2(c-1)}{a} \tag{3.46}$$

厚肉レンズの前・後側焦点距離 f_{A}，f'_{A} は，式 (3.6) の定義に式 (3.45)，(3.46) を代入して，次式で表せる．

$$f_{\mathrm{A}} = -\frac{n_1}{a}, \quad f'_{\mathrm{A}} = \frac{n_2}{a} \tag{3.47}$$

薄肉レンズと区別するため，本書では厚肉レンズの焦点距離に添え字 A を付す．

角倍率 γ の定義は，式 (3.10) に示したように，軸上物体で結像に寄与する光線が光軸となす角度の正接の比である．$\zeta_{\mathrm{j}} = \pi/2 - \xi_{\mathrm{j}}$（$\mathrm{j} = \mathrm{ob}, \mathrm{im}$）で，近軸光線では ξ_{ob} と ξ_{im} が $\pi/2$ 近傍であることに留意すると，式 (3.43) の 2 行 2 列成分を利用して，**角倍率**が次式で書ける．

$$\gamma = \frac{\cot\xi_{\mathrm{im}}}{\cot\xi_{\mathrm{ob}}} \fallingdotseq \frac{\cos\xi_{\mathrm{im}}}{\cos\xi_{\mathrm{ob}}} = \frac{n_1}{n_2}\left(b + a\frac{s_1}{n_1}\right) = \frac{n_1}{n_2}\frac{1}{c - as_2/n_2} \tag{3.48}$$

節点は角倍率が 1 となる共役点だから，式 (3.48) より，前・後側節点位置 s_{N1} と s_{N2} が

$$s_{\mathrm{N1}} = \frac{n_1}{a}\left(\frac{n_2}{n_1} - b\right), \quad s_{\mathrm{N2}} = \frac{n_2}{a}\left(c - \frac{n_1}{n_2}\right) \tag{3.49}$$

で表せる（▶ 演習問題 3.6）．

式 (3.46) および式 (3.49) より，次式が導ける．

$$s_{\mathrm{H2}} - s_{\mathrm{H1}} = s_{\mathrm{N2}} - s_{\mathrm{N1}} = \frac{n_2(c-1) - n_1(1-b)}{a} \tag{3.50}$$

式 (3.50) は，主点間の距離と節点間の距離がつねに等しいことを示している．とくに空気中のようにレンズ両側の屈折率が等しいとき，前・後側主点と前・後側節点がそれぞれ一致する．

横倍率の表現式 (3.44) および角倍率の表現式 (3.48) に，式 (3.45)〜(3.47) から得た a〜c を代入し，式 (3.5)，(3.7) を適用すると，式 (3.44) が式 (3.8) に，また (3.48) が式 (3.12) に帰着する．

3.4.3 厚肉レンズにおける主要点と結像式

本項では，厚肉単レンズにおける結像式や主要点位置などを，レンズ形状や屈折率の関数として示す．レンズの形状や屈折率は 3.3 節と同じにとり，レンズ厚を d_{L} とおく．このとき，式 (3.38b) における値は $\phi_1 = (n_{\mathrm{L}} - n_1)/R_1$，$\phi_2 = (n_2 - n_{\mathrm{L}})/R_2$ と

なり，式 (3.40c) におけるガウス定数 a〜d が次式で書ける．

$$a=\frac{n_\mathrm{L}-n_1}{R_1}-\frac{n_\mathrm{L}-n_2}{R_2}+\frac{(n_\mathrm{L}-n_1)(n_\mathrm{L}-n_2)}{R_1R_2}\frac{d_\mathrm{L}}{n_\mathrm{L}},$$
$$b=1+\frac{n_\mathrm{L}-n_2}{R_2}\frac{d_\mathrm{L}}{n_\mathrm{L}},\quad c=1-\frac{n_\mathrm{L}-n_1}{R_1}\frac{d_\mathrm{L}}{n_\mathrm{L}},\quad d=-\frac{d_\mathrm{L}}{n_\mathrm{L}} \tag{3.51}$$

ガウス定数を式 (3.47) に代入して，厚肉レンズにおける前・後側焦点距離 f_A，f'_A が次式で表せる．

$$\frac{n_2}{f'_\mathrm{A}}=-\frac{n_1}{f_\mathrm{A}}=a=\frac{n_\mathrm{L}-n_1}{R_1}-\frac{n_\mathrm{L}-n_2}{R_2}+\frac{(n_\mathrm{L}-n_1)(n_\mathrm{L}-n_2)}{R_1R_2}\frac{d_\mathrm{L}}{n_\mathrm{L}} \tag{3.52}$$

式 (3.52) における右辺第 1・2 項は，薄肉レンズにおける式 (3.30) に一致しており，第 3 項が厚肉レンズの効果である．焦点位置は，式 (3.45) より

$$s_\mathrm{F1}=f_\mathrm{A}\left(1+\frac{n_\mathrm{L}-n_2}{R_2}\frac{d_\mathrm{L}}{n_\mathrm{L}}\right),\quad s_\mathrm{F2}=f'_\mathrm{A}\left(1-\frac{n_\mathrm{L}-n_1}{R_1}\frac{d_\mathrm{L}}{n_\mathrm{L}}\right) \tag{3.53}$$

で，主点位置は，式 (3.46) より

$$s_\mathrm{H1}=f_\mathrm{A}\frac{n_\mathrm{L}-n_2}{R_2}\frac{d_\mathrm{L}}{n_\mathrm{L}},\quad s_\mathrm{H2}=-f'_\mathrm{A}\frac{n_\mathrm{L}-n_1}{R_1}\frac{d_\mathrm{L}}{n_\mathrm{L}} \tag{3.54}$$

で，節点位置は，式 (3.49) より次式で得られる．

$$s_\mathrm{N1}=-f_\mathrm{A}\left(\frac{n_2}{n_1}-1-\frac{n_\mathrm{L}-n_2}{R_2}\frac{d_\mathrm{L}}{n_\mathrm{L}}\right),\quad s_\mathrm{N2}=f'_\mathrm{A}\left(1-\frac{n_1}{n_2}-\frac{n_\mathrm{L}-n_1}{R_1}\frac{d_\mathrm{L}}{n_\mathrm{L}}\right) \tag{3.55}$$

理想結像条件の式 (3.42) にガウス定数を代入した後，式 (3.5) を用いて，物体および像の位置を求めると，かなりの計算の後，**厚肉レンズによる結像式**が次式で書ける．

$$-\frac{n_1}{\ell_1}+\frac{n_2}{\ell_2}=\frac{n_2}{f'_\mathrm{A}}=-\frac{n_1}{f_\mathrm{A}} \tag{3.56}$$

式 (3.56) は物体・像までの距離や焦点距離を主点から測ったものであり，これは薄肉レンズでの結像式 (3.31) と形式的に一致している．式 (3.56) を整理すると，式 (3.13) が得られる．よって，式 (3.9)，(3.13)，(3.56) は等価であることがわかる．

厚肉単レンズに関するまとめと薄肉レンズとの関連

(i) 厚肉単レンズでの結像式は式 (3.9)，(3.13)，(3.56) が等価である．前・後側焦点距離が式 (3.52) で，横倍率が式 (3.8) で表せる．

(ii) 主点間の距離と節点間の距離がつねに等しい．

(iii) 空気中のようにレンズ両側の屈折率が等しいとき，前・後側主点はそれぞれ前・後側節点と一致する．

(iv) レンズ厚が無視できるほど薄いとき，主点位置がレンズ頂点に一致する．こ

のときの結像式は式 (3.31), (3.32) で得られる.

(v) レンズ厚が無視できるほど薄くなっても, 節点ではレンズ前後の媒質の屈折率の違いが残るが, さらにレンズ両側の屈折率が等しければ, 節点位置がレンズ頂点に一致する.

3.5 組み合わせレンズ

3.5.1 組み合わせレンズでの焦点距離

二つの薄肉レンズ L_1 と L_2 が間隔 d_s で空気中にあるとする (図 3.8). 薄肉レンズでは, 主点位置がレンズ頂点に一致するから, 式 (3.46) より, レンズのシステム行列の 1 行 1 列成分と 2 行 2 列成分が 1 となる. よって, 各レンズのシステム行列とレンズ間の転送行列が次式で書ける.

$$\mathcal{S}_1 \equiv \begin{pmatrix} 1 & 0 \\ a_1 & 1 \end{pmatrix}, \quad \mathcal{S}_2 \equiv \begin{pmatrix} 1 & 0 \\ a_2 & 1 \end{pmatrix}, \quad \mathcal{T} \equiv \begin{pmatrix} 1 & -d_\mathrm{s} \\ 0 & 1 \end{pmatrix} \tag{3.57}$$

これらによる組み合わせレンズのシステム行列 $\mathcal{S}$ が次式で書ける.

$$\mathcal{S} = \mathcal{S}_2 \mathcal{T} \mathcal{S}_1 = \begin{pmatrix} 1 - a_1 d_\mathrm{s} & -d_\mathrm{s} \\ a_1 + a_2(1 - a_1 d_\mathrm{s}) & 1 - a_2 d_\mathrm{s} \end{pmatrix} \tag{3.58}$$

組み合わせレンズの後側焦点距離 f'_c は, 式 (3.58) の 2 行 1 列成分を用いて,

$$\frac{1}{f'_\mathrm{c}} = a_1 + a_2(1 - a_1 d_\mathrm{s}) = \frac{1}{f'_1} + \frac{1}{f'_2} - \frac{d_\mathrm{s}}{f'_1 f'_2} \tag{3.59}$$

で表せる. ただし, $f'_j = 1/a_j$ $(j = 1, 2)$ はレンズ L_j の後側焦点距離である.

レンズ間隔 d_s が各レンズの焦点距離に比べて十分微小なとき, 式 (3.59) の右辺で第 3 項が無視でき, 合成系の焦点距離の逆数は各レンズの焦点距離の逆数の和で求められる. したがって, N 枚の薄肉レンズ (後側焦点距離 f'_j $(j = 1, \cdots, N)$) を隙間なく並べるとき, 式 (3.59) を一般化して, 合成系の後側焦点距離 f'_c が

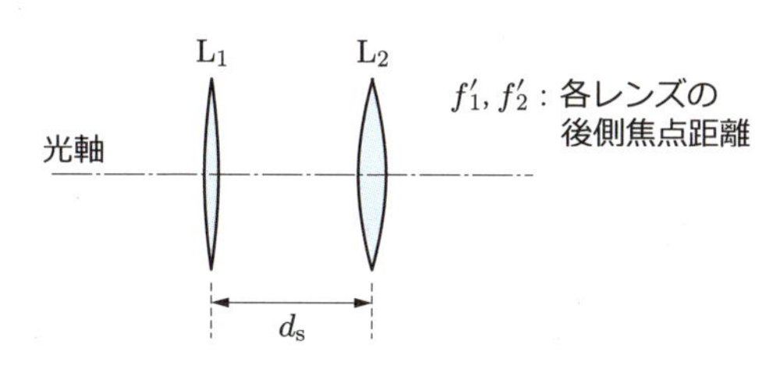

図 3.8 組み合わせレンズ

$$\frac{1}{f'_c} = \sum_{j=1}^{N} \frac{1}{f'_j} \tag{3.60}$$

で得られる．このようなレンズ系は**薄肉密着レンズ系**とよばれる．後側焦点距離の逆数 $1/f'_j$ はレンズの屈折力とよばれ，式 (3.60) は薄肉密着系の屈折力が各レンズの屈折力の和となることを表す．

3.5.2 組み合わせレンズによる色消し

レンズ素材には，球面研磨が容易なガラスが古くから多用されており，ほかにプラスチックなどが使用されている．これらの物質の屈折率には波長依存性があるので，1 枚のレンズでは波長によって結像位置が異なる．このことを**色収差**（chromatic aberration）とよび，色収差を除去することを**色消し**（achoromatic）という．

後側焦点距離 f'_j，屈折率 n_j の薄肉レンズが N 枚密着して空気中にあるとする．この薄肉密着レンズ系の合成焦点距離 f'_c は式 (3.60) で得られる．各レンズの焦点距離が式 (3.33) で表されるとき，波長変化による各レンズの屈折率の変化を δn_j，焦点距離の変化，すなわち焦点距離の色収差を $\delta f'_j$ とおくとき，式 (3.60) を波長で微分して，合成系における焦点距離の色ずれ，つまり色収差 $\delta f'_c$ が

$$-\frac{\delta f'_c}{f'^2_c} = -\sum_{j=1}^{N} \frac{\delta f'_j}{f'^2_j} = \sum_{j=1}^{N} \frac{1}{f'_j} \frac{\delta n_j}{n_j - 1} = \sum_{j=1}^{N} \frac{1}{f'_j \nu_j} \tag{3.61}$$

$$\nu_j \equiv \frac{n_j - 1}{\delta n_j} \tag{3.62}$$

で表せる．式 (3.62) で定義される ν は**アッベ数**（Abbe's number）とよばれ，通常は 2 波長に対する屈折率変化で表される．アッベ数は屈折率とともに，光学ガラスにおける基本パラメータであり，大きいアッベ数は低分散を意味する．色収差の低減には，低分散物質の蛍石や異常分散ガラスが有用となる．

色消しを実現するレンズを**色消しレンズ**（achromatic lens）という．薄肉密着レンズ系で色消しレンズを実現する条件は，式 (3.61) で $\delta f'_c = 0$ とおいて，

$$\sum_{j=1}^{N} \frac{1}{f'_j \nu_j} = 0 \tag{3.63}$$

となる．式 (3.60) と式 (3.63) を連立させて解くことにより，色消し条件を満たす各薄肉レンズの焦点距離が求められる．自然界の物質ではアッベ数 ν_j がつねに正の数だから，密着レンズで色消しを実現するには，式 (3.63) より，異符号のレンズ，つまり，正（凸）と負（凹）のレンズが必要なことがわかる．

たとえば，合成焦点距離を f'_{c} とする，2 枚の薄肉レンズによる色消し条件は，式 (3.60)，(3.63) より，次式で得られる．

$$f'_1 = f'_{\mathrm{c}} \frac{\nu_1 - \nu_2}{\nu_1}, \quad f'_2 = -f'_{\mathrm{c}} \frac{\nu_1 - \nu_2}{\nu_2} \tag{3.64a}$$

$$\frac{f'_1}{f'_2} = -\frac{\nu_2}{\nu_1} \tag{3.64b}$$

式 (3.64b) は，対になる薄肉レンズの後側焦点距離の比を，アッベ数の逆数比に等しくすべきことを示している．このように 2 波長に対して色収差を補正したレンズを，**アクロマート**とよぶ．設計値からずれた波長領域で現れる色収差を残留色収差，これによって現れる色を 2 次スペクトルという．

正・負のレンズを貼り合わせて色消しを実現するレンズを**色消し二重レンズ**または色消しダブレットとよぶ．その概略を図 3.9 に示す．これでは，2 波長について途中の光線経路が異なるが，焦点では一致している．図中の C 線（656.3 nm）と F 線（486.1 nm）は，フラウンホーファーの暗線を表す．

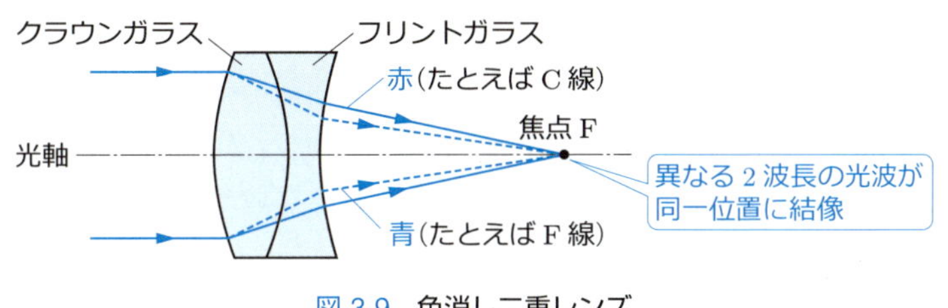

図 3.9　色消し二重レンズ

有限の間隔 d_{s} をもつ組み合わせレンズでは，同符号の薄肉レンズで色消しが実現できる（▶ 演習問題 3.7）．

3.6　無収差反射鏡による結像

物点から出た光線が，光学系を介して共役点である像点まで到達するとき，途中の経路によらず，物側と像側の光路長の和（差）が等しいとき，実（虚）像ができる（▶ 3.3 節）．光路長の和と差に関する数学的性質に着目すると，特別な形状の鏡を用いて無収差の反射鏡が実現できる．

放物線は焦点 F と準線 l からの距離が等しい点の軌跡である（図 3.10）．よって，無限遠から来た光軸に平行な光線が，**放物面鏡**（parabolic mirror）で反射後に焦点 F まで至る長さ（光路長）は，平行光線の光軸からの距離によらず等しいから，焦点 F で実像を結ぶ．光線と波面はつねに直交するから，この場合，無限遠から来た平面波

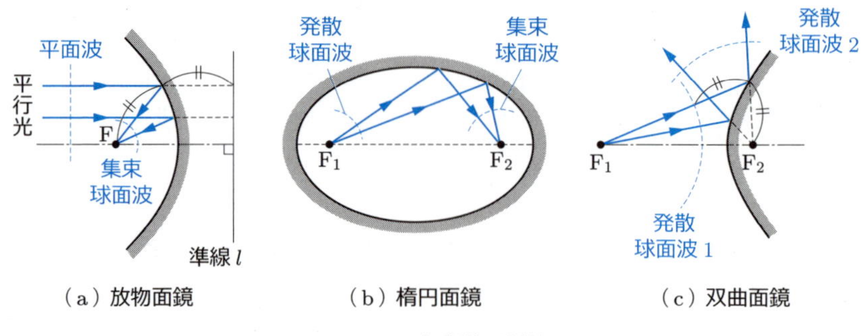

図 3.10　無収差反射鏡

が鏡で反射後，焦点Fへの集束球面波として結像され，無限遠と焦点が光学的に共役となる．光軸に平行でない光線は，放物面鏡で反射後でも結像しない．

楕円は，図(b)のように二つの焦点 F_1 と F_2 からの距離の和が一定値となる点の軌跡である．よって，**楕円面鏡**（ellipsoidal mirror）の第1焦点 F_1 から出た光線（発散球面波）が，鏡で反射後，第2焦点 F_2 に至る光線（集束球面波）の距離（光路長）はすべて等しく，実像が得られる．

双曲線は，図(c)のように2焦点 F_1 と F_2 からの距離の差が一定値の軌跡である．よって，**双曲面鏡**（hyperboloidal mirror）の第1焦点 F_1 から出た光線（発散球面波1）は，鏡で反射後，第2焦点 F_2 から出たように別の発散球面波2となって伝搬し，点 F_2 に虚像が形成される．楕円面鏡や双曲面鏡では，二つの焦点が互いに共役となっている．

これらの反射鏡では，特別な位置どうしが光学的に共役となっている．よって，これらの反射鏡では，共役点どうしの結像では近軸光線以外でも無収差となる．このように，収差を完全に除去した反射鏡を**無収差反射鏡**（stigmatic reflecting mirror）という．しかし，共役点から少しでもずれると，収差が現れる．

無収差反射鏡は，その特徴を活かして様々に応用されている．放物面鏡はパラボラアンテナとして電波領域でもよく利用され，灯台の投光用にも使用されている．楕円面鏡は第1焦点 F_1 にハロゲン光源や高圧水銀灯などを置き，第2焦点 F_2 からの発散光をコリメートレンズで平行光とする方法で，液晶プロジェクタや半導体露光装置の光源などに利用されている．また，双曲面鏡は放物面鏡と対にして天体望遠鏡に利用されている．

3.7 球面反射鏡による結像

3.7.1 球面反射鏡による結像式と像作図法

球面光学系で，一つの球面を反射鏡として用いるものを**球面反射鏡**（spherical reflecting mirror）とよぶ．これの結像を考えよう．球面鏡（曲率半径 R）が屈折率 n の媒質中に置かれ，物点 P が球面鏡の頂点 V の前方 s_1 にあり，この像が球面の後方 s_2 の点 Q にできるとする（図 3.11）．ここでも，s_j は頂点 V より右側を正とし，半径 R の符号は，曲率中心 O が屈折面より右（左）側にあるときを正（負）とする．よって，$R > 0$ が**凸面鏡**（convex mirror），$R < 0$ が**凹面鏡**（concave mirror）を表す．

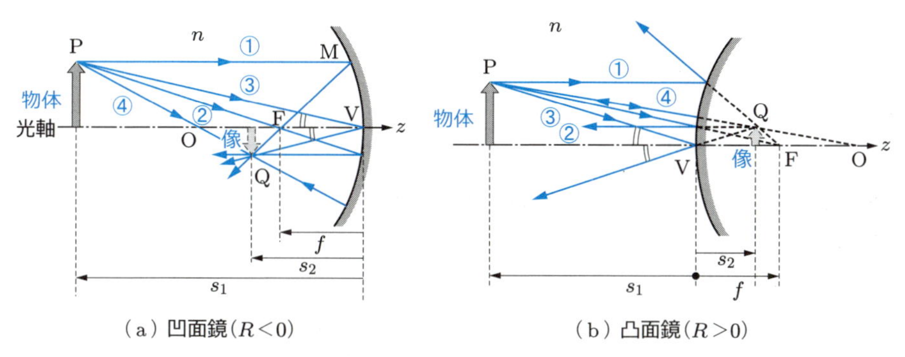

図 3.11 球面反射鏡による結像
①〜④は本文の光線伝搬則に対応．

球面反射鏡では単一球面での結像式 (3.21) が適用でき，鏡で光線を折り返すから第 2 媒質の屈折率を $n_2 = -n$ とおけ，次式が得られる．

$$-\frac{1}{s_1} - \frac{1}{s_2} = \frac{1}{f}, \quad f \equiv -\frac{R}{2} \tag{3.65}$$

ここで，f は球面鏡の焦点距離であり，鏡の曲率半径 R だけで決まる．式 (3.65) は**球面反射鏡による結像式**である．レンズの場合と異なり，結像式や焦点距離 f に屈折率が含まれないから，球面反射鏡による結像では色収差を生じない．

焦点 F の位置は，凹面鏡（$R < 0$）のとき鏡の外側にあり，凸面鏡（$R > 0$）のとき鏡の内部にある．式 (3.2)，(3.65) を比較してわかるように，光学系が空気中にある場合，凹（凸）面鏡の光学特性は凸（凹）レンズと類似している．

横倍率は，物体 x_{ob} と像の大きさ x_{im} の比で定義され，三角形の相似関係より

$$M \equiv \frac{x_{\mathrm{im}}}{x_{\mathrm{ob}}} = -\frac{s_2}{s_1} = \frac{f}{s_1 + f} \tag{3.66}$$

で表せる．式 (3.66) の最後の表現では式 (3.65) を利用している．

球面反射鏡での像を作図で求める際の光線伝搬則は，薄肉レンズとほぼ同じである．凸面鏡ではつねに虚像が得られるが，凹面鏡では実・虚像の区別は物体の位置に依存する (▶ 例題 3.3)．

球面反射鏡の光線伝搬則

①，② 薄肉レンズと同様．ただし，「凸（凹）レンズ」を「凹（凸）面鏡」と読み替える．

③ 球面反射鏡の頂点 V に入射する光線は，入射光線と光軸がなすのと等しい角度で，光軸の反対側へ反射する．

④ 凹面鏡・凸面鏡で曲率中心 O へ向かう光線は，反射後にもとの経路を逆にたどる．これらは，球面への垂直入射となっているためである．

例題 3.3　曲率半径 R の凹面鏡で，実像が観測される物体の範囲を求めよ．

解答　凹面鏡では $R < 0$ である．結像式 (3.65) より $-1/s_1 - 1/s_2 = 2/|R|$ を得る．像が鏡前方にできればよく，$s_1 < 0$ に対して $s_2 < 0$ を満たすようにする．$1/s_2 = -(1/s_1 + 2/|R|) = -[(|R| + 2s_1)/|R|s_1]$ より $s_1 < -|R|/2$ を得る．つまり，物体を凹面鏡の焦点より前方に置けばよい．

3.7.2 球面反射鏡と放物面鏡との関係

3.6 節で示した放物面鏡の形状を式で表すため，放物面鏡（焦点距離 f）の頂点を原点 O，光軸を x 軸，原点 O を通り光軸に直交する方向を y 軸とする（図 3.12）．このとき，放物面鏡の形状は $x = ay^2$（a：定数）と書ける．原点から焦点と準線までの距離が等しく，$x = f$ のとき $y = 2f$ とおけるから，定数が $a = 1/4f$ で得られ，放物面鏡が

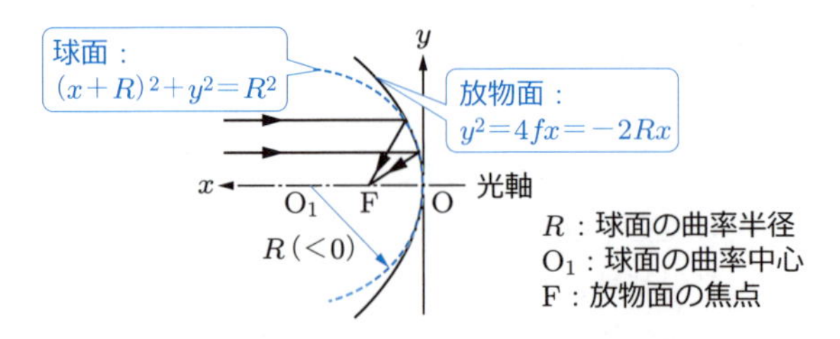

図 3.12　球面反射鏡と放物面鏡との関係

$$y^2 = 4fx \tag{3.67}$$

で表せる．

次に，半径 R（< 0）の球面の断面は，球面の中心 O_1 から R だけ離れた点を原点 O にとると，$(x + R)^2 + y^2 = R^2$ で表せる．この式を x に関する 2 次式とみなすと，その解が $x = -R + \sqrt{R^2 - y^2}$ で得られる．この式の右辺に二項定理を用いて展開すると，

$$x = -\frac{y^2}{2R}\left[1 + \frac{1}{2!}\left(\frac{y}{\sqrt{2}R}\right)^2 + \frac{3}{3!}\left(\frac{y}{\sqrt{2}R}\right)^4 + \cdots\right] \tag{3.68}$$

を得る．球面鏡で光軸近傍に限定する（$|R| \gg y$）と，式 (3.68) の右辺 [ ] 内第 2 項以降が無視でき，式 (3.65) 第 2 式を用いて，

$$y^2 \fallingdotseq -2Rx = 4fx \tag{3.69}$$

が導ける．式 (3.69) は放物面鏡を記述する式 (3.67) に一致している．放物面鏡は収差なく結像できるものであった．このことは，球面鏡では光軸近傍の光線が近似的に収差なく結像できることを示している．

演習問題

3.1 空気中に置かれた，次に示す単レンズ（曲率半径 R_j，屈折率 $n_L = 1.5$，中心厚さ d_L）の焦点距離を，薄肉レンズ近似および厚肉レンズで求め，凸・凹の区別も示せ．

(1) $R_1 = \infty$，$R_2 = -50$，$d_L = 2$　(2) $R_1 = 40$，$R_2 = -50$，$d_L = 3$

(3) $R_1 = -120$，$R_2 = 100$，$d_L = 2$

3.2 空気中にあるレンズ（$R_1 = 75\,\mathrm{mm}$，$R_2 = 50\,\mathrm{mm}$，屈折率 1.5）について，次の問いに答えよ．ただし，薄肉レンズで考えよ．

(1) このレンズの焦点距離を求めよ．

(2) 横倍率が 0.5 となるとき，物体と像の位置を求めよ．

3.3 水中にある物体を，水中と空気の境界面に置いた両凸レンズ（曲率半径 80.0 cm，屈折率 1.52）で観測したところ，像が水面上 250 cm にできた．このとき，次の問いに答えよ．ただし，水の屈折率を 1.33 とせよ．

(1) レンズの焦点距離を薄肉レンズとして求めよ．

(2) 物体は水深何 cm にあるか．

(3) レンズを用いないで物体を直上から眼で観察する場合，水面下何 cm に見えるか．

3.4 下記のような厚肉単レンズが空気中にあるとき，次の問いに答えよ．

(1) $R_1 = 15$，$R_2 = -12$，$n_L = 1.5$，$d_L = 3$ のとき，焦点距離と主要点の位置を求めよ．記号の意味は本文と同じとする．

(2) 物体を前側焦点の前方 10 に置くとき，像の位置と横倍率 M を求めよ．

3.5 両面の曲率半径の絶対値が等しいレンズを空気中で用いて，下記の実験結果を得た．これらの実験結果から，厚肉レンズとしてその焦点距離 f'_{A} と前側主点位置 s_{H1} を求めよ．

(実験結果 1) 光軸に平行な光をレンズに入射させると，レンズの後側頂点の後方 98 mm に鮮明な点像ができた．

(実験結果 2) レンズの前側頂点の前方 148 mm にある物体が，レンズの後側頂点の後方 298 mm に，鮮明な倒立実像を結んだ．

3.6 図 3.2 における厚肉レンズのシステム行列を式 (3.40c) で，節点位置 s_{N1}，s_{N2} を式 (3.49) で表すとき，節点を基準とした横倍率の表現が式 (3.44) と一致することを示せ．

3.7 焦点距離が f'_1，f'_2 の，同一材質の 2 枚の薄肉レンズを間隔 d_{s} で用いる場合，合成系について焦点距離の色消しを実現するには，これらをどのように設定すればよいか．とくに，2 枚の同一焦点距離の平凸レンズを用いるものはラムスデンの接眼レンズ，また収差を抑えるため $f'_1 = 3d_{\mathrm{s}}/2$，$f'_2 = d_{\mathrm{s}}/2$ としたものはホイヘンスの接眼レンズとよばれ，いずれも望遠鏡で用いられている．

3.8 曲率半径 100 cm の凹面鏡を用いて，2.0 倍に拡大される実像および虚像が得られる物体と像の位置を求めよ．

3.9 凸面鏡を用いて物体を観察する場合，つねに物体より小さい正立虚像が得られることを示せ．この性質がカーブミラーに利用されている．

4章 屈折・反射の波動論

屈折率が異なる媒質間では，2 章で述べたように，入射光波の一部が屈折し，残りが反射する．本章では，波動的な立場から，入射波と屈折・反射波における電磁界成分の間に成立する定量的な関係を調べる．

4.1 節では，電磁波を定量的に扱ううえでの基礎となる，マクスウェル方程式・波動方程式と境界条件を説明する．4.2 節では，振幅反射率・透過率を記述するフレネルの公式を説明する．4.3 節では，偏光が関係する振幅反射率についてのブルースタの法則を，4.4 節では，逆進性を満たす光波の間に成立する，振幅反射率と振幅透過率についてのストークスの関係式を説明する．4.5 節では，光強度反射率と光強度透過率を説明する．4.6 節では全反射に関して，屈折側にもエバネッセント成分が浸み込んでいることなど，より深い議論をする．偏光についての詳しい説明は 7 章で行う．

4.1 マクスウェル方程式・波動方程式と境界条件

4.1.1 マクスウェル方程式

光は電磁波の一種であり，その伝搬の様子は電磁気学での基本式であるマクスウェル方程式から求められる．**マクスウェル方程式**（Maxwell equations）は次式で記述される．

$$\nabla \times \boldsymbol{E} = -\frac{\partial \boldsymbol{B}}{\partial t} \tag{4.1a}$$

$$\nabla \times \boldsymbol{H} = \frac{\partial \boldsymbol{D}}{\partial t} + \boldsymbol{J} \tag{4.1b}$$

$$\mathrm{div}\,\boldsymbol{D} = \rho \tag{4.1c}$$

$$\mathrm{div}\,\boldsymbol{B} = 0 \tag{4.1d}$$

ただし，$\boldsymbol{E}$ [V/m] は電界，$\boldsymbol{H}$ [A/m] は磁界，$\boldsymbol{D}$ [C/m^2] は電束密度，$\boldsymbol{B}$ [T = Wb/m^2] は磁束密度，$\boldsymbol{J}$ [A/m^2] は電流密度，ρ [C/m^3] は自由電荷密度を表す．電流密度 $\boldsymbol{J}$ と自由電荷密度 ρ は，次の連続の方程式を満たしている．

$$\frac{\partial \rho}{\partial t} + \mathrm{div}\,\boldsymbol{J} = 0 \tag{4.2}$$

これらの式を連立させて解くことにより，電磁波の振る舞いを知ることができる．本書では金属を扱わず，また媒質を無損失とするので，電流密度が $\boldsymbol{J}=0$ とおける．

媒質中での電磁波を考える場合，電界と磁界がそれほど大きくなく，分極と磁化がそれぞれ電界と磁界に比例するとき，電束密度 $\boldsymbol{D}$ と磁束密度 $\boldsymbol{B}$ は次のように表せる．

$$\boldsymbol{D}=\varepsilon\varepsilon_0\boldsymbol{E},\quad \varepsilon=1+\chi_E \tag{4.3a}$$

$$\boldsymbol{B}=\mu\mu_0\boldsymbol{H},\quad \mu=1+\chi_M \tag{4.3b}$$

式 (4.3) は**構成方程式**（constitutive relations）とよばれる．ここで，ε_0 は真空の誘電率（permittivity），μ_0 は真空の透磁率（magnetic permeability），χ_E は電気感受率，χ_M は磁化率，ε は媒質の比誘電率，μ は媒質の比透磁率を表す．ε と μ は真空での値に対する相対比の意味であり，これらはともに無次元である．書物によっては，ここでの $\varepsilon\varepsilon_0$ や $\mu\mu_0$ を ε や μ と表し，これらが媒質中の誘電率，透磁率と表示される場合もある．光の領域で磁性体以外の自然界の物質を対象とするときは，比透磁率を $\mu=1$ として扱っても差し支えない．

4.1.2 波動方程式

次に，無損失（$\boldsymbol{J}=\rho=0$）の等方性媒質中で電磁波が満たす波動方程式を導く．式 (4.3) が成立しているとして，比誘電率 ε と比透磁率 μ が時間に依存せず，空間的に緩やかに変化している（波長オーダの距離で微小変化）とする．式 (4.1b) の両辺を t で偏微分し，また，式 (4.1a) の両辺の rot，つまり $\nabla\times$ をとると，

$$\nabla\times\frac{\partial\boldsymbol{H}}{\partial t}=\varepsilon\varepsilon_0\frac{\partial^2\boldsymbol{E}}{\partial t^2},\quad \nabla\times(\nabla\times\boldsymbol{E})=-\mu\mu_0\nabla\times\frac{\partial\boldsymbol{H}}{\partial t} \tag{4.4}$$

を得る．式 (4.4) 第 2 式の右辺に式 (4.4) 第 1 式を代入して，磁界 $\boldsymbol{H}$ を消去すると，

$$\nabla\times(\nabla\times\boldsymbol{E})=-\varepsilon\mu\varepsilon_0\mu_0\frac{\partial^2\boldsymbol{E}}{\partial t^2} \tag{4.5}$$

を得る．式 (4.5) の左辺にベクトル公式 $\mathrm{rot\,rot}=\mathrm{grad\,div}-\nabla^2$ を適用し，$\mathrm{div}\,\boldsymbol{E}=0$ を用いると，媒質中の電磁波に対する**波動方程式**（wave equation）を次式で得る．

$$\nabla^2\boldsymbol{E}-\frac{n^2}{c^2}\frac{\partial^2\boldsymbol{E}}{\partial t^2}=\nabla^2\boldsymbol{E}-\frac{1}{v^2}\frac{\partial^2\boldsymbol{E}}{\partial t^2}=0 \tag{4.6a}$$

$$\frac{\partial^2\boldsymbol{E}}{\partial x^2}+\frac{\partial^2\boldsymbol{E}}{\partial y^2}+\frac{\partial^2\boldsymbol{E}}{\partial z^2}-\frac{1}{v^2}\frac{\partial^2\boldsymbol{E}}{\partial t^2}=0 \tag{4.6b}$$

$$n=\sqrt{\varepsilon\mu} \tag{4.7}$$

ここで，c は式 (1.1) で定義した真空中での光速，n は屈折率，$v=c/n$ は媒質中での光速を表す．媒質が非磁性（$\mu=1$）のとき $n=\sqrt{\varepsilon}$ で表せる．式 (4.6b) は，参考のためデカルト座標系 (x,y,z) での表示を掲載している．

いま，非磁性・無損失の等方性媒質内の電磁波が平面波であるとする．このとき式 (4.6) を解いて，波形が次のようにおける（▶ web 付録 A.1）．

$$\boldsymbol{\Psi}(\boldsymbol{r}, t) = \psi \exp[i(\omega t \mp \boldsymbol{k} \cdot \boldsymbol{r})] \quad (\psi = E, H) \tag{4.8}$$

ここで，ψ は振幅，$\omega = 2\pi\nu$ は角周波数，$\boldsymbol{k}$ は媒質中の波数ベクトル，$\boldsymbol{r}$ は位置ベクトルである．式 (4.8) 以外に，$\sin(\omega t \mp \boldsymbol{k} \cdot \boldsymbol{r})$ や $\cos(\omega t \mp \boldsymbol{k} \cdot \boldsymbol{r})$ も解となる（▶ 1.2 節）．

このときの電磁界は，式 (4.8)，(4.3) をマクスウェル方程式 (4.1a,b) に代入して，

$$\boldsymbol{H} = \frac{1}{\omega\mu_0}\boldsymbol{k} \times \boldsymbol{E}, \quad \boldsymbol{E} = -\frac{1}{\omega\varepsilon\varepsilon_0}\boldsymbol{k} \times \boldsymbol{H} \tag{4.9}$$

で関係づけられる．式 (4.9) を用いて，電界と磁界が相互に変換できる．

4.1.3 不連続面における境界条件

波動方程式から導いた電磁界がそのまま使用できるのは，比誘電率 ε や比透磁率 μ が連続的に緩やかに変化する媒質内だけである．屈折率 n，つまり ε や μ がある面を境として異なるとき，不連続面における電磁界成分は一定の条件を満たす必要があり，これを**境界条件**（boundary condition）という．

一般の媒質に対する境界条件（図 4.1）

(i) 電界 $\boldsymbol{E}$ の境界面に対する接線成分が連続である．
(ii) 磁界 $\boldsymbol{H}$ の境界面に対する接線成分は，表面電流密度 $\boldsymbol{J}_\mathrm{s}$ だけ変化する．
(iii) 電束密度 $\boldsymbol{D}$ の境界面に対する法線成分は，表面電荷密度 ρ_s だけ変化する．
(iv) 磁束密度 $\boldsymbol{B}$ の境界面に対する法線成分は連続となる．

とくに，誘電体のように，媒質が非磁性で無損失の場合，境界条件では次の諸量が境界面で連続となる．

① 電界 $\boldsymbol{E}$ の接線成分
② 磁界 $\boldsymbol{H}$ の接線成分

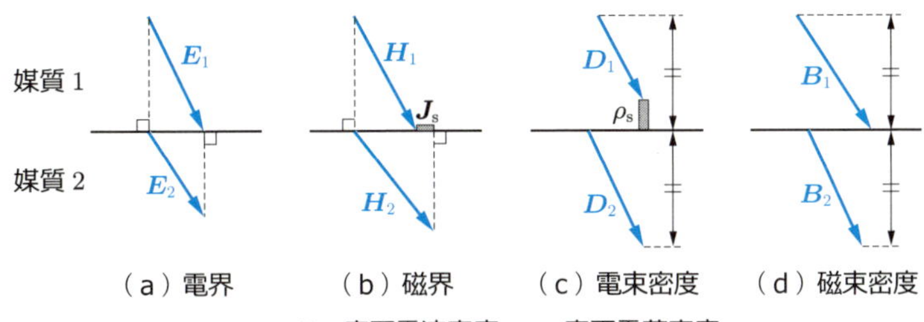

図 4.1 一般媒質に対する境界条件

③ 電束密度 $\boldsymbol{D}$ の法線成分

④ 磁束密度 $\boldsymbol{B}$ の法線成分

屈折率の異なる境界面をもつ場合，波動方程式から得られる電界や磁界の形式解のうち，境界条件を満たすものだけが物理的に意味をもつ．

4.2 フレネルの公式

屈折率が異なる境界面があるとき，光波は境界面で屈折や反射をする (▶ 2章)．本節では，振幅に関する反射率と透過率を波動論の立場から導く．

図 4.2 で境界面を y–z 面にとり，媒質 1 (2) の屈折率を n_1 (n_2) とおく．光波（単色平面波）が媒質 1 から斜め入射し，波数ベクトルが紙面内にあるとき，入射・屈折・反射波の電界ベクトルの各成分を次のようにおく．

$$E_x^{(\mathrm{j})} = A_{\mathrm{jP}} \sin\theta_{\mathrm{j}} \exp[i(\omega t - \boldsymbol{k}_{\mathrm{j}} \cdot \boldsymbol{r})] \quad (\mathrm{j} = \mathrm{i}, \mathrm{t}, \mathrm{r}) \tag{4.10a}$$

$$E_y^{(\mathrm{j})} = A_{\mathrm{jS}} \exp[i(\omega t - \boldsymbol{k}_{\mathrm{j}} \cdot \boldsymbol{r})] \tag{4.10b}$$

$$E_z^{(\mathrm{j})} = -A_{\mathrm{jP}} \cos\theta_{\mathrm{j}} \exp[i(\omega t - \boldsymbol{k}_{\mathrm{j}} \cdot \boldsymbol{r})] \tag{4.10c}$$

$$\boldsymbol{k}_{\mathrm{j}} = |\boldsymbol{k}_{\mathrm{j}}|(\cos\theta_{\mathrm{j}}, 0, \sin\theta_{\mathrm{j}}) \tag{4.11}$$

ここで，A_{jP} と A_{jS} ($\mathrm{j} = \mathrm{i}, \mathrm{t}, \mathrm{r}$) はともに光の伝搬方向に垂直な面内での電界振幅を表す．添え字の i, t, r は，それぞれ入射・屈折・反射波を示す．添え字 P と S は，それぞれ入射面（図では紙面）に平行な P 成分と垂直な S 成分を表す（S はドイツ語で「垂直の」を表す Senkrecht の頭文字）．θ_{j} は光波の境界面の法線に対する角度，$\boldsymbol{k}_{\mathrm{j}}$ は媒質中の波数ベクトル，ω は角周波数，$\boldsymbol{r}$ は波面上の任意の点への位置ベクトルを表す．

式 (4.10) を式 (4.9) 第 1 式に代入すると，磁界成分の式が得られる（▶ web 付録の式

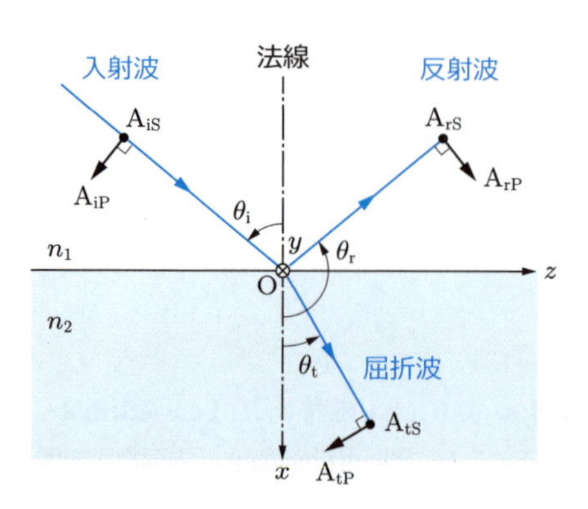

図 4.2　異なる媒質間での光波の屈折と反射（フレネルの公式）

(A.2.1a〜c))．これらの電磁界成分を境界条件（▶ 4.1.3 項）に適用すると，電磁界成分の比が求められる．反射波の入射波に対する電界振幅比を，**振幅反射率**または**振幅反射係数**（amplitude reflection coefficient）とよび，これが

$$r_{\mathrm{P}} \equiv \frac{A_{\mathrm{rP}}}{A_{\mathrm{iP}}} = \frac{n_2 \cos\theta_{\mathrm{i}} - n_1 \cos\theta_{\mathrm{t}}}{n_2 \cos\theta_{\mathrm{i}} + n_1 \cos\theta_{\mathrm{t}}} = \frac{\tan(\theta_{\mathrm{i}} - \theta_{\mathrm{t}})}{\tan(\theta_{\mathrm{i}} + \theta_{\mathrm{t}})} \tag{4.12a}$$

$$r_{\mathrm{S}} \equiv \frac{A_{\mathrm{rS}}}{A_{\mathrm{iS}}} = \frac{n_1 \cos\theta_{\mathrm{i}} - n_2 \cos\theta_{\mathrm{t}}}{n_1 \cos\theta_{\mathrm{i}} + n_2 \cos\theta_{\mathrm{t}}} = -\frac{\sin(\theta_{\mathrm{i}} - \theta_{\mathrm{t}})}{\sin(\theta_{\mathrm{i}} + \theta_{\mathrm{t}})} \tag{4.12b}$$

で表せる（▶ web 付録 A.2）．屈折波の入射波に対する電界振幅比を**振幅透過率**または**振幅透過係数**（amplitude transmission coefficient）とよび，これが次式で表せる．

$$t_{\mathrm{P}} \equiv \frac{A_{\mathrm{tP}}}{A_{\mathrm{iP}}} = \frac{2n_1 \cos\theta_{\mathrm{i}}}{n_2 \cos\theta_{\mathrm{i}} + n_1 \cos\theta_{\mathrm{t}}} = \frac{2\sin\theta_{\mathrm{t}} \cos\theta_{\mathrm{i}}}{\sin(\theta_{\mathrm{i}} + \theta_{\mathrm{t}}) \cos(\theta_{\mathrm{i}} - \theta_{\mathrm{t}})} \tag{4.13a}$$

$$t_{\mathrm{S}} \equiv \frac{A_{\mathrm{tS}}}{A_{\mathrm{iS}}} = \frac{2n_1 \cos\theta_{\mathrm{i}}}{n_1 \cos\theta_{\mathrm{i}} + n_2 \cos\theta_{\mathrm{t}}} = \frac{2\sin\theta_{\mathrm{t}} \cos\theta_{\mathrm{i}}}{\sin(\theta_{\mathrm{i}} + \theta_{\mathrm{t}})} \tag{4.13b}$$

式 (4.12) と式 (4.13) を**フレネルの公式**（Fresnel formulae）という．これらの式で最右辺の表現は，スネルの法則を適用した場合の結果である．これらの結果は，振幅反射率と振幅透過率が，光波の入射角 θ_{i} や偏光に依存することを示している．フレネルの公式は 1823 年に発表されたもので，反射や透過に関係する事象を定量的に扱う場合に重要となる．

境界条件 (i) より，図 4.2 で紙面に垂直な電界成分（S 成分）が境界で連続となるから（▶ web 付録の式 (A.2.5a)），次式が導ける．

$$t_{\mathrm{S}} + (-r_{\mathrm{S}}) = 1 \tag{4.14}$$

これは入射角 θ_{i} によらず，つねに成立する．

とくに，垂直入射（normal incidence）に近い場合（$\theta_{\mathrm{i}} \fallingdotseq \theta_{\mathrm{t}} \fallingdotseq 0$），フレネルの公式が次式で近似できる．

$$r_{\mathrm{P}} = -r_{\mathrm{S}} \fallingdotseq \frac{n_2 - n_1}{n_1 + n_2}, \quad t_{\mathrm{P}} = t_{\mathrm{S}} \fallingdotseq \frac{2n_1}{n_1 + n_2} \tag{4.15}$$

これらは，垂直入射近傍では，振幅反射率は P・S 成分で逆符号となるが，振幅透過率は P・S 成分で一致することを表している．また，垂直入射近傍でのみ

$$t_{\mathrm{P}} + r_{\mathrm{P}} \fallingdotseq 1 \tag{4.16}$$

が成立している．

光波の境界面へのすれすれ入射（grazing incidence）では（$\theta_{\mathrm{i}} \fallingdotseq \pi/2$），P・S 成分によらず，振幅反射率が次のようになる．

$$r_{\mathrm{j}} \fallingdotseq -1.0 = \exp(\pm i\pi) \quad (\mathrm{j} = \mathrm{P}, \mathrm{S}) \tag{4.17}$$

振幅反射率が負ということは，反射に際して光波の位相が反転していることを意味する．観測されるのは光強度であり，光強度反射率が 1.0 となって，入射光波が完全反射ミラーのようにして観測される．これは，日常生活で角度をすれすれに近づけるほど，汚れなどがよく見えることで経験している．臨界角入射 (▶ 2.2 節) では，$\cos\theta_t = 0$ を用いて，振幅反射率が P・S 成分によらず次式で表せる．

$$r_j = 1.0 \quad (j = P, S) \tag{4.18}$$

振幅反射率と振幅透過率の入射角依存性の数値例を図 4.3 に示す．これは媒質 1 が空気（$n_1 = 1.0$）で，媒質 2 がガラス（$n_2 = 1.5$）の場合である．P 成分の振幅反射率 r_P は正の値から -1.0 まで単調減少し，特定の角度でゼロとなる．この特定の角度は，次節で説明するブルースタ角 θ_B である．S 成分の振幅反射率 r_S はつねに負で単調減少しており，式 (4.14) より r_S を平行移動させると t_S に重なることがわかる．式 (4.15)，(4.16) は $\theta_i \fallingdotseq 0$ 近傍の値から数値的に確認できる．式 (4.17) は $\theta_i \fallingdotseq \pi/2$ 近傍の値からわかる．振幅透過率は P・S 成分ともに，入射角 θ_i の増加とともに正の値で単調に減少し，$\theta_i = \pi/2$ でゼロとなる．

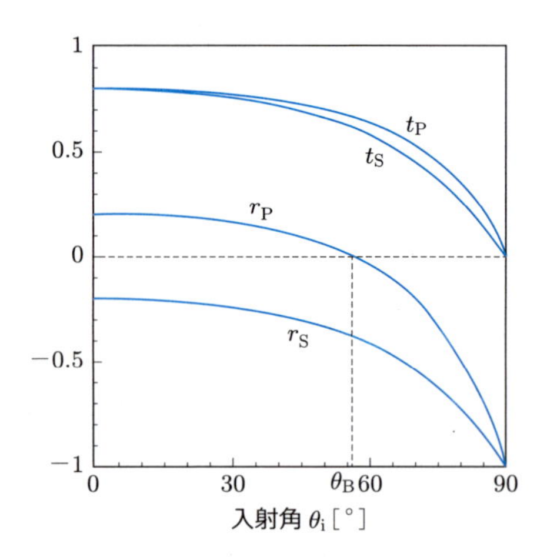

図 4.3　振幅反射率 r_j と振幅透過率 t_j の入射角依存性（低屈折率 → 高屈折率）
$n_1 = 1.0$，$n_2 = 1.5$，$\theta_B = 56.3°$

図 4.4 は高屈折率媒質から低屈折率媒質への伝搬での振幅反射率と振幅透過率で，媒質 1 がガラス（$n_1 = 1.5$），媒質 2 が空気（$n_2 = 1.0$）である．P 成分の振幅反射率 r_P は単調増加しており，θ_i が小さい間は負で，特定の角度でゼロとなり（ブルースタ角 θ_B），その後は正に転じ，別の特定の角度で 1.0 となっている．S 成分の振幅反射率 r_S はずっと正で単調増加し，特定の角度で 1.0 となっている．振幅反射率が 1.0 となる角度は，臨界角 θ_c に対応する (▶ 式 (4.18)，演習問題 4.1)．振幅透過率の値は P・S 成分

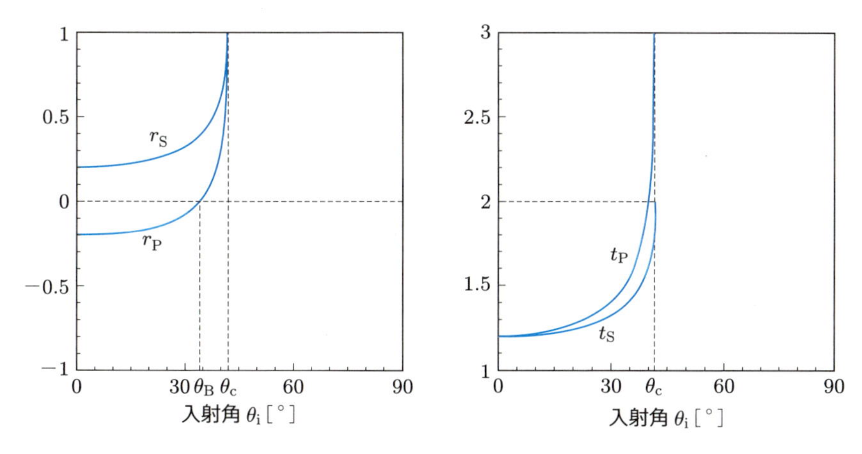

図 4.4　振幅反射率 r_j と振幅透過率 t_j の入射角依存性（高屈折率 → 低屈折率）
$n_1 = 1.5$, $n_2 = 1.0$, $\theta_B = 33.7°$, $\theta_c = 41.8°$

ともに入射角に対して単調増加して，つねに1.0を超えており，臨界角 θ_c 以上では値が存在しない．この場合も式 (4.14) が満たされていることがわかる．

4.3　ブルースタの法則

境界面で反射波がなく，入射波の特定成分がすべて屈折する場合がある．このときの入射角は**ブルースタ角**（Brewster angle）または**偏光角**（polarization angle）とよばれ（図 4.5），1815 年に発見された．これは，図 4.3・4.4 を参照すると，自然界の物質では，入射面内で振動する P 成分で生じるが，S 成分では生じないことが予測で

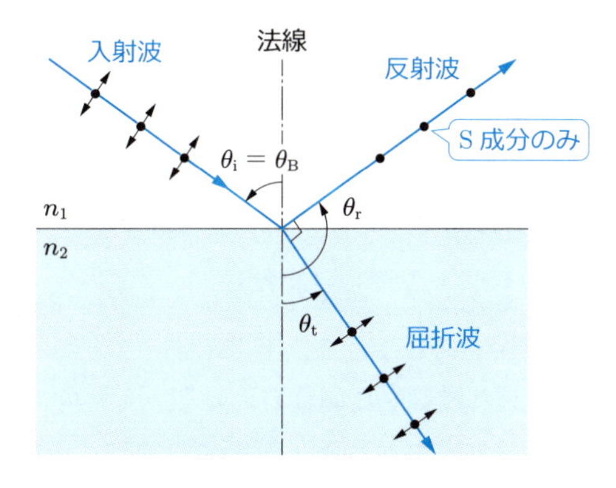

図 4.5　ブルースタ角 θ_B
両矢印と黒丸はそれぞれ，電界の紙面内（P 成分）と紙面に垂直な方向（S 成分）の振動成分を表す．$\theta_i = \theta_B$ では反射波に P 成分がない．$\theta_r - \theta_t = \pi/2$.

きる．

振幅反射率が $r_P = 0$ となるのは，式 (4.12a) の最右辺より $\theta_i + \theta_t = \pi/2$ を満たすときである．これより得られる $\theta_t = \pi/2 - \theta_B$ を，屈折率を含む式の分子に代入すると，$n_2 \cos\theta_B - n_1 \cos(\pi/2 - \theta_B) = 0$ より，ブルースタ角 θ_B が

$$\theta_B = \tan^{-1}\frac{n_2}{n_1} \tag{4.19}$$

で表される．P 成分のブルースタ角は，n_1 と n_2 の大小関係によらず存在する，つまり境界面での入射方向によらず存在する．このことは，図 4.3・4.4 のいずれの場合にも，$r_P = 0$ となる入射角があることからも確認できる．

ブルースタ角で反射波の P 成分がゼロになる理由は，電子物性論の観点から説明できる．入射波の電界は，媒質 2 内で双極子を入射波の振動方向と同じ向きに振動させる．これが新たな電界を誘起して，屈折波の種となる．このとき，同時に媒質 1 内に反射波も発生している．ブルースタ角では $\theta_r - \theta_t = \pi/2$ が成立し（▶ 演習問題 4.3），これは屈折波と反射波の伝搬方向が直角となることを意味する．電磁波エネルギーは電界の振動方向には伝搬しないから，反射波は屈折波の伝搬方向と一致した電界振動成分をもたない．つまり，反射波は入射面内の電界成分である P 成分をもたない．

これは，気体レーザ管の窓の傾きをブルースタ角にすることで，発振光から直線偏光（P 成分）だけを選択的に外部へ取り出すのに利用されている．

例題 4.1　境界面の両側の屈折率が以下のとき，それぞれに対するブルースタ角を求めよ．
(1) $n_1 = 1.0$，$n_2 = 1.5$　(2) $n_1 = 1.5$，$n_2 = 1.0$

解答　式 (4.19) を用いて，(1) では $\theta_B = \tan^{-1}(1.5/1.0) = 56.31° = 56°19'$，(2) では $\theta_B = \tan^{-1}(1.0/1.5) = 33.69° = 33°41'$ となる．(1) と (2) でのブルースタ角を加算すると $90°$ になるが，これは同じ屈折率の組み合わせで，両側から入射するブルースタ角に対してつねに成立する（▶ 演習問題 4.4）．

4.4 ストークスの関係式

境界面の両側から伝搬する光波で，逆進性を満たすものについては，振幅反射率と振幅透過率の間で特別な関係があることを以下で示す．

光波（平面波）が媒質 1 から媒質 2 に向けて入射し，入射角が θ_i，屈折角が θ_t であるとする（図 4.6）．このときの振幅反射率と振幅透過率は，それぞれフレネルの公式 (4.12)，(4.13) で求められる．

次に，光波が媒質 2 から，上記屈折角と同じ角度 θ_t で媒質 1 に向けて入射する場合

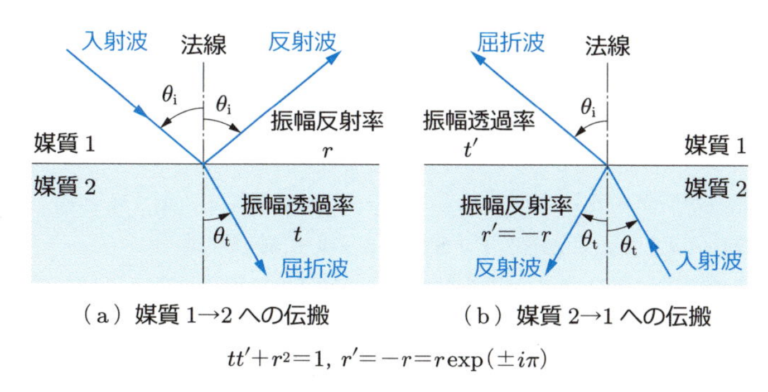

（a）媒質 1→2 への伝搬　（b）媒質 2→1 への伝搬

$tt' + r^2 = 1,\ r' = -r = r\exp(\pm i\pi)$

図 4.6　振幅透過率 t と振幅反射率 r の定義（ストークスの関係式）

を考える．逆進性により，入射波と屈折波の役割を逆にしても，スネルの法則がそのまま成立し，今度は屈折角が θ_i となる．よって，媒質 2 から入射する場合の振幅反射率（$'$ を付して表す）は，式 (4.12) を利用して，次式で表せる．

$$r'_P = \frac{\tan(\theta_t - \theta_i)}{\tan(\theta_i + \theta_t)} = -r_P, \quad r'_S = -\frac{\sin(\theta_t - \theta_i)}{\sin(\theta_i + \theta_t)} = -r_S \tag{4.20}$$

式 (4.20) は，境界面において逆進性を満たす光波の間では，任意の入射角について両者の振幅反射率の符号が反転していること（$-1 = \exp(\pm i\pi)$）を表している．すなわち，振幅反射率の絶対値は入射の向きによらず等しいが，反射による位相変化は入射の向きによって π だけ異なる．式 (4.20) は逆進する光波の間でだけ成立するものであり，スネルの法則を満たさない光波については，伝搬方向が逆であっても成立しないことに留意する必要がある．

光波が媒質 2 から媒質 1 に伝搬するとき，面内および垂直成分の振幅透過率を t'_P と t'_S で表す．t'_P と t'_S は，式 (4.13) で添え字 i と t を交換して得られる．逆進性を満たす光波の振幅透過率と振幅反射率の間では，面内および垂直成分に関して

$$t_j t'_j + r_j^2 = 1 \quad (j = P, S) \tag{4.21}$$

が成立する（▶ 演習問題 4.6）．式 (4.20), (4.21) を合わせて，**ストークスの関係式** (Stokes relations) という．

とくに，光波が垂直に近い角度で入射する場合，逆進光に対する振幅透過率は

$$t'_P = t'_S \fallingdotseq \frac{2n_2}{n_1 + n_2} \tag{4.22}$$

で近似できる．これを式 (4.15) 第 2 式と比較してわかるように，逆進性を満たす光波間でも，入射方向が異なる t_P と t'_P および t_S と t'_S の値は互いに異なる．したがって，振幅反射率や振幅透過率を問題にするときは，光の伝搬方向に注意を払う必要がある．

式 (4.20) は，平行平面板による干渉や周期構造における反射でも重要となる．屈折

率が n_1 と n_2 の周期構造がある場合，光波が一方向に伝搬していても，屈折率が n_1 の層から n_2 の層へ向かうときの反射と，n_2 の層から n_1 の層へ向かうときの反射では，反射に伴う位相変化が π だけ異なる．

例題 4.2 光波が空気中からガラス（$n = 1.5$）に角度 $30°$ で入射するとき，ストークスの関係式 (4.21) が成立することを，P・S 成分について確認せよ．

解答 スネルの法則 (2.2) より，屈折角が $\theta_{\mathrm{t}} = 19.5°$ で得られる．P 成分の場合，入射・屈折角をフレネルの公式 (4.12a)，(4.13a) に代入して，振幅反射率 $r_{\mathrm{P}} = 0.158$，振幅透過率 $t_{\mathrm{P}} = 0.773$ を得る．式 (4.20) より $r'_{\mathrm{P}} = -r_{\mathrm{P}}$ を得る．また，$t'_{\mathrm{P}} = 1.261$ となる．これらを式 (4.21) の左辺に代入すると，$t_{\mathrm{P}}t'_{\mathrm{P}} + r_{\mathrm{P}}^2 = 0.773 \cdot 1.261 + (0.158)^2 = 1$ となる．S 成分の場合も同様に振幅反射率 $r_{\mathrm{S}} = -0.240$，振幅透過率 $t_{\mathrm{S}} = 0.760$，$r'_{\mathrm{S}} = -r_{\mathrm{S}}$，$t'_{\mathrm{S}} = 1.240$ を式 (4.21) の左辺に代入して，$t_{\mathrm{S}}t'_{\mathrm{S}} + r_{\mathrm{S}}^2 = 0.760 \cdot 1.240 + (-0.240)^2 = 1$ を得る．

4.5 光強度反射率と光強度透過率

光領域では，電界の周波数が非常に高いので周期が短く，現在の測定器では電界の時間平均しか測定できず，これはゼロとなり，電界を直接測定できない．そのため，測定できるのは電界の 2 乗に対応した光強度である（▶ 1.6 節）．したがって，観測や測定に関係するときは，電界振幅ではなく，光強度で考える必要がある．

屈折率が異なる境界での**光強度反射率**（reflectance）は，式 (4.12) を用いて，

$$\mathcal{R}_{\mathrm{P}} \equiv |r_{\mathrm{P}}|^2 = \left(\frac{n_2\cos\theta_{\mathrm{i}} - n_1\cos\theta_{\mathrm{t}}}{n_2\cos\theta_{\mathrm{i}} + n_1\cos\theta_{\mathrm{t}}}\right)^2 = \frac{\tan^2(\theta_{\mathrm{i}} - \theta_{\mathrm{t}})}{\tan^2(\theta_{\mathrm{i}} + \theta_{\mathrm{t}})} \tag{4.23a}$$

$$\mathcal{R}_{\mathrm{S}} \equiv |r_{\mathrm{S}}|^2 = \left(\frac{n_1\cos\theta_{\mathrm{i}} - n_2\cos\theta_{\mathrm{t}}}{n_1\cos\theta_{\mathrm{i}} + n_2\cos\theta_{\mathrm{t}}}\right)^2 = \frac{\sin^2(\theta_{\mathrm{i}} - \theta_{\mathrm{t}})}{\sin^2(\theta_{\mathrm{i}} + \theta_{\mathrm{t}})} \tag{4.23b}$$

で書ける．**光強度透過率**（transmittance）は，式 (4.13) を用いて，次のように書ける．

$$\mathcal{T}_{\mathrm{P}} \equiv |t_{\mathrm{P}}|^2\frac{n_2\cos\theta_{\mathrm{t}}}{n_1\cos\theta_{\mathrm{i}}} = \frac{\sin 2\theta_{\mathrm{i}}\sin 2\theta_{\mathrm{t}}}{\sin^2(\theta_{\mathrm{i}} + \theta_{\mathrm{t}})\cos^2(\theta_{\mathrm{i}} - \theta_{\mathrm{t}})} \tag{4.24a}$$

$$\mathcal{T}_{\mathrm{S}} \equiv |t_{\mathrm{S}}|^2\frac{n_2\cos\theta_{\mathrm{t}}}{n_1\cos\theta_{\mathrm{i}}} = \frac{\sin 2\theta_{\mathrm{i}}\sin 2\theta_{\mathrm{t}}}{\sin^2(\theta_{\mathrm{i}} + \theta_{\mathrm{t}})} \tag{4.24b}$$

式 (4.24) で n_2/n_1 は，式 (1.23) からわかるように，電磁波エネルギーが屈折率に比例することを表し，$\cos\theta_{\mathrm{t}}/\cos\theta_{\mathrm{i}}$ は斜入射による効果を表している．

式 (4.23)，(4.24) より，偏光によらず

$$\mathcal{R}_{\mathrm{j}} + \mathcal{T}_{\mathrm{j}} = 1 \quad (\mathrm{j} = \mathrm{P}, \mathrm{S}) \tag{4.25}$$

を得る．式 (4.25) は，境界面における反射波と屈折波のエネルギーの和が，入射波のエネルギーに等しくなるという，エネルギー保存則を表している．

図 4.4 から明らかなように，振幅透過率の値は 1.0 を超える場合があるが，光強度透過率は必ず 1 以下の値となる．

光強度反射率と透過率の入射角依存性を，空気（$n_1 = 1.0$）からガラス（$n_2 = 1.5$）へ入射するときについて，図 4.7 に示す．S 成分の光強度反射率 $\mathcal{R}_\mathrm{S}$ は入射角 θ_i とともに単調に増加している．一方，P 成分の光強度反射率 $\mathcal{R}_\mathrm{P}$ は，θ_i の増加とともに減少していったんゼロとなった後，再び増加している．S・P 成分ともに $\theta_\mathrm{i} = 90°$ で $\mathcal{R}_\mathrm{S} = \mathcal{R}_\mathrm{P} = 1.0$ となっている．$\mathcal{R}_\mathrm{P} = 0$ となる入射角は，ブルースタ角 θ_B に一致している．$\mathcal{R}_\mathrm{j}$ と $\mathcal{T}_\mathrm{j}$（$\mathrm{j} = \mathrm{P, S}$）は式 (4.25) を満たしている．

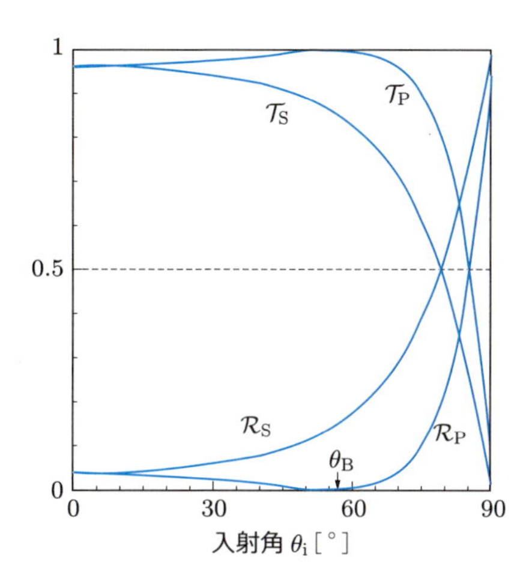

図 4.7 光強度反射率 $\mathcal{R}_\mathrm{j}$ と光強度透過率 $\mathcal{T}_\mathrm{j}$ の入射角依存性
$n_1 = 1.0$，$n_2 = 1.5$，$\theta_\mathrm{B} = 56.3°$

とくに垂直入射に近い（$\theta_\mathrm{i} \fallingdotseq \theta_\mathrm{t} \fallingdotseq 0$）とき，式 (4.23)，(4.24) より，光強度反射率と光強度透過率は次式で近似できる．

$$\mathcal{R}_\mathrm{j} = \left(\frac{n_1 - n_2}{n_1 + n_2}\right)^2 \quad (\mathrm{j} = \mathrm{P, S}) \tag{4.26}$$

$$\mathcal{T}_\mathrm{j} = \frac{4n_1 n_2}{(n_1 + n_2)^2} \quad (\mathrm{j} = \mathrm{P, S}) \tag{4.27}$$

式 (4.26)，(4.27) は，垂直入射時には，光強度反射率と光強度透過率が偏光に依存しないことを示している．また，式 (4.26) は，屈折率差が大きな媒質間ほど，光強度反射率が高いことを表している．

下記例題のように，光が空気（$n = 1.0$）とガラス（$n = 1.5$）の境界面に垂直入射するとき，光強度反射率が光の伝搬方向によらず1面あたり約4%となる．したがって，カメラのように多くのレンズを用いる場合には，反射防止膜の塗布が不可欠となる．

例題 4.3　光波が空気（$n = 1.0$）から，次の各媒質に垂直入射するとき，光強度反射率を求めよ．

(1) BK7 ガラス（$n = 1.52$，可視域）　(2) ゲルマニウム（$n = 4.09$，波長 1.5〜10 μm）

解答　式 (4.26) を用いて P・S 成分によらず，(1) では $\mathcal{R}_\mathrm{j} = [(1.0-1.52)/(1.0+1.52)]^2 = 0.043$ で約 4%，(2) では $\mathcal{R}_\mathrm{j} = [(1.0-4.09)/(1.0+4.09)]^2 = 0.369$ で約 37%となる．

4.6 全反射

全反射に関しては，すでに 2.2 節で臨界角などを説明しているが，本節では，全反射を波動的立場からより詳しく検討する．

4.6.1 全反射時の光波の浸み込み

光波が屈折率 n_1 の密な媒質から屈折率 n_2（$< n_1$）の疎な媒質に向かうとき，臨界角（$\theta_\mathrm{t} = \pi/2$）での光強度反射率を式 (4.23) より求めると，$\mathcal{R}_\mathrm{P} = 1.0$，$\mathcal{R}_\mathrm{S} = 1.0$ が得られ，偏光（振動電界）によらず，反射光エネルギーが入射光エネルギーに等しくなる．電磁界をさらに詳しく調べると，図 4.8 に示すように，電磁界は低屈折率側にもわずかに浸み出している．これを次に説明する．

全反射が生じているとき，つまり入射角 θ_i が $\theta_\mathrm{c} \leqq \theta_\mathrm{i} \leqq \pi/2$（$\theta_\mathrm{c}$：臨界角）を満たすとき，スネルの法則より得られる，$\sin\theta_\mathrm{t} = (n_1/n_2)\sin\theta_\mathrm{i}$ の右辺が 1 以上となり，

$$\cos\theta_\mathrm{t} = \pm i\sqrt{\left(\frac{\sin\theta_\mathrm{i}}{n_2/n_1}\right)^2 - 1} \tag{4.28}$$

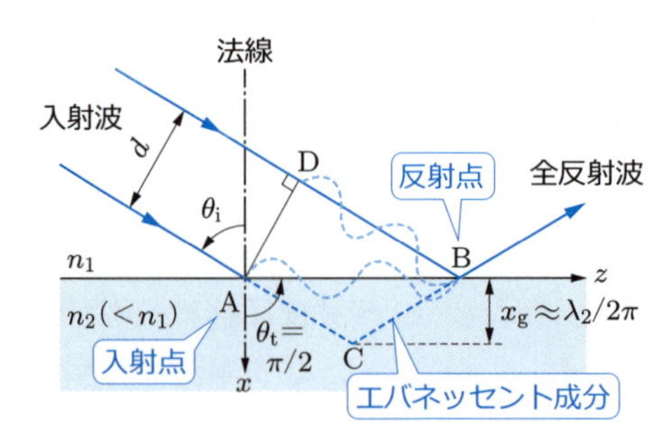

図 4.8　エバネッセント成分とグース–ヘンヒェンシフト
反射点のずれは誇張して描いている．

と書ける．屈折成分について式 (4.28) を式 (4.10) の位相項に代入すると，

$$\exp[i(\omega t - \boldsymbol{k}_{\mathrm{t}}\cdot\boldsymbol{r})] = \exp\left[i\omega\left(t - \frac{z}{v_2}\frac{\sin\theta_{\mathrm{i}}}{n_2/n_1}\right)\right]\exp\left[\pm\frac{x\omega}{v_2}\sqrt{\left(\frac{\sin\theta_{\mathrm{i}}}{n_2/n_1}\right)^2 - 1}\right] \tag{4.29}$$

を得る．ただし，$v_2 = c/n_2$ は媒質 2 中での光速である．

式 (4.29) で一つ目の指数関数は，境界面に沿う方向の前進波を表す．二つ目の指数関数は，境界面に垂直な方向の光波を表す．後者の複号で，正符号は低屈折率側に伝搬する（x の増加）とともに発散するので，不適である．物理的に許容されるのは，伝搬とともに減衰する成分であり，負符号をとる．

以上より，波動的には全反射時にも，光波が媒質 2 側に浸入していることが明らかとなった．この成分の媒質 2 側への実効的浸入深さは，

$$x_{\mathrm{g}} \approx \frac{v_2}{\omega} = \frac{\lambda_2}{2\pi} \tag{4.30}$$

で近似でき，媒質 2 中での波長 λ_2 程度のわずかな距離である．この成分はエネルギーの流入がなく，すぐに減衰するので**エバネッセント**（evanescent）**成分**または**エバネッセント波**とよばれる（エバネッセントとは「むなしく消え去る」ことを意味する）．

全反射時にエバネッセント成分が境界面に沿って伝搬する様子は，光波の位相変化で解釈できる．図 4.8 のように，幅 d の平面波が角度 θ_{i} で境界面に入射しているとする．入射波の一方が境界面と接する点を A，点 A から入射波の他端に下ろした垂線の足を D，入射波の他端と境界面が接する点を B とする．全反射直前には AD は等位相面であり，これ以降の位相変化を評価する．

媒質 1 側を伝搬する DB 間の距離が $d\tan\theta_{\mathrm{i}}$，屈折率が n_1 だから，DB 間の位相変化が次式で表せる．

$$\phi_1 = (n_1 k_0)(d\tan\theta_{\mathrm{i}}) \tag{4.31}$$

ただし，k_0 は真空中の波数である．

一方，AB 間の距離が $d/\cos\theta_{\mathrm{i}}$，媒質 2 側の屈折率が n_2 だから，媒質 2 側の AB 間での位相変化は，スネルの法則 (2.2) を利用して，

$$\phi_2 = (n_2 k_0)\frac{d}{\cos\theta_{\mathrm{i}}} = n_1 k_0 \frac{d\tan\theta_{\mathrm{i}}}{\sin\theta_{\mathrm{t}}} \tag{4.32}$$

で書ける．全反射時には媒質 2 で屈折角を $\theta_{\mathrm{t}} = 90°$ とおけるから，AB 間の位相変化 ϕ_2 が DB 間の位相変化 ϕ_1 に等しくなる（$\phi_2 = \phi_1$）．これは，全反射直前に A と D で等位相であった波面が，点 B から反射するとき，媒質 1 側の DB 間を伝搬した光波

と媒質2側のAB間を伝搬した光波が，同位相で出射されることを意味する．

4.6.2 全反射時の光波の位相変化

屈折波が媒質2にわずかに浸入して，光波があたかも内部の点Cで反射したように，表面反射点が点Aから点Bにずれる．このずれを**グース－ヘンヒェンシフト**（Goos–Hänchen shift）という．このことにより，反射時に光波の位相がわずかにずれる．

反射波の入射波に対する位相変化を求めるため，式(4.12)における振幅反射率を用いて，両光波の振幅比を次のようにおく．

$$r_\mathrm{P} \equiv \frac{A_\mathrm{rP}}{A_\mathrm{iP}} = \exp i\delta\phi_\mathrm{P}, \quad r_\mathrm{S} \equiv \frac{A_\mathrm{rS}}{A_\mathrm{iS}} = \exp i\delta\phi_\mathrm{S} \tag{4.33}$$

ただし，$\delta\phi_\mathrm{P}$ と $\delta\phi_\mathrm{S}$ は反射波の入射波に対する位相変化を表す．P・S成分に対する振幅反射率の式(4.12)に，式(2.2)，(4.28)を適用すると，次式を得る．

$$r_\mathrm{P} = \frac{(n_2/n_1)^2\cos\theta_\mathrm{i} + i\sqrt{\sin^2\theta_\mathrm{i} - (n_2/n_1)^2}}{(n_2/n_1)^2\cos\theta_\mathrm{i} - i\sqrt{\sin^2\theta_\mathrm{i} - (n_2/n_1)^2}} \tag{4.34a}$$

$$r_\mathrm{S} = \frac{\cos\theta_\mathrm{i} + i\sqrt{\sin^2\theta_\mathrm{i} - (n_2/n_1)^2}}{\cos\theta_\mathrm{i} - i\sqrt{\sin^2\theta_\mathrm{i} - (n_2/n_1)^2}} \tag{4.34b}$$

式(4.34)で，分子を複素数 ξ とおくと，分母はその複素共役 ξ^* で表せる．そこで，分子 ξ の偏角を $\arg\xi$ とおくと，

$$\exp i\delta\phi_\mathrm{j} = \xi(\xi^*)^{-1} = [|\xi|\exp(i\arg\xi)][|\xi|\exp(-i\arg\xi)]^{-1} = \exp(2i\arg\xi)$$

と書ける．これを利用して，全反射による光波の位相変化が次式で表せる．

$$\tan\frac{\delta\phi_\mathrm{P}}{2} = \frac{\sqrt{\sin^2\theta_\mathrm{i} - (n_2/n_1)^2}}{(n_2/n_1)^2\cos\theta_\mathrm{i}}, \quad \tan\frac{\delta\phi_\mathrm{S}}{2} = \frac{\sqrt{\sin^2\theta_\mathrm{i} - (n_2/n_1)^2}}{\cos\theta_\mathrm{i}} \tag{4.35}$$

P成分とS成分の相対位相差を $\delta\phi \equiv \delta\phi_\mathrm{P} - \delta\phi_\mathrm{S}$ とおくと，次式が得られる．

$$\tan\frac{\delta\phi}{2} = \frac{\tan(\delta\phi_\mathrm{P}/2) - \tan(\delta\phi_\mathrm{S}/2)}{1 + \tan(\delta\phi_\mathrm{P}/2)\tan(\delta\phi_\mathrm{S}/2)} = \frac{\cos\theta_\mathrm{i}\sqrt{\sin^2\theta_\mathrm{i} - (n_2/n_1)^2}}{\sin^2\theta_\mathrm{i}} \tag{4.36}$$

反射による相対位相差 $\delta\phi$ は，境界面へのすれすれ入射時（$\theta_\mathrm{i} \fallingdotseq \pi/2$）または臨界角入射時だけゼロとなる（▶式(4.17)，(4.18)）．全反射時の光波の位相変化もグース－ヘンヒェンシフトという．グース－ヘンヒェンシフトは光を波動的に扱って初めて出てくるものである．

反射による位相変化は，直線偏光が入射した場合でも，反射波が楕円偏光となることを意味している．全反射は，光波が伝搬する中心部を高屈折率のコア，その周辺部

を低屈折率のクラッドとした，光導波路や光ファイバにおける導波原理となっているが，グース－ヘンヒェンシフトは，これらのように全反射を多数回繰り返す場合には，定量的に重要となる（▶ 演習問題 4.7）．

エバネッセント成分の性質

(i) この成分は境界面からの距離に対して指数関数的に減衰して浸み出すが，光エネルギーは流れ出さない．

(ii) 低屈折率（n_2）媒質への電界の浸み込み量 x_{g} は，この媒質における波長 λ_2 と同程度である．

(iii) 境界面では反射位置もずれる．このずれをグース－ヘンヒェンシフトとよぶ．

(iv) さらに，反射において光波の位相が式 (4.35) のようにわずかにずれる．

演習問題

4.1 振幅反射率の式 (4.12) で，$r_{\mathrm{P}} = r_{\mathrm{S}} = 1.0$ となるときの入射角を導き，それが臨界角に一致していることを示せ．

4.2 光波が空気（$n = 1.0$）中から，次の各媒質に入射する場合，ブルースタ角を求めよ．
(1) クラウンガラス（K3，$n = 1.518$，可視域） (2) フリントガラス（F2，$n = 1.620$，可視域） (3) ゲルマニウム（$n = 4.09$，波長 1.5～10 μm）

4.3 ブルースタ角について次の問いに答えよ．
(1) ブルースタ角では $\theta_{\mathrm{r}} - \theta_{\mathrm{t}} = \pi/2$ が成立していることを示せ．
(2) ブルースタ角では反射光の P 成分が存在しないことを，定性的に説明せよ．

4.4 媒質 1（屈折率 n_1）から媒質 2（屈折率 n_2）に入射するときのブルースタ角を θ_{B}，逆向きに伝搬するときのブルースタ角を θ'_{B} とするとき，$\theta_{\mathrm{B}} + \theta'_{\mathrm{B}} = \pi/2$ が屈折率の値によらず満たされることを示せ．

4.5 光強度透過率 $\mathcal{T}_{\mathrm{j}}$ と振幅透過率 t_{j} の間で，P・S 成分に関して，次式が成立することを示せ．ここで，$'$ は逆向きに伝搬する場合を表す．

$$\mathcal{T}_{\mathrm{j}} = t_{\mathrm{j}} t'_{\mathrm{j}} \quad (\mathrm{j} = \mathrm{P},\ \mathrm{S})$$

4.6 ストークスの関係式 (4.21) が成り立つことを，フレネルの公式を用いて示せ．

4.7 全反射が導波原理の光ファイバで，基本形のステップ型では，高屈折率の中心部（コア）の屈折率が $n_1 = 1.45$，周辺部（クラッド）の屈折率が $n_2 = n_1(1 - \Delta)$ とおけて，Δ が微小である．コアからクラッドへの入射角 θ_{i} は $\theta_{\mathrm{i}} = \pi/2 - \vartheta$ とおけて，ϑ が微小とする．このとき，全反射に伴う S 成分に対する位相変化 $\delta\phi_{\mathrm{S}}$ を次の手順で求めよ．
(1) $\tan(\delta\phi_{\mathrm{S}}/2)$ を Δ と ϑ のみで表す近似式を求めよ．ϑ の 2 次の微小量まで考慮せよ．
(2) $n_1 = 1.45$，$\Delta = 0.01$，$\theta_{\mathrm{i}} = 85°$ のとき，全反射に伴う位相変化を計算せよ．

5章 干渉

シャボン玉の色づきは，膜に入射した光が膜の表面と内面で反射されて，重なり合うために起こる．このように，同一光源から出た光波が，途中で分岐されて異なる光路を伝搬した後に別の位置で合波されるとき，光強度が強め合ったり弱め合ったりする現象を干渉という．干渉はヤングとフレネルによって導入された概念で，波動固有の現象である．本章では，干渉に関係する現象の基礎事項を説明する．

5.1 節では，干渉の基礎として，2 光波による干渉縞の形成と特性を，5.2 節では，2 光波による定在波を説明する．5.3 節では，平行平面板における反射や透過波による干渉を扱う．3 光波以上が関係する多光波干渉として，5.4 節では多重ピンホールによる干渉を，5.5 節では平行平面板内の多重反射を考慮した多光波干渉を説明する．5.6 節では，光源の可干渉性を考慮した，より厳密な干渉の議論を行う．5.7 節では偏光干渉を説明する．

5.1 2 光波による干渉縞の形成

光源 S（空気中の波長 λ_0）から出た光波が，2 光路に分岐されて別々の光路を伝搬した後，両光波が再び合波され，点 Q で観測される 2 光波干渉を考える（図 5.1）．2 光路がともに空気中にある場合，観測点における光電界を

$$u_j = \sqrt{2}A_j(x)\cos\left[2\pi\left(\frac{t}{T} - \frac{\ell_j}{\lambda_0}\right)\right] \quad \text{または,}$$
$$u_j = A_j(x)\exp\left[i2\pi\left(\frac{t}{T} - \frac{\ell_j}{\lambda_0}\right)\right] = A_j(x)\exp[i(\omega t - k_0\ell_j)] \quad (j = 1, 2) \tag{5.1}$$

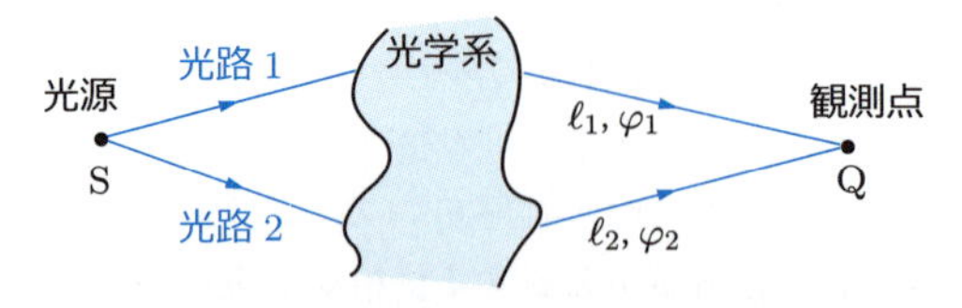

ℓ_j ($j = 1, 2$)：光源から観測点までの幾何学的距離（空気中）
φ_j：光源から観測点までの光路長（屈折率が空間で変化している場合）

図 5.1　2 光波干渉の概略

で表す．ただし，$A_j(x)$ は観測点での振幅，x は光路に垂直な観測面内での座標，$T = 2\pi/\omega$ は光波の周期，ℓ_j は各光路に沿って測った光源から観測点までの伝搬距離，$k_0 = 2\pi/\lambda_0$ は空気中の波数を表す．

合波された光波の観測点 Q での観測量を長時間平均 $\langle\cdot\rangle$ で表し，測定時間 T_{m} は光波の周期 T に比べて十分長いとする．式 (5.1) 第 1 式の表現を用い，三角関数に関する半角公式と和積の変換公式を利用すると，光強度分布が次のように書ける．

$$
\begin{aligned}
I(r) &= \langle(u_1+u_2)^2\rangle = \langle u_1^2+u_2^2+2u_1u_2\rangle \\
&= \lim_{T_{\mathrm{m}}\to\infty}\frac{A_1^2}{T_{\mathrm{m}}}\int_t^{t+T_{\mathrm{m}}}\left\{1+\cos\left[4\pi\left(\frac{t}{T}-\frac{\ell_1}{\lambda_0}\right)\right]\right\}dt \\
&\quad + \lim_{T_{\mathrm{m}}\to\infty}\frac{A_2^2}{T_{\mathrm{m}}}\int_t^{t+T_{\mathrm{m}}}\left\{1+\cos\left[4\pi\left(\frac{t}{T}-\frac{\ell_2}{\lambda_0}\right)\right]\right\}dt \\
&\quad + \lim_{T_{\mathrm{m}}\to\infty}\frac{2A_1A_2}{T_{\mathrm{m}}}\int_t^{t+T_{\mathrm{m}}}\left\{\cos\left[2\pi\left(\frac{\ell_1}{\lambda_0}-\frac{\ell_2}{\lambda_0}\right)\right]\right. \\
&\quad \left. +\cos\left[2\pi\left(\frac{2t}{T}-\frac{\ell_1}{\lambda_0}-\frac{\ell_2}{\lambda_0}\right)\right]\right\}dt
\end{aligned}
\tag{5.2}
$$

光領域では，光検出器の応答時間に比べて周期が非常に短いため，上式で時間 t を含む項は平均化されて，ゼロとなる．よって，式 (5.2) における各積分項の第 1 項のみが残り，式 (1.25) での変形と同様にして次式を得る．

$$
I(r) \fallingdotseq I_1 + I_2 + 2\sqrt{I_1I_2}\cos\left[\frac{2\pi}{\lambda_0}(\ell_1-\ell_2)\right] \tag{5.3a}
$$

$$
I_j = A_j^2(x) \quad (j=1,2) \tag{5.3b}
$$

ここで，I_j は一方の光路のみを通過した光波による光強度を表す．

光波の計算では，上記のように，いちいち平均化操作を行わないで，式 (5.1) 第 2 式の複素数表示を用いても，次に示すように，同じ結果が得られるので，これがよく用いられる．

観測点で合波された 2 光波による光強度分布を，式 (5.1) 第 2 式の表示を用いて記述すると，

$$
I(r) = |u_1+u_2|^2 = I_1 + I_2 + 2\sqrt{I_1I_2}\cos\left[\frac{2\pi}{\lambda_0}(\ell_1-\ell_2)\right] \tag{5.4a}
$$

$$
I_j = |A_j(x)|^2 \quad (j=1,2), \quad \sqrt{I_1I_2} = \mathrm{Re}\{A_1(x)A_2^*(x)\} \tag{5.4b}
$$

となる．ただし，Re は { } 内の実部をとることを意味し，* は複素共役を表す．

式 (5.4a) 右辺における光強度分布の最初の 2 項は，光波が別々の光路を通ったことによる光強度であり，空間的に一定値を示す．第 3 項は 2 光波が同時に存在すること

によって生じる変動項で，これが**干渉**（interference）である．干渉項は明暗が空間的に交互に現れる縞を形成し，この縞を**干渉縞**（interference fringes）とよぶ．

干渉縞の例を図 5.2 に示す．干渉縞は，光源から観測点までの絶対距離に関係せず，2 光路の光源からの相対距離差 $\ell_1 - \ell_2$ と光源波長 λ_0 の比に依存して変化する．光強度が極大値および極小値となるのは，次のときである（m：整数）．

$$\ell_1 - \ell_2 = m\lambda_0 \text{ のとき極大値：} I_{\mathrm{M}} = (\sqrt{I_1} + \sqrt{I_2})^2 \tag{5.5a}$$

$$\ell_1 - \ell_2 = \left(m + \frac{1}{2}\right)\lambda_0 \text{ のとき極小値：} I_{\mathrm{m}} = (\sqrt{I_1} - \sqrt{I_2})^2 \tag{5.5b}$$

式 (5.5) は，干渉縞が波長程度の空間距離差，あるいは微小な波長変化で激しく変化することを意味している．$I_1 = I_2$ のとき極小値が $I_{\mathrm{m}} = 0$ となる．

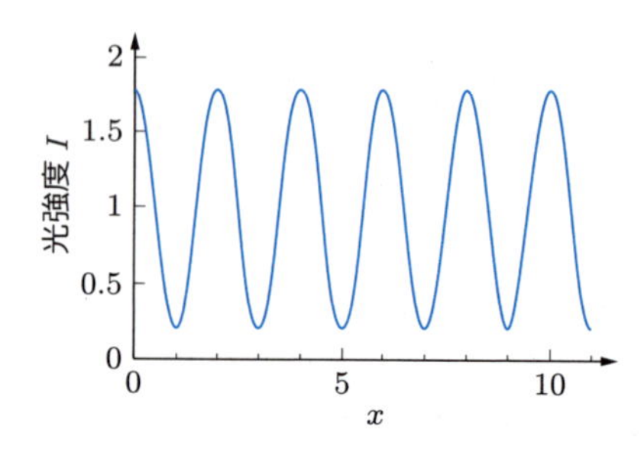

図 5.2　干渉縞の一例

図は式 (5.4a) で $I_1 = 0.8$，$I_2 = 0.2$，$x = 2\pi(\ell_1 - \ell_2)/\lambda_0$ の場合．

光領域での干渉

(i) 干渉するためには，対象となる光波が同一光源から出ていることが不可欠である．これは，異なる光源から出る光波の間に相関がないからである．

(ii) 干渉縞は，2 光路の光源からの相対距離差 $\ell_1 - \ell_2$ に依存し，光源からの絶対距離にはよらない．

(iii) 干渉縞は，相対距離差と波長の比で決まり，波長程度の光路長差で変化する．

(iv) 干渉をより一般的に考えるには，波動の振幅とともに，位相変化を考慮する必要がある．この位相変化には，①伝搬に伴う位相変化と，②反射に伴う位相変化がある．式 (5.3) と式 (5.4) は，伝搬に伴う位相変化だけを考慮する場合に相当する．

(v) 干渉をより厳密に議論するには，光源の可干渉性（コヒーレンス）を考慮する必要がある（▶ 5.6 節）．

2 光波による干渉は，1802 年のヤング（Young）の干渉実験で確認され，この実験事実により光の波動性が揺るぎないものとなった．2光波干渉は，ホログラフィに利用されており，参照波と物体波を干渉させることでできるホログラムに読み出し波を照射すると，回折により物体の3次元の画像情報が再生される．また，上記(iii)の性質は，高精度な計測手段として，距離・平面度測定，分光装置などに利用されている．

5.2 斜め入射の2光波による定在波

鉛直線に対して逆方向から同一角度θをなして，振幅の等しい2光波（平面波で角周波数ω，波長λ_0）が空気中で斜め入射しているとする（図5.3）．水平（垂直）方向をx (z)軸，紙面に垂直な方向をy軸にとり，光波1の方向余弦を（$l_{\rm in}, m_{\rm in}, n_{\rm in}$）とする．このとき，$x$成分のみが逆となり，式(1.11)を用いて，2光波の電界が

$$E_1 = A_1 \exp\{i[\omega t - k_0(l_{\rm in}x + m_{\rm in}y + n_{\rm in}z)]\} \tag{5.6a}$$

$$E_2 = A_2 \exp\{i[\omega t - k_0(-l_{\rm in}x + m_{\rm in}y + n_{\rm in}z)]\} \tag{5.6b}$$

$$A \equiv A_1 = A_2 \tag{5.6c}$$

$$l_{\rm in} = \sin\theta, \quad m_{\rm in} = 0, \quad n_{\rm in} = \cos\theta \tag{5.6d}$$

で表せる．ただし，A_j（$j = 1, 2$）は振幅，$k_0 = 2\pi/\lambda_0$は空気中の波数である．

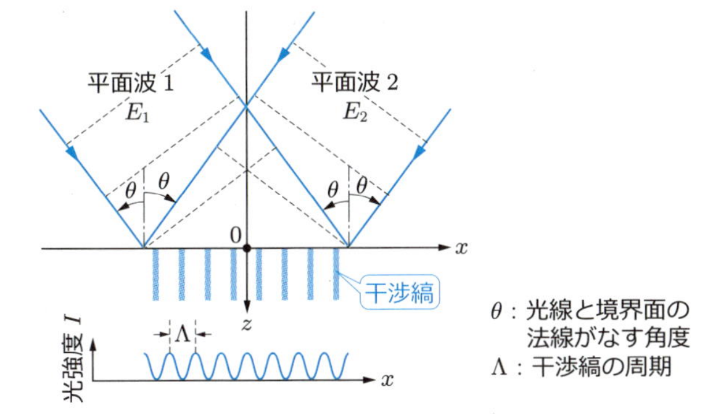

図5.3 斜め入射光による定在波

2光波で形成される光強度は，オイラーの公式と半角の公式を用いて，

$$\begin{aligned} I = |E_1 + E_2|^2 &= 2|A|^2 + |A|^2[\exp(-i2k_0 l_{\rm in}x) + \exp i2k_0 l_{\rm in}x] \\ &= 2|A|^2(1 + \cos 2k_0 l_{\rm in}x) = 4|A|^2 \cos^2\left(x\frac{2\pi}{\lambda_0}\sin\theta\right) \end{aligned} \tag{5.7}$$

で書ける．式(5.7)は，光強度分布に時間変動がなく，位置座標だけに依存する分布，

つまり**定在波**（standing wave）が形成されていることを示す．この定在波の x 方向の周期を Λ で表すと，$2k_0 l_{\mathrm{in}}\Lambda = (4\pi/\lambda_0)\Lambda\sin\theta = 2\pi$ より，次式が得られる．

$$\Lambda = \frac{\lambda_0}{2\sin\theta} \tag{5.8}$$

このような定在波は，2 光束干渉法による屈折率の空間的変化の作製，たとえばファイバブラッググレーティングや，光導波路内での電磁界分布などで使用される．

5.3 平行平面板による 2 光波干渉（等傾角干渉縞）

シャボン玉の色づきは，白色光である太陽光が石けん水膜の表面と内部で反射し，強め合った波長の光が眼で観測されるために生じている（▶ 演習問題 5.2）．本節では，シャボン玉も含めて，光波が平行平面板に斜め入射する場合，透過波と反射波のそれぞれで形成される 2 光波干渉を考える．この場合，傾角が一定の方向で観測される干渉縞を，**等傾角干渉縞**（fringes of equal inclination）またはハイディンガー（Haidinger）の干渉縞という．

5.3.1 透過波による干渉縞

図 5.4 に示すように，空気中にある透明な平行平面板（屈折率 n，厚さ d）に，平面波（空気中での波長 λ_0）が角度 θ_{i} をなして入射し，屈折角 θ_{t} で屈折するものとする．このとき，平行平面板内に入った光波は，厳密には平行平面板内部で多重反射する．振幅反射率が微小な場合には，内部反射の回数が多い成分は振幅の減衰が激しいために無視でき，2 光波干渉として扱える．

図 5.4 で，入射波は点 A で一部が反射し，残りが屈折して平板内へ入る．平板内へ

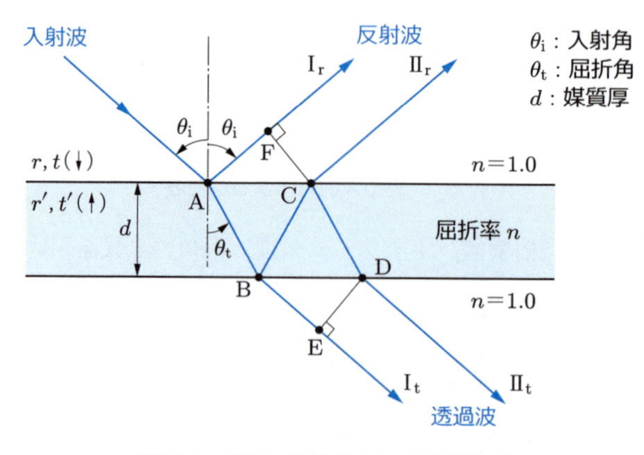

図 5.4　平行平面板による 2 光波干渉

入った光波は，平行平面板内で内部反射を繰り返し，その一部は反射点B，C，D等から平板外へ出ていく．空気から平板への振幅透過率と振幅反射率を t と r，平板から空気への振幅透過率と振幅反射率を t' と r'，空気中での波数を $k_0 = 2\pi/\lambda_0$ とおく．入射平面波を単位振幅とし，吸収や散乱による減衰はないとする．

平板からの透過波の振幅を求めると，単一通過による透過波 $\mathrm{I_t}$ の振幅は tt'，平板内で2回内部反射した後の透過波 $\mathrm{II_t}$ の振幅は $tt'r'^2$ となる．境界面で屈折の法則を満たす，反対側から入射する光波の間では，ストークスの関係式 (4.20) により，振幅反射率が $r' = -r$ となるから，透過波 $\mathrm{II_t}$ の振幅は $tt'r^2$ と書ける．

位相変化を求める際，伝搬に加えて，反射の影響も考慮する必要がある．点Bでの反射直前までは，両透過波の位相は共通である．透過波 $\mathrm{II_t}$ の出射点Dから，透過波 $\mathrm{I_t}$ へ下ろした垂線の足をEとすると，二つの透過波は面DE以降で平行光となり，位相が同じように変化する．そこで，点Bの反射直前から面DEまでの2透過波の位相変化を求めると，透過波 $\mathrm{I_t}$ の位相変化は $k_0\mathrm{BE}$，透過波 $\mathrm{II_t}$ の位相変化は $k_0 n(\mathrm{BC}+\mathrm{CD})+2\pi$ となる．この 2π は，点B，Cでの内部反射に伴う位相変化である．

点Bでの反射直前を基準とするとき，上記の位相変化 2π は結果に影響を及ぼさないから，面DEにおける両透過波の複素振幅は

$$u_{\mathrm{tI}} = tt'\exp(-ik_0\mathrm{BE}), \quad u_{\mathrm{tII}} = tt'r^2\exp[-ik_0 n(\mathrm{BC}+\mathrm{CD})]$$

で書ける．よって，透過する2光波による光強度は次式で書ける．

$$\begin{aligned} I_{\mathrm{t}} &= |u_{\mathrm{tI}} + u_{\mathrm{tII}}|^2 = (tt')^2|\exp(-ik_0\mathrm{BE}) + r^2\exp[-ik_0 n(\mathrm{BC}+\mathrm{CD})]|^2 \\ &= (tt')^2(1 + r^4 + 2r^2\cos k_0\delta\varphi_{\mathrm{t}}) \end{aligned} \tag{5.9a}$$

$$\delta\varphi_{\mathrm{t}} \equiv n(\mathrm{BC}+\mathrm{CD}) - \mathrm{BE} \tag{5.9b}$$

$\delta\varphi_{\mathrm{t}}$ は二つの透過波の光路長差である．式 (5.9b) に $\mathrm{BC} = \mathrm{CD} = d/\cos\theta_{\mathrm{t}}$，$\mathrm{BD} = 2d\tan\theta_{\mathrm{t}}$，$\mathrm{BE} = \mathrm{BD}\cos(\pi/2 - \theta_{\mathrm{i}}) = 2d\tan\theta_{\mathrm{t}}\sin\theta_{\mathrm{i}}$ を代入し，空気と平行平面板間でスネルの法則 $\sin\theta_{\mathrm{i}}/\sin\theta_{\mathrm{t}} = n$ を適用すると，二つの透過波の光路長差は

$$\delta\varphi_{\mathrm{t}} = \frac{2nd}{\cos\theta_{\mathrm{t}}} - 2d\tan\theta_{\mathrm{t}}\sin\theta_{\mathrm{i}} = \frac{2nd}{\cos\theta_{\mathrm{t}}} - 2nd\frac{\sin^2\theta_{\mathrm{t}}}{\cos\theta_{\mathrm{t}}} = 2nd\cos\theta_{\mathrm{t}} \tag{5.10}$$

と書き直せる．空気以外の媒質を伝搬する干渉縞を考える場合には，幾何学的距離ではなく，式 (5.9a)，(5.10) のように，光路長が関係することに注意を要する．

式 (5.10) を (5.9a) に代入して，二つの透過波による干渉光強度が

$$I_{\mathrm{t}} = (tt')^2\left(1 + r^4 + 2r^2\cos\frac{4\pi nd\cos\theta_{\mathrm{t}}}{\lambda_0}\right) \tag{5.11}$$

で表せる．平行平面板には，透明材料，通常はガラスがよく利用される．ガラスの屈

折率は $n = 1.5$ 程度であるから，垂直入射時の境界での光強度反射率は，式 (4.26) を用いて，$r^2 = 0.04$ で約 4%となる．振幅反射率 r に関する 2 次の微小量，すなわち光強度反射率 $R = r^2$ に関する 1 次の微小量まで考慮すると，式 (5.11) で r^4 が無視できる．また，ストークスの関係式 (4.21) より，$(tt')^2 = (1 - r^2)^2 \fallingdotseq 1 - 2r^2$ と近似できる．さらに，半角の公式やスネルの法則を用いて，屈折角 θ_t を平行平面板への入射角 θ_i に関する式に書き換えると，二つの透過波による干渉光強度が

$$I_\mathrm{t} \fallingdotseq 1 - 4r^2 \sin^2\left(\frac{2\pi d}{\lambda_0}\sqrt{n^2 - \sin^2\theta_\mathrm{i}}\right) \tag{5.12}$$

で近似できる．式 (5.12) における第 2 項は，2 透過波による干渉項を表す．

2 透過波の干渉による光強度 I_t が極大となる条件は，式 (5.12) における $\sin^2(\cdots) = 0$ より，

$$\delta\varphi_\mathrm{t} = 2nd\cos\theta_\mathrm{t} = 2d\sqrt{n^2 - \sin^2\theta_\mathrm{i}} = m\lambda_0 \quad (m：\text{整数}) \tag{5.13a}$$

で，そのとき光強度 $I_\mathrm{M} \fallingdotseq 1$ が得られる．また，光強度が極小となるのは，

$$\delta\varphi_\mathrm{t} = 2d\sqrt{n^2 - \sin^2\theta_\mathrm{i}} = \left(m + \frac{1}{2}\right)\lambda_0 \quad (m：\text{整数}) \tag{5.13b}$$

のときで，そのとき光強度が $I_\mathrm{m} \fallingdotseq 1 - 4r^2$ となる．透過波による干渉縞では，2 回の内部反射で位相変化が相殺されるから，干渉光強度が極大となるのは，光路長差が空気（真空）中の波長の整数倍になるときである．

式 (5.12) では，境界での光強度反射率 $R = r^2$ が微小としているから，大きな直流成分の上に，振幅の小さな交流（干渉）成分が重畳される．通常の光源では干渉縞のコントラストが低くなるが，レーザのように可干渉性のよい光源を用いると，2 光路からの振幅がこのように不均衡な場合でも，かなり明瞭な干渉縞を観測できる．

5.3.2 反射波による干渉縞

次に，図 5.4 で，平行平面板表面からの反射波 $\mathrm{I_r}$ と，内部反射波 $\mathrm{II_r}$ による干渉縞を調べる．内部反射点 C から反射波 $\mathrm{I_r}$ へ下ろした垂線の足を F とすると，面 CF 以降では反射波 $\mathrm{I_r}$ と $\mathrm{II_r}$ の位相変化が等しい．よって，基準点を点 A での表面反射直前として，面 CF までの位相変化を求める．ストークスの関係式 (4.20) により，$r' = -r$ だから，点 A での表面反射に比べ，点 B での内部反射では，位相が相対的に π だけずれる．

入射平面波を単位振幅とすると，両反射波の面 CF における複素振幅は

$$u_\mathrm{rI} = r\exp(-ik_0\mathrm{AF}), \quad u_\mathrm{rII} = tt'r\exp\{-i[k_0n(\mathrm{AB} + \mathrm{BC}) + \pi]\}$$

と書け，両反射波による光強度は次式で書ける．

$$
\begin{aligned}
I_{\mathrm{r}} &= |u_{\mathrm{rI}} + u_{\mathrm{rII}}|^2 = r^2|\exp(-ik_0\mathrm{AF}) - tt'\exp[-ik_0 n(\mathrm{AB}+\mathrm{BC})]|^2 \\
&= r^2[1+(tt')^2 - 2tt'\cos k_0\delta\varphi_{\mathrm{r}}]
\end{aligned}
\tag{5.14a}
$$

式 (5.14a) を導く際に $\exp(-i\pi) = -1$ を用いた．ここで，$\delta\varphi_{\mathrm{r}}$ は二つの反射波の光路長差であり，$\mathrm{AB} = \mathrm{BC} = d/\cos\theta_{\mathrm{t}}$，$\mathrm{AC} = 2d\tan\theta_{\mathrm{t}}$，$\mathrm{AF} = \mathrm{AC}\cos(\pi/2-\theta_{\mathrm{i}}) = 2d\tan\theta_{\mathrm{t}}\sin\theta_{\mathrm{i}}$，およびスネルの法則 $\sin\theta_{\mathrm{i}}/\sin\theta_{\mathrm{t}} = n$ を用いると，式 (5.10) と同様にして，次式で書ける．

$$
\delta\varphi_{\mathrm{r}} = n(\mathrm{AB}+\mathrm{BC}) - \mathrm{AF} = \frac{2nd}{\cos\theta_{\mathrm{t}}} - 2d\tan\theta_{\mathrm{t}}\sin\theta_{\mathrm{i}} = 2nd\cos\theta_{\mathrm{t}} \tag{5.14b}
$$

透過波の場合と同様，媒質での振幅反射率 r が微小とし，r に関する2次の微小量まで考慮すると，$(tt')^2 = (1-r^2)^2 \fallingdotseq 1-2r^2$ と近似して，二つの反射波による干渉光強度が

$$
I_{\mathrm{r}} \fallingdotseq 2r^2\left[1-\cos\left(\frac{4\pi d}{\lambda_0}\sqrt{n^2-\sin^2\theta_{\mathrm{i}}}\right)\right] = 4r^2\sin^2\left(\frac{2\pi d}{\lambda_0}\sqrt{n^2-\sin^2\theta_{\mathrm{i}}}\right) \tag{5.15}
$$

で近似できる．ただし，θ_{i} は光波の平行平面板への入射角である．式 (5.15) は，二つの反射波による干渉縞を表している．反射波による干渉では，直流成分 $2r^2$ と交流（干渉）成分が同一オーダなので，干渉縞が透過波の場合よりも観測しやすい．

式 (5.15) で示した二つの反射波による干渉光強度 I_{r} が極大値をとる条件は，

$$
\delta\varphi_{\mathrm{r}} = 2nd\cos\theta_{\mathrm{t}} = 2d\sqrt{n^2-\sin^2\theta_{\mathrm{i}}} = \left(m+\frac{1}{2}\right)\lambda_0 \quad (m：整数) \tag{5.16a}
$$

で，このとき $I_{\mathrm{M}} = 4r^2$ となる．また，極小値となる条件は

$$
\delta\varphi_{\mathrm{r}} = 2d\sqrt{n^2-\sin^2\theta_{\mathrm{i}}} = m\lambda_0 \quad (m：整数) \tag{5.16b}
$$

で得られ，このとき $I_{\mathrm{m}} = 0$ で無反射となる．2光波干渉で考える場合，点Bでの内部反射による位相変化 π があるから，反射波による干渉光強度 I_{r} が極大値をとるのは，光路長差が波長の半整数倍のときである．

式 (5.12)，(5.15) の和をとると $I_{\mathrm{t}} + I_{\mathrm{r}} \fallingdotseq 1$ となり，近似的にエネルギー保存則を満たしている．よって，反射波による干渉光強度の極大・極小条件の式 (5.16) は，透過波による干渉光強度の極大・極小条件の式 (5.13) とちょうど逆になっている．

5.4 多重ピンホールによる干渉

5.4.1 多重ピンホールによる干渉縞

図 5.5(a) に示すように，等間隔 d で並んだ N 個の無限小のピンホール（孔）があり，このピンホール面に平面波（波長 λ）が垂直に入射し，孔を透過して像面に到達するものとする．孔を一番下から順に番号づけする．像面上の点 Q の座標 x は，一番下の孔の延長線上に原点をとる．ピンホール面と像面の距離を L とし，L は孔の分布範囲の幅 $(N-1)d$ に比べて十分大きいと仮定する．各孔からの光波は単位振幅とする．

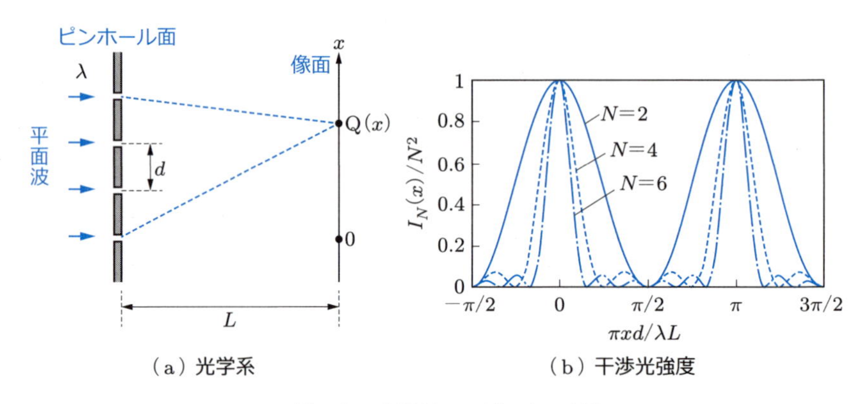

（a）光学系　　（b）干渉光強度

d: ピンホール間隔，N: ピンホール数

図 5.5　多重ピンホールによる干渉

m 番目の孔と点 Q(x) との距離を，一番下の孔を基準にした距離差で評価すると，次式で近似できる．

$$\begin{aligned}\delta\ell_m &= \sqrt{L^2+(x-md)^2}-\sqrt{L^2+x^2}\\ &= L\left[1+\frac{(x-md)^2}{L^2}\right]^{1/2}-L\left(1+\frac{x^2}{L^2}\right)^{1/2}\\ &\fallingdotseq L\left[1+\frac{(x-md)^2}{2L^2}\right]-L\left(1+\frac{x^2}{2L^2}\right)=-\frac{md}{L}x+\frac{(md)^2}{2L}\end{aligned} \tag{5.17}$$

位相差は $\delta\ell_m$ に波数 k を掛けて表せる．以下の位相差の計算では，像面座標 x に依存する項のみを考慮する．m 番目の孔では，一番下の基準孔に比べて，位相項 $\exp(ikmdx/L)=\exp(i2\pi mdx/\lambda L)$ が付加される．ただし，$k=2\pi/\lambda$ は波数である．

全孔からの光波を合成した，点 Q(x) での複素振幅は次式で書ける．

$$u_N(x)=\sum_{m=1}^{N}\exp\left(i\frac{md}{L}kx\right)=u_1(x)\sum_{m=0}^{N-1}\exp i2\pi mdX \tag{5.18a}$$

$$X \equiv \frac{x}{\lambda L} \tag{5.18b}$$

ここで，複素振幅 $u_1(x)$ は単一孔のときの値を表し，これは伝搬による位相変化のみを含むから純虚数で表せる．式 (5.18a) における等比数列の和は，オイラーの公式 $\exp(\pm i\theta) = \cos\theta \pm i\sin\theta$ から得られる $\sin\theta = [\exp i\theta - \exp(-i\theta)]/2i$ を用いて，

$$\begin{aligned}\frac{1-\exp i2\pi NdX}{1-\exp i2\pi dX} &= \frac{\exp i\pi NdX[\exp i\pi NdX - \exp(-i\pi NdX)]}{\exp i\pi dX[\exp i\pi dX - \exp(-i\pi dX)]} \\ &= \exp[i\pi(N-1)\,dX]\frac{\sin\pi NdX}{\sin\pi dX}\end{aligned}$$

で表せる．よって，上式を式 (5.18a) に代入して，点 Q(x) での合成振幅が

$$\begin{aligned}u_N(x) &= u_1(x)\exp[i\pi(N-1)\,dX]\frac{\sin\pi NdX}{\sin\pi dX} \\ &= Nu_1(x)\exp[i\pi(N-1)\,dX]\frac{\operatorname{sinc}NdX}{\operatorname{sinc}dX}\end{aligned} \tag{5.19a}$$

$$\operatorname{sinc}q \equiv \frac{\sin\pi q}{\pi q} \tag{5.19b}$$

で表せる．式 (5.19b) で定義した $\operatorname{sinc}q$ は sinc 関数とよばれ，干渉や回折現象でしばしば出てくる関数である．$\operatorname{sinc}q$ は $q=0$ で最大値 1 をとり，最初のゼロ点は $|q|=1$ であり，$|q|$ の増加とともに減衰振動する（▶図 6.4）．

以上より，N 個の無限小ピンホール（孔）が等間隔で分布しているとき，像面での干渉光強度は

$$I_N(x) = |u_N(x)|^2 = \left(\frac{\sin\pi NdX}{\sin\pi dX}\right)^2 = N^2\left(\frac{\operatorname{sinc}NdX}{\operatorname{sinc}dX}\right)^2 \tag{5.20}$$

で求められる．つまり，sinc 関数に関係する関数の 2 乗が光強度分布となっている．式 (5.20) の最大値は $X \to 0$ つまり $x \to 0$ で得られ，そのとき N^2 となる．

干渉光強度の式 (5.20) で，主極大位置は $\sin\pi dX = 0$ かつ $\sin\pi NdX \neq 0$ で，暗線位置は $\sin\pi NdX = 0$ かつ $\sin\pi dX \neq 0$ で得られる．両者を整理して，次のように書ける．

$$\text{主極大位置：} x_{\mathrm{M}} = m\frac{\lambda L}{d} \quad \text{かつ} \quad x \neq m'\frac{\lambda L}{Nd} \quad (m, m'\text{：整数}) \tag{5.21a}$$

$$\text{暗線位置：} x_0 = m'\frac{\lambda L}{Nd} \quad \text{かつ} \quad x \neq m\frac{\lambda L}{d} \quad (m, m'\text{：整数}) \tag{5.21b}$$

副極大を得る条件は，$\partial I_N(x)/\partial x = 0$ より，次式で得られる．

$$\tan\pi dX = \frac{\tan\pi NdX}{N}, \quad dX \neq m \quad \text{かつ} \quad NdX \neq m' \quad (m,\ m'\text{：整数}) \tag{5.21c}$$

これは両辺を y とおき，数値解法またはグラフ解法で求めることができる．

図 5.5(b) に，多重ピンホール（孔）による干渉光強度を $I_N(x)/N^2$ で示す．孔の数 N が増加するほど，各プロファイルの幅が狭くなる．孔の数が増えるとピークが急峻になるのは，干渉効果により各サイドローブの指向性が増すためである．

隣接する主極大間にある副極大の数は $N-2$，暗線の数は $N-1$ である．測定では，暗線位置の方が明線位置よりも明瞭に観測できるので，通常，暗線位置を利用する．

5.4.2 多重ピンホール干渉における極大・暗線条件の物理的意味

無限小の多重ピンホール（孔）による干渉現象を半定量的に考える．入射平面波は，無限小の各孔を透過した後には，各孔を中心とした球面波となる．ホイヘンスの原理 （▶ 1.3.2 項） により，これらの球面波の包絡面が 2 次波面を形成する．

各孔からの光路長が等しい素波面で形成される 2 次波面は，ピンホール面に垂直に伝搬するほぼ平面波となり，これは 0 次光に相当する（図 5.6(a)）．

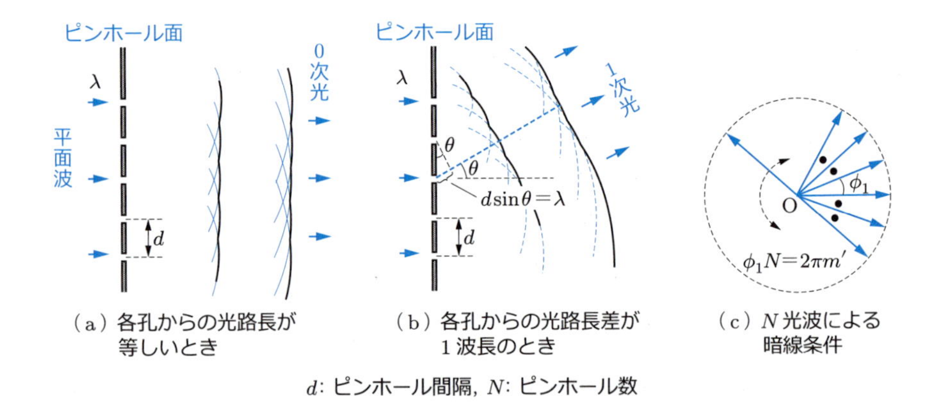

（a）各孔からの光路長が等しいとき　（b）各孔からの光路長差が 1 波長のとき　（c）N 光波による暗線条件

d: ピンホール間隔，N: ピンホール数

図 5.6　多重ピンホール（孔）による干渉縞の半定量的説明

次に，図 (b) のように，隣接する孔から出る光波の光路長差が，1 波長となっている場合を考える．これらの光波で形成される包絡面は位相がそろっているので，合成波は強め合い，ピンホール面の法線方向と一定の角度 θ をなす方向に伝搬する．隣接する孔から出る光波の同相条件は $d\sin\theta = m\lambda$（m：整数）で書ける．同相条件が成立しているときの θ を，ピンホール面上の座標と関係づけると，$\tan\theta = x_{\mathrm{M}}/L$ が得られる．$L \gg x$ だから θ は微小となり，両式より，角度 θ が次式で近似できる．

$$\theta \fallingdotseq m\frac{\lambda}{d} \fallingdotseq \frac{x_{\mathrm{M}}}{L} \quad (m：整数) \tag{5.22}$$

式 (5.22) より得られる $x_{\mathrm{M}} = m\lambda L/d$ は，式 (5.20) の極大条件式 (5.21a) と一致して

いる．

暗線条件は，すべての孔から出る光波の複素振幅を加算したものがゼロとなることである．すなわち，図 (c) のように，隣接する孔から出る光波の振幅が等しく，位相が $\phi_1 = kdx/L = 2\pi dx/\lambda L$ の等間隔である．これらを原点 O の周りに並べると，ベクトル演算をして，暗線とするのは全体の位相変化が $\phi_1 N = 2\pi m'$（m'：整数）を満たせばよい．これを整理して得られる $x_0 = m'\lambda L/Nd$ は，式 (5.21b) に一致している．

極大・暗線条件の物理的意味

(i) 式 (5.21a) の極大条件は，隣接する孔から出る光波がすべて同相となって強め合う方向に相当する．

(ii) 式 (5.21b) の暗線条件は，すべての孔から出る光波の位相変化の和が 2π の整数倍となることと等価である．

例題 5.1 多重ピンホールによる干渉でピンホールが二つのとき（ヤングの干渉実験）について，次の問いに答えよ．

(1) 光強度分布の表式を求めよ．

(2) 光強度が極大・極小値となる条件と，そのときの値を求めよ．

解答 (1) 式 (5.20) に $N = 2$ を代入し，倍角の公式を用いると，$I_2(x)/N^2 = (2\sin\pi dX\cos\pi dX/\sin\pi dX)^2/4 = \cos^2\pi dX$ を得る．これに式 (5.18b) を代入すると，$I_2(x)/N^2 = \cos^2(\pi dx/\lambda L)$ が得られる．

(2) 極大条件は $\pi dx/\lambda L = m\pi$ より $x = m\lambda L/d$ で，極大値が $I_{\mathrm{M}}/N^2 = 1$，極小条件は $\pi dx/\lambda L = (m + 1/2)\pi$ より $x = (m + 1/2)\lambda L/d$ で，極小値が $I_{\mathrm{m}}/N^2 = 0$ となる．ヤングの干渉実験は，光が波動的性質をもつことの直接的証拠となった．

5.5 平行平面板内の多重反射による干渉

5.3 節で述べた，平行平面板における透過波や反射波による干渉で，境界面での振幅反射率が増加すると，内部反射を多数回繰り返した後の透過・反射波の寄与が無視できなくなる．そこで本節では，平板およびその上下の媒質の屈折率が異なり，平板内での多重反射波を考慮する，より一般的な場合の干渉を調べる．

平行平面板からの全透過波あるいはすべての反射波による干渉を調べるとき，凸レンズを用いて各光波を集束させると，レンズの後側焦点面に像を結ぶから，全透過波あるいはすべての反射波は平行光で考えればよい．

5.5.1 透過波による干渉

図 5.7 に示す三層構造で，中央の層を屈折率 n_2，厚さ d の平行平面板とする．平行平面板の上方媒質の屈折率を n_1，下方媒質の屈折率を n_3 とする．上方媒質から入射角 θ_1 をなす平面波が平板に入射し，平板内に角度 θ_2 で屈折し，下方媒質へ角度 θ_3 で透過するとする．このとき，スネルの法則により，次式が成立する．

$$n_1 \sin\theta_1 = n_2 \sin\theta_2 = n_3 \sin\theta_3 \tag{5.23}$$

上方媒質から平行平面板へ向かうときの振幅透過率と振幅反射率を t_1 と r_1，下方媒質から平行平面板への振幅透過率と振幅反射率を t_3 と r_3 とし，平行平面板側から他方の媒質へ向かうときの振幅透過率と振幅反射率には $'$ を付して表す．

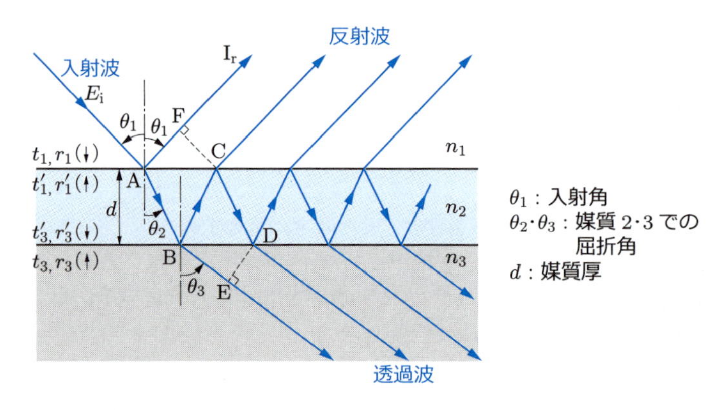

図 5.7　平行平面板内の多重反射による透過波と反射波

振幅 E_i の光波（真空中での波長：λ_0，波数：$k_0 = 2\pi/\lambda_0$）が上方媒質から平板へ入射するとき，平行平面板内で反射が無限に繰り返される場合の透過特性を考える．多重反射して平板を透過する多数の光波に関して，点 B の反射直前までは共通である．透過波について，点 D から第 1 透過波へ下ろした垂線の足を E とする．点 B から透過し点 E に達する第 1 透過波と，平板内を BC，CD と伝搬した後の点 D からの透過波，すなわち隣接する透過波での位相差が，すべての隣接する透過波について共通である．

隣接する透過波の光路長差 $\delta\varphi_t$ は，$\mathrm{BC} = \mathrm{CD} = d/\cos\theta_2$，$\mathrm{BD} = 2d\tan\theta_2$，$\mathrm{BE} = \mathrm{BD}\cos(\pi/2 - \theta_3) = 2d\tan\theta_2\sin\theta_3$，およびスネルの法則の式 (5.23) を利用して，

$$\delta\varphi_t = n_2(\mathrm{BC} + \mathrm{CD}) - n_3\mathrm{BE} = \frac{2n_2 d}{\cos\theta_2} - 2n_3 d\tan\theta_2\sin\theta_3$$

$$= \frac{2n_2 d}{\cos\theta_2} - 2n_3 d \frac{\sin\theta_2}{\cos\theta_2}\frac{n_2 \sin\theta_2}{n_3} = 2n_2 d\cos\theta_2 \tag{5.24}$$

で表せる．これは等傾角干渉縞での光路長差の式 (5.10) と形式的に同じである．

したがって，全透過波の電界は

初項：$E_\mathrm{i} t_1 t_3' \exp\left(-i\dfrac{k_0 n_2 d}{\cos\theta_2}\right)$

公比：$r_1' r_3' \exp(-ik_0\delta\varphi_\mathrm{t}) = r_1 r_3 \exp(-ik_0\delta\varphi_\mathrm{t})$

の無限等比級数で表される．公比では，ストークスの関係式 (4.20) より $r_j' = -r_j$ ($j = 1, 3$) を利用した．このとき，全透過波の合成電界 E_t は

$$E_\mathrm{t} = E_\mathrm{i}\frac{t_1 t_3' \exp(-ik_0 n_2 d/\cos\theta_2)}{1 - r_1 r_3 \exp(-2ik_0 n_2 d\cos\theta_2)} \tag{5.25}$$

で得られる．多重反射後の全透過波の光強度透過率（全透過波の強度と入射波強度の比）は，次のようにして求められる．

$$\begin{aligned}\mathcal{T}_\mathrm{T} \equiv \frac{|E_\mathrm{t}|^2}{|E_\mathrm{i}|^2} &= \frac{(t_1 t_3')^2}{|1 - r_1 r_3 \exp(-2ik_0 n_2 d\cos\theta_2)|^2}\\ &= \frac{(t_1 t_3')^2}{1 + R_1 R_3 - 2r_1 r_3 \cos(2k_0 n_2 d\cos\theta_2)}\end{aligned} \tag{5.26}$$

ここで，$R_j \equiv r_j^2$ ($j = 1, 3$) は上・下媒質から平板への光強度反射率を表す．式 (5.26) の分母では，r_1 と r_3 が異符号の場合にも適用できるように，あえてそのままにしており，同符号のときには $r_1 r_3 = \sqrt{R_1 R_3}$ と置き換えればよい．

とくに，平行平面板の上下の媒質の屈折率が等しい ($n_3 = n_1$) とき，添え字 $3 \to 1$ とおけ，ストークスの関係式を用いて，式 (5.26) の分子が $(t_1 t_1')^2 = (1 - r_1^2)^2 = (1 - R_1)^2$ と書ける．このとき，全透過波の光強度透過率が次のように書ける．

$$\begin{aligned}\mathcal{T}_\mathrm{T} &= \frac{(1 - R_1)^2}{1 + R_1^2 - 2R_1 \cos(2k_0 n_2 d\cos\theta_2)}\\ &= \frac{1}{1 + 4R_1 \sin^2(k_0 n_2 d\cos\theta_2)/(1 - R_1)^2}\end{aligned} \tag{5.27}$$

全透過波強度の式 (5.27) の極大条件は，式 (5.27) の分母第 2 項がゼロ，つまり

$$k_0 n_2 d\cos\theta_2 = k_0 d\sqrt{n_2^2 - (n_1 \sin\theta_1)^2} = \pi m \quad (m：整数) \tag{5.28a}$$

であり，これを波長で表示すると，

$$\lambda_m = \frac{2d\sqrt{n_2^2 - (n_1 \sin\theta_1)^2}}{m} \quad (m：整数) \tag{5.28b}$$

となる．このとき，透過波強度の極大値が $\mathcal{T}_\mathrm{T} = 1.0$ となる．

式 (5.28) は次のように考えても導ける．隣接する透過波がすべて同位相，すなわち位相差が 2π の整数倍となれば，各透過波が干渉して強め合う．隣接する透過波の位相差は，式 (5.24) を利用して $\delta\varphi_t k_0$ となり，これは式 (5.28) と等価であり，式 (5.28) の妥当性が物理的にも説明できた．

一方，全透過波強度の極小条件は，式 (5.27) の分母第 2 項で $\sin(\cdots) = \pm 1$ となることより，次式で得られる．

$$k_0 n_2 d \cos\theta_2 = k_0 d\sqrt{n_2^2 - (n_1 \sin\theta_1)^2} = \left(m + \frac{1}{2}\right)\pi \quad (m：整数) \tag{5.29}$$

これは，隣接する透過波が逆相となるようにすればよいことを意味している．このときの全透過波の光強度透過率の極小値は，次式で得られる．

$$\mathcal{T}_\mathrm{T} = \frac{1}{1 + 4R_1/(1 - R_1)^2} = \frac{(1 - R_1)^2}{(1 + R_1)^2} \tag{5.30}$$

式 (5.30) の極小値は，境界での強度反射率 R_1 の増加とともに単調減少し，$\mathcal{T}_\mathrm{T} = 0$ に漸近する．

全透過波強度の透過ピークを鋭くするには，式 (5.30) より，$\mathcal{T}_\mathrm{T}$ の極小値を小さくすればよく，そのためには強度反射率 R_1 を大きくすればよいことがわかる．

多重反射による全透過波の光強度透過率 $\mathcal{T}_\mathrm{T}$ の $2n_2dk_0\cos\theta_2$ 依存性を図 5.8 に示す．ここでは，$R_1 = R_3\ (\equiv R)$，$n_1 = n_3 = 1.0$ としており，これはファブリ－ペロー干渉計（特定の媒質を反射率の高い 2 枚の平面鏡で挟んだ装置）の特性でもある．図で FSR（free spectral range: 自由スペクトル領域）とは，ほかの次数と混同することなく，特性を判別できる領域を意味する．図から次の特徴がわかる．

(i) 境界での光強度反射率 R を大きくすると，透過ピークが鋭くなる．これは，式 (5.30) から導ける．

(ii) 透過域が $2n_2dk_0\cos\theta_2$ に対して周期的に現れる．

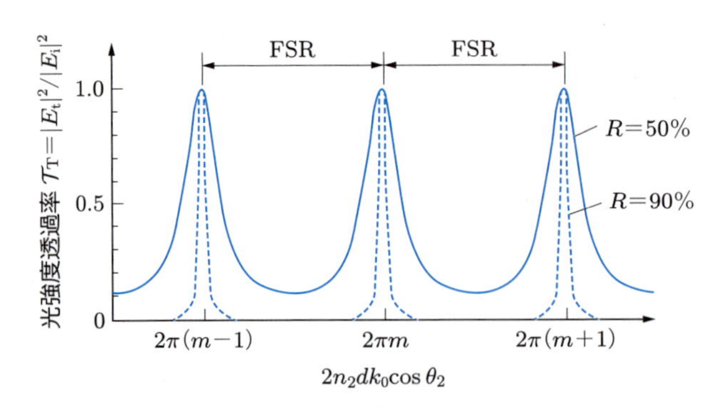

図 5.8　多重反射による全透過波の光強度透過率

(iii) 間隙媒質の屈折率 n_2 や媒質厚 d を変化させることにより，特定波長 λ_m の光波を選択的に透過させることができる．

式 (5.28) や上記性質 (iii) は，振幅反射率の高い平行平面板では，平板の厚さ d や屈折率 n_2，あるいは平板への光波の入射角 θ_1 を変化させることにより，特定波長 λ_m の光波を選択的に透過させられることを意味する．この波長選択性は，スペクトル分解に使用でき，ファブリ－ペロー干渉計や，光フィルタ，レーザ共振器などに利用されている．間隙媒質が気体の場合，濃度を変化させることにより，屈折率 n を細かく変化させることができる（▶ 演習問題 5.5）．

5.5.2 反射波による干渉

次に，平行平面板内で反射が無限に繰り返される場合の反射特性を求める（▶ 図 5.7）．すべての反射波の電界 E_r を求める場合，1 回目の反射 $\mathrm{I_r}$ は平行平面板での表面反射なので，これは別に扱う必要がある．

2 回目以降の反射波について，点 C から第 1 反射波への垂線の足を点 F とおくと，$\mathrm{AB} = \mathrm{BC} = d/\cos\theta_2$，$\mathrm{AC} = 2d\tan\theta_2$，$\mathrm{AF} = \mathrm{AC}\cos(\pi/2 - \theta_1) = 2d\tan\theta_2\sin\theta_1$ が成り立つ．式 (5.24) と同様にして，隣接する反射波の光路長差が次式で書ける．

$$\delta\varphi_\mathrm{r} = n_2(\mathrm{AB} + \mathrm{BC}) - n_1\mathrm{AF} = \frac{2n_2 d}{\cos\theta_2} - 2n_1 d\tan\theta_2\sin\theta_1 = 2n_2 d\cos\theta_2 \tag{5.31}$$

式 (5.31) は，形式的に等傾角干渉縞での光路長差 (5.14b) と同じである．

入射電界の振幅を E_i とすると，2 回目以降の反射波については，

$$\text{初項：} E_\mathrm{i}t_1t_1'r_3'\exp(-ik_0\delta\varphi_\mathrm{r}) = -E_\mathrm{i}t_1t_1'r_3\exp(-ik_0\delta\varphi_\mathrm{r})$$

$$\text{公比：} r_1'r_3'\exp(-ik_0\delta\varphi_\mathrm{r}) = r_1r_3\exp(-ik_0\delta\varphi_\mathrm{r})$$

の無限等比級数で表される．よって，すべての反射波の合成電界 E_r は，

$$E_\mathrm{r} = E_\mathrm{i}r_1 - E_\mathrm{i}\frac{t_1t_1'r_3\exp(-2ik_0n_2d\cos\theta_2)}{1 - r_1r_3\exp(-2ik_0n_2d\cos\theta_2)} \tag{5.32}$$

となる．これより，全反射波の光強度反射率（すべての反射波強度と入射波強度の比）が

$$\begin{aligned}
\mathcal{R}_\mathrm{T} &\equiv \frac{|E_\mathrm{r}|^2}{|E_\mathrm{i}|^2} = \frac{|r_1 - (t_1t_1' + r_1^2)r_3\exp(-2ik_0n_2d\cos\theta_2)|^2}{|1 - r_1r_3\exp(-2ik_0n_2d\cos\theta_2)|^2} \\
&= \frac{R_1 + R_3 - 2r_1r_3\cos(2k_0n_2d\cos\theta_2)}{1 + R_1R_3 - 2r_1r_3\cos(2k_0n_2d\cos\theta_2)} \\
&= 1 - \frac{(1 - R_1)(1 - R_3)}{1 + R_1R_3 - 2r_1r_3\cos(2k_0n_2d\cos\theta_2)}
\end{aligned} \tag{5.33}$$

で得られる．式 (5.33) を導く際には，ストークスの関係式 (4.21) と $R_j = r_j^2$ を用いた．積 $r_1 r_3$ は各値が異符号の場合にも適用できるようにそのままにしており，同符号のときには $r_1 r_3 = \sqrt{R_1 R_3}$ と置き換えればよい．

すべての反射波の光強度反射率の式 (5.33) が極大値をとる位相条件は，

$$2k_0 n_2 d \cos\theta_2 = 2k_0 d\sqrt{n_2^2 - (n_1 \sin\theta_1)^2} = \begin{cases} (2m+1)\pi & (r_1 r_3 > 0) \\ 2\pi m & (r_1 r_3 < 0) \end{cases} \quad (m : \text{整数}) \tag{5.34a}$$

となり，そのときの極大値が次式で得られる．

$$\mathcal{R}_{\mathrm{T}} = 1 - \frac{(1 - R_1)(1 - R_3)}{1 + R_1 R_3 + 2|r_1 r_3|} \tag{5.34b}$$

上式は，境界での強度反射率が $R_1 = 1$ または $R_3 = 1$ のとき $\mathcal{R}_{\mathrm{T}} = 1.0$ となる．振幅反射率が $r_1 = 1$ となるのは，式 (4.18) より，高屈折率媒質から低屈折率媒質への臨界角入射時である．$r_1 = -1$ となるのは，式 (4.17) より，すれすれ入射時である．

一方，すべての反射波の光強度反射率 $\mathcal{R}_{\mathrm{T}}$ が極小になる位相条件は，式 (5.34a) を入れ換えた結果，つまり $r_1 r_3 > 0$ のときは式 (5.28a) で，$r_1 r_3 < 0$ のときは式 (5.29) で得られる．そのときの極小値が次式で与えられる．

$$\mathcal{R}_{\mathrm{T}} = 1 - \frac{(1 - R_1)(1 - R_3)}{1 + R_1 R_3 - 2|r_1 r_3|} \tag{5.35}$$

式 (5.35) は，$r_1 r_3 > 0$ のとき，$r_1 = r_3$ で最小値が $\mathcal{R}_{\mathrm{T}} = 0$ となる．$r_1 = r_3$ は，ストークスの関係式 (4.20) とスネルの法則の式 (5.23) を用いると，媒質 1，3 の屈折率が等しいこと（$n_1 = n_3$）を意味する．また $r_1 r_3 < 0$ のとき，$r_3 = -r_1$ で最小値が $\mathcal{R}_{\mathrm{T}} = 0$ となる．

多重反射による透過波・反射波強度

(i) 全透過波の光強度が極大となるのは，隣接する透過波の位相が同相となるときで，その条件が式 (5.28) で与えられ，そのとき全光波が透過する（$\mathcal{T}_{\mathrm{T}} = 1.0$）．

(ii) 全透過波の光強度が極小となるのは，隣接する透過波の位相が逆相となるときで，その条件が式 (5.29) で，そのときの光強度透過率が式 (5.30) で与えられる．全透過波の光強度は，境界での光強度反射率 R_1 の増加とともに単調減少する．

(iii) すべての反射波の光強度の極大条件は式 (5.34a) で，そのときの反射波強度が式 (5.34b) で与えられる．この条件は振幅反射率 r_1 と r_3 の符号により異なる．光強度反射率が $\mathcal{R}_{\mathrm{T}} = 1.0$ となるのは $R_1 = 1$ のときで，$r_1 = 1$ は媒質 1 側からの臨界角入射，$r_1 = -1$ はすれすれ入射である．

(iv) すべての反射波の光強度が極小になる条件は，$r_1 r_3 > 0$ のときは式 (5.28a) で，$r_1 r_3 < 0$ のときは式 (5.29) で得られる．そのときの極小値は式 (5.35) で与えられ，最小値は，$r_1 r_3 > 0$ のとき，$r_1 = r_3$ で $\mathcal{R}_T = 0$ となり，$r_1 r_3 < 0$ のとき，$r_3 = -r_1$ で $\mathcal{R}_T = 0$ となる．

多重反射による干渉は，干渉フィルタ（▶ 演習問題 5.3），反射防止膜（▶ 演習問題 5.4），ファブリ－ペロー干渉計などに利用されている．

例題 5.2 空気中にある平行平面板（屈折率 $n = 1.5$）に，光波（$\lambda_0 = 633\,\mathrm{nm}$）が入射角 $10°$ で入射するとき，次の問いに答えよ．

(1) 反射波を P 成分として，振幅反射率 r_P を求めよ．

(2) 多重反射による全透過波強度の式 (5.26) で，光強度反射率 R_1 に関する 1 次の微小量の範囲内で近似式を求めると，2 光波干渉での式 (5.12) に一致することを示せ．

解答 (1) 屈折角はスネルの法則の式 (2.2) を用いて $6.65°$ となる．振幅反射率は式 (4.12a) より $r_P = 0.196$ で，光強度反射率 $R_1 = r_P^2 = 0.038$ を得る．

(2) 多重反射による全透過波の光強度透過率は，式 (5.26) で添え字 $3 \to 1$ として，

$$
\begin{aligned}
\mathcal{T}_T &= \frac{(1-R_1)^2}{1+R_1^2-2R_1\cos(2k_0 n_2 d\cos\theta_2)} \fallingdotseq \frac{1-2R_1}{1-2R_1\cos(2k_0 n_2 d\cos\theta_2)} \\
&= (1-2R_1)[1-2R_1\cos(2k_0 n_2 d\cos\theta_2)]^{-1} \\
&\fallingdotseq (1-2R_1)[1+2R_1\cos(2k_0 n_2 d\cos\theta_2)] \\
&\fallingdotseq 1-2R_1[1-\cos(2k_0 n_2 d\cos\theta_2)] = 1-4R_1\sin^2(k_0 n_2 d\cos\theta_2)
\end{aligned}
$$

となる．ここで $n_2 = n$ とおくと，2 光波干渉での式 (5.12) に一致する．

5.6 可干渉性を考慮した干渉

ここまでは，暗黙のうちに，光源の可干渉性（干渉できる能力）が十分にあるとして議論してきた．現実の光源には位相揺らぎがあり，それが光源の可干渉性を決める．本節では，このような可干渉性を考慮した，より厳密な干渉を扱う．

5.6.1 可干渉性を考慮した干渉縞

干渉縞の観測系として，**マイケルソン干渉計**（Michelson interferometer）を図 5.9 に示す．光源から出る光波は，厳密には有限時間だけ振幅をもつ**波連**の集まりであるとみなされ，異なる波連どうしは干渉しない．これがビームスプリッタ（BS）で 2 光路に分岐されて，反射鏡で反射後に再び BS で合波され，光検出器に導かれる．2 光路

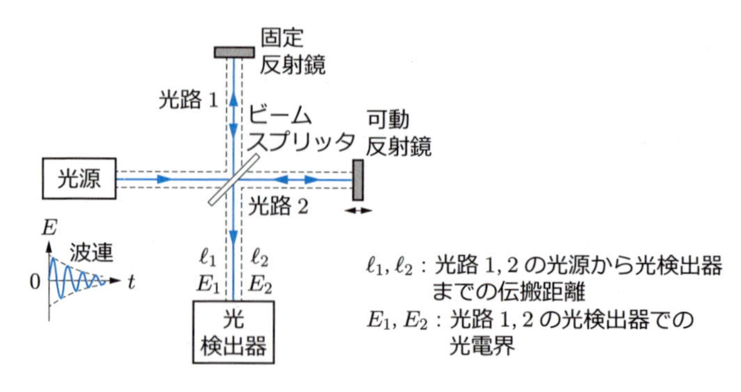

図 5.9　可干渉性を考慮した 2 光波干渉（マイケルソン干渉計）

の相対的な長さを変化させるため，一方のアームにおける反射鏡は可動となっている．

可干渉性（coherence，コヒーレンス）の起源は，光源の揺らぎが 2 光路に別れた後の光波に及ぼす，位相揺らぎの相関である．そこで，各光路における揺らぎを時間 t に依存する位相項 $\phi_j(t)$ で表し，これを光電界の複素数表示式 (5.1) 第 2 式の位相項に付加する．つまり，2 光路の観測点での光電界を次式で表す．

$$E_j = A_j(x)\exp\{i[\omega t - k\ell_j + \phi_j(t)]\} \quad (j = 1, 2) \tag{5.36}$$

ここで，ℓ_j は各光路に沿った光源から観測点までの距離，k は媒質中の波数である．

式 (5.36) で表される光電界を，マイケルソン干渉計での 2 光波干渉に用いる場合，干渉光強度分布は，式 (5.4a) の代わりに次式で表せる．

$$\begin{aligned} I(r) &= \langle |E_1 + E_2|^2 \rangle = |A_1(x)|^2 + |A_2(x)|^2 + 2\mathrm{Re}\{A_1(x)A_2^*(x)\}|\gamma_{12}(\tau)|\cos\phi \\ &= I_1 + I_2 + 2\sqrt{I_1 I_2}|\gamma_{12}(\tau)|\cos\phi \end{aligned} \tag{5.37}$$

$$\gamma_{12}(\tau) = \langle \exp\{i[\phi_1(t) - \phi_2(t)]\} \rangle = \exp\left(-\frac{|\varphi_1 - \varphi_2|}{\ell_{\mathrm{coh}}}\right) = \exp\left(-\frac{|\tau|}{\tau_{\mathrm{coh}}}\right) \tag{5.38a}$$

$$\ell_{\mathrm{coh}} = v\tau_{\mathrm{coh}} \tag{5.38b}$$

$$\cos\phi = \cos[k(\ell_1 - \ell_2)] = \cos\left(\omega\frac{\varphi_1 - \varphi_2}{v}\right) \tag{5.38c}$$

式 (5.37) における第 3 項が干渉項である．$\gamma_{12}(\tau)$ は**複素干渉度**とよばれ，位相揺らぎの相関から決まる値で，干渉の度合いを表すパラメータである．また，φ_j は各アームの光路長，$\tau \equiv -(\varphi_1 - \varphi_2)/v$ は 2 アームでの遅延時間差，v は媒質中での光速を表す．

式 (5.38a) で ℓ_{coh} は光源の**コヒーレンス長**（coherence length）または**可干渉距離**，τ_{coh} は**コヒーレンス時間**（coherence time）または**可干渉時間**とよばれる．コヒーレンス長とコヒーレンス時間の間には，式 (5.38b) が成立している．

式 (5.37) を式 (5.4a) と比較すると，とくに $|\gamma_{12}(\tau)| = 1$（$\ell_{\mathrm{coh}} = \tau_{\mathrm{coh}} = \infty$）のとき両式は一致する．よって，式 (5.4a) は理想的な無限に続く正弦波による干渉縞であることがわかる．

5.6.2 干渉縞の可視度

干渉縞（図 5.10(a)）の鮮明さを表すため，**可視度**（visibility）を

$$V = \frac{I_{\mathrm{max}} - I_{\mathrm{min}}}{I_{\mathrm{max}} + I_{\mathrm{min}}} \tag{5.39}$$

で定義する．V は**鮮明度**や明瞭度ともいわれる．式 (5.39) で，I_{max} と I_{min} はそれぞれ干渉光強度 I の最大・最小値である．可視度は $0 \leqq V \leqq 1$ をとり，$I_{\mathrm{min}} = 0$ かつ $I_{\mathrm{max}} \neq 0$ のとき $V = 1$，$I_{\mathrm{max}} = I_{\mathrm{min}}$ のとき $V = 0$ となる．現実の光源では，干渉縞の V は一定値ではなく，干渉縞が時間差 τ の増加とともに不鮮明となり，$V = 0$ となってしまう．

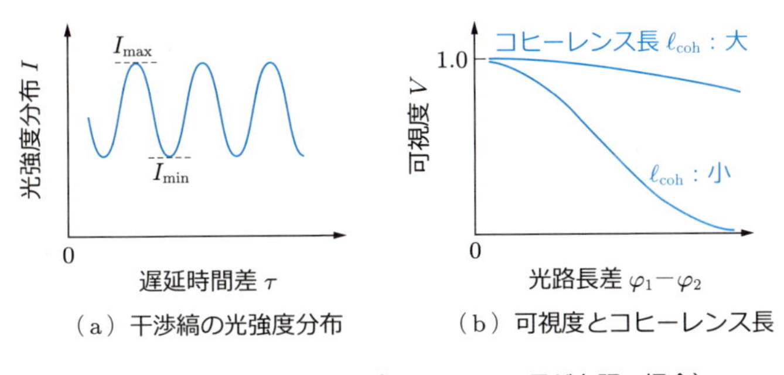

図 5.10　干渉縞と可視度（コヒーレンス長が有限の場合）

式 (5.39) に式 (5.37) を適用すると，可視度は次式で書ける．

$$V = \frac{2\sqrt{I_1 I_2}}{I_1 + I_2}|\gamma_{12}(\tau)| \leqq |\gamma_{12}(\tau)| \tag{5.40}$$

式 (5.40) で等号が成立するのは，2 光路からの個別光強度が等しい（$I_1 = I_2$）場合である．等強度の場合，干渉縞のコントラストから求めた可視度が，複素干渉度の絶対値となっている．よって，可視度を測定して，複素干渉度が評価できる．

可視度 V の概略は図 (b) のように表せる．コヒーレンス長 ℓ_{coh} が大きいとき，2 アームでの光路長差（$\varphi_1 - \varphi_2$）や時間差があっても，可視度は大きな値をもつ．しかし，ℓ_{coh} が小さいとき，わずかな光路長差や時間差でも，可視度が小さくなる．このように，コヒーレンス長やコヒーレンス時間は，干渉し得る光路長差や時間差の目安になる値である．図 5.2 の例では，$I_{\mathrm{max}} = 1.8$，$I_{\mathrm{min}} = 0.2$ で可視度が $V = 0.8$ となる．

例題 5.3　空気中にあるマイケルソン干渉計で，光波分岐後の一方のアームの長さが 50 cm，他方のアームの長さが 100 cm である．光源のコヒーレンス長が $\ell_{\mathrm{coh}} = 2.0\,\mathrm{m}$ であり，ビームスプリッタで光強度が等分配されるとき，可視度を求めよ．

解答　伝搬長はアーム長の 2 倍である．式 (5.37) で光路長差は $\varphi_1 - \varphi_2 = 2(1.0 - 0.5) = 1.0\,\mathrm{m}$ であり，式 (5.38a) を式 (5.39) に代入して，可視度が $V = \exp(-1.0/2.0) = 0.61$ となる．

5.7 偏光干渉

異なる偏光による干渉の例として，直交する 2 偏光をマイケルソン干渉計（▶ 図 5.9）に入射させるときを考える．同一光源から出た光波に操作を加え，水平（x）方向と垂直（y）方向に振動する二つの直線偏光を作り，それらの x, y 成分を

$$u_{jx} = A_{jx} \exp[i(\omega t + \phi_{jx})], \quad u_{jy} = A_{jy} \exp[i(\omega t + \phi_{jy})] \quad (j = 1, 2) \tag{5.41}$$

とおく．ただし，A_{jx} と A_{jy} は振幅で実数，ϕ_{jx} と ϕ_{jy} は位相，ω は角周波数であり，$A_{1y} = A_{2x} = 0$ とする．

これらの 2 偏光を干渉計に入射させ，偏光ビームスプリッタ（PBS）で分岐・合波する．その後，観測面の直前に設置した検光子（▶ 7.5.1 項）で，水平方向と角度 θ をなす方向の振動成分だけを取り出すようにすると，観測面での光強度分布 I_θ が次式で表せる．

$$\begin{aligned} I_\theta &= |u_{1x} \cos\theta + u_{2y} \sin\theta|^2 \\ &= A_{1x}^2 \cos^2\theta + A_{2y}^2 \sin^2\theta + A_{1x} A_{2y} \cos(\phi_{1x} - \phi_{2y}) \sin 2\theta \end{aligned} \tag{5.42}$$

2 偏光が等振幅（$A \equiv A_{1x} = A_{2y}$）のとき，I_θ は次式で書ける．

$$I_\theta = A^2[1 + \cos(\phi_{1x} - \phi_{2y}) \sin 2\theta] \tag{5.43}$$

式 (5.43) は，$\theta = 0$ または $\pi/2$ のとき $I_\theta = A^2$ となる，つまり一方の直線偏光のみでは干渉縞が生じないことを意味している．

上記の場合も含めて，偏光による干渉に関して，次の**フレネル－アラゴーの法則**（Fresnel – Arago law）がある．

(i) 同一光源から出た互いに直交する一組の直線偏光では，同一の振動面をもつ成分どうしでは干渉する．

(ii) 同一光源から出た光波であっても，振動面が直交する直線偏光どうしでは干渉しない．

(iii) 自然光から取り出した，直交する振動面をもつ一組の直線偏光では，たとえ同一の振動面をもつ成分でも干渉しない（自然光は振動面の定まらない光波の集まりなので可干渉性がないため）.

干渉のまとめ

(i) 可視度を高くするには，複素干渉度 $|\gamma_{12}(\tau)|$ が大きいことが重要である．異なる光源の間には位相相関がないから，干渉させるためには，同一光源から出ている光波を使用することが必須となる．偏光に関する干渉では，振動面のことも考慮する必要がある．

(ii) コヒーレンス長が理想的な $\ell_{\mathrm{coh}} = \infty$ の場合，式 (5.37) は式 (5.4a) と実質的に同様となり，光源を正弦波として扱える．これに準じる実用的な光源はレーザであり，可干渉性のある光を**コヒーレント光**（coherent light）とよぶ.

(iii) 可視度を高くして，干渉縞を観測しやすくするためには，各光路から来る光束の観測点での光強度をできる限り等しくする方がよい．そのため，半透鏡を使用したり，光強度が不均衡なときには光強度の高い方の光を減衰させたりする（▶ 演習問題 5.6).

(iv) たとえ光路長差 $\varphi_1 - \varphi_2$ があったとしても，それがコヒーレンス長 ℓ_{coh} よりも十分小さければ，式 (5.38a) における指数関数の値が $\exp(-|\varphi_1 - \varphi_2|/\ell_{\mathrm{coh}}) \fallingdotseq 1$ と近似できる.

(v) 可干渉性が比較的低い（ℓ_{coh} が短い）光源，たとえばナトリウム（Na）ランプや水銀（Hg）ランプを使用する場合には，2 光路での光路長差をできる限りゼロに近づける必要がある．このとき，2 光路での光路長のずれはコヒーレンス長程度が許容される．ちなみに，上記光源のコヒーレンス長は mm から cm のオーダである.

(vi) 可干渉性がほとんどない光は，白熱灯や蛍光灯から出る光や自然光であり，このような光を**インコヒーレント光**（incoherent light）とよぶ．これでは実質的に $\gamma_{12}(\tau) = V = 0$ となり，式 (5.37) における光強度分布で干渉項が消失し，光強度は光路 1，2 を個別に通過したときの光強度の和（$I_1 + I_2$）となる.

演習問題

5.1 等間隔の無限小のピンホール（孔）がある面に，Na 光源（$\lambda_0 = 589\,\mathrm{nm}$）からの光を垂直入射させて暗線間隔を測定した．隣接する主極大の間に暗線が七つ見られ，それらの暗線間隔が 0.25 mm であった．この実験事実から次の値を求めよ．ただし，ピンホール面と像面の間隔を 124 cm とする．

(1) 孔の数 N (2) 孔の間隔 (3) 像面での主極大間の間隔

5.2 シャボン玉の色づきは，石けん水の薄膜（厚さ $d = 4.0 \times 10^{-4}$ mm，屈折率 $n = 1.33$）に白色光が入射すると，表面反射波と裏面反射波による干渉の結果，強められた光が眼に見えるとして説明できる．垂直入射時に薄膜での反射光強度が，可視光で極大となる波長を求めよ．ただし，可視光の波長を 380 nm $\leqq \lambda_0 \leqq$ 780 nm とし，屈折率は波長に対して不変とする．

5.3 媒質表面に屈折率の異なる薄膜を塗布し，薄膜の厚さや屈折率を制御して，特定の狭い波長域の光波だけを透過または反射させる光学素子を干渉フィルタという．屈折率 1.38 の透明物質を均一に蒸着した干渉フィルタについて，次の問いに答えよ．

(1) 白色光を垂直入射させて，波長 550 nm の透過波を取り出すために必要な，薄膜の最小膜厚 d を求めよ．

(2) 上記干渉フィルタが入射波に対して 10° 傾いたとき，透過波長の変化を求めよ．

5.4 空気中にある屈折率 n_{s} の基板の上に，厚さ d，屈折率 n の均一な膜を塗布して，波長 λ_0 の光波の垂直入射に対する反射防止膜を作製したい．これを実現するため，5.5.2 項の結果より振幅反射率を $r_1 = r'_3 = -r_3$ とおく．このとき，次の問いに答えよ．

(1) 垂直入射で，P 成分に対して $r_1 = r'_3 = -r_3$ が成り立つための n を，n_{s} を用いて表せ．

(2) このとき，すべての反射波の光強度反射率 $\mathcal{R}_{\mathrm{T}}$ を式 (5.33) より求め，$\mathcal{R}_{\mathrm{T}} = 0$ となる薄膜に対する条件を求めよ．

(3) 前問の解の物理的意味を説明せよ．

5.5 ファブリ－ペロー干渉計（▶ 5.5.1 項）で，厚さ 20 mm のエタロン内に窒素が充填されている．これに白色光を垂直入射させたとき，透過光強度が波長 500.0 nm で極大となった．窒素の圧力を徐々に高め，10 気圧上昇させると，透過光強度が 501.5 nm で極大値となった．窒素の 1 気圧あたりの屈折率変化量を求めよ．最初の屈折率を 1.00030 とせよ．

5.6 マイケルソン干渉計で単位強度光源の波長が λ_0，2 光路での光路長差が $\varphi_1 - \varphi_2$，ビームスプリッタ（BS）の光強度透過率が T であるとき，次の問いに答えよ．

(1) 観測位置での干渉光強度分布の表式を求めよ．

(2) 観測される干渉光強度の光量が最大となる，BS の光強度透過率 T に対する条件を求めよ．

(3) 以上の結果から，BS に対してどのような結論が引き出せるか．

6章 回 折

日常生活で，ラジオの電波が建物の陰でも届くことを経験している．これは，障害物によって幾何学的に陰となる部分まで波動が回りこむ現象で，回折とよばれる．回折は光波の使用限界を表す回折限界，光学系の性能評価に関係する分解能，レンズによるフーリエ光学，フレネル回折を利用した結像作用などでも重要となる．本章では，干渉と同様，波動固有の現象である回折を説明する．

6.1 節では，回折の概要を説明した後，回折を理論的に扱ううえで重要なキルヒホッフの回折理論と，フラウンホーファー回折とフレネル回折の理論式を説明する．6.2 節では，凸レンズを使用して，短い距離でフラウンホーファー回折を行う方法を説明する．6.3 節では，単一開口によるフラウンホーファー回折を扱い，代表的な開口に対する結果を示す．6.4 節では，複数開口によるフラウンホーファー回折を透過型の周期構造に対して扱う．6.5 節では，反射型周期構造に関係する回折を説明する．

6.1 キルヒホッフの回折理論

6.1.1 回折の概要

点波源から出た光波が，有限幅の**開口**（aperture: 波の一部だけが透過するように空けられた微小部分）を通過する場合，波の振る舞いはホイヘンスの原理で説明できる．点波源から出た球面波上の各点が新たな波源となって 2 次波面を形成し，これの包絡線で波動が順次伝搬する．このとき，開口の縁からの波が，陰になる部分へも回り込む現象を**回折**（diffraction）とよぶ．

波長が長い波ほど，回折の度合いが大きい．たとえば，AM ラジオの波長は 300 m（周波数 1 MHz の場合）程度であるが，可視光の波長は 500 nm 前後であり，光波の波長の方がはるかに短い．そのため，建物の陰では，ラジオの電波が届いても，光は遮られて日陰ができる（厳密には，視認できない程度に陰の方へ光が回りこんでいる）．

回折の理論は，フレネルにより，ホイヘンスの原理を用いて 2 次波どうしの干渉で説明された後，1882 年に発表されたキルヒホッフの回折理論やフラウンホーファー等の貢献によって発展した．

6.1.2 フレネル–キルヒホッフの回折公式

図 6.1 のように，点光源 S（波長 λ）と開口面の間隔を L_0，開口面と像面の間隔を L，開口の大きさを D とする．点光源から両面に下ろした垂線を光軸にとり，光軸との交点を原点として，開口面座標系（ξ, η, ζ）と像面座標系（x, y, z）をとり，ζ, z 軸を光軸に一致させる．開口での波面上の点と像面上の点 Q との距離を s とおく．

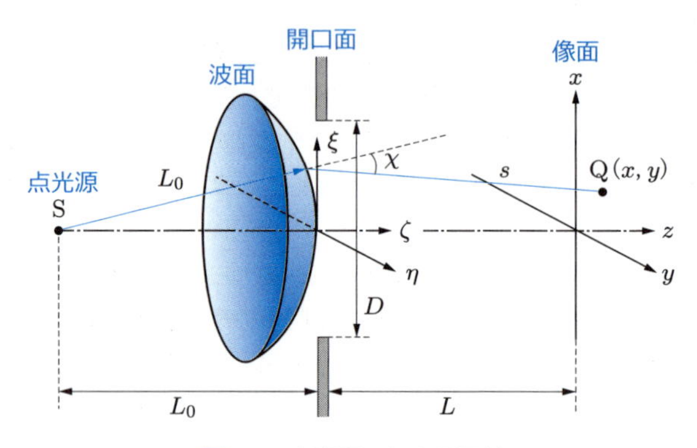

図 6.1　有限開口による回折

点 Q(x, y) に形成される波動の複素振幅を求めるため，キルヒホッフは先行するフレネルの考え方を発展させた．つまり，点光源から出た光波は開口部からのみ像面に到達するとして，①開口の大きさ D が波長 λ に比べると十分大きく，開口を通過する光束は開口の大きさに比例する，②開口から光源 S および点 Q までの距離が，ともに開口の大きさよりも十分大きい，という二つの仮定をおいた．

点光源から出た振幅 A の球面波は，開口面で振幅が A/L_0 となり，その一部のみが開口を通過する．よって，開口前後の役割が分離できて，光軸近傍の波面だけを考慮すると，像面上の点 Q での光波の複素振幅 $u(\mathrm{Q})$ は

$$u(\mathrm{Q}) \fallingdotseq Aa\frac{\exp(-ikL_0)}{L_0}\iint_{\mathrm{S}}\frac{\exp(-iks)}{s}K(\chi)\,dS \tag{6.1}$$

$$K(\chi) \equiv \frac{1+\cos\chi}{2}, \quad a \equiv \frac{i}{\lambda} \tag{6.2}$$

で近似できる．ここで，A は点光源 S での振幅，$k = 2\pi/\lambda$ は伝搬媒質中の波数，積分範囲は開口面上での開口部分である．式 (6.1) は**フレネル–キルヒホッフの回折公式**といわれ，回折現象全般の解析に使える基本式である．

回折に関する式 (6.1) は次のような意味をもつ．

(i) a は 1 次波に対する 2 次波の振幅比で，これは開口に達した 1 次波に対して回折光の振幅が $1/\lambda$ となり，位相が $\pi/2$ だけ遅れることを意味する．

(ii) $K(\chi)$ は開口部における 1 次波と 2 次波の伝搬方向の変化角 χ に依存する値で，**傾斜因子**（inclination factor）とよばれる．光軸近傍（χ：微小）の光束に限定すると，$K(\chi) \fallingdotseq 1$ として扱える．

(iii) 像面での振幅形成には，開口での波動成分がすべて寄与する．

(iv) 開口後では，振幅が距離 s に反比例し，位相項が $\exp(-iks)$ の形で変化する．

(v) コヒーレント光を使用する場合，開口面上で光の位相が等しいから，ここが 2 次波源となって，像面まで伝搬する．

平面波が開口面に垂直に入射するときの回折光強度分布の概略を図 6.2 に示す．これは，開口の大きさ D，開口面と像面の間隔 L，波長 λ に応じて，次のように分類される．

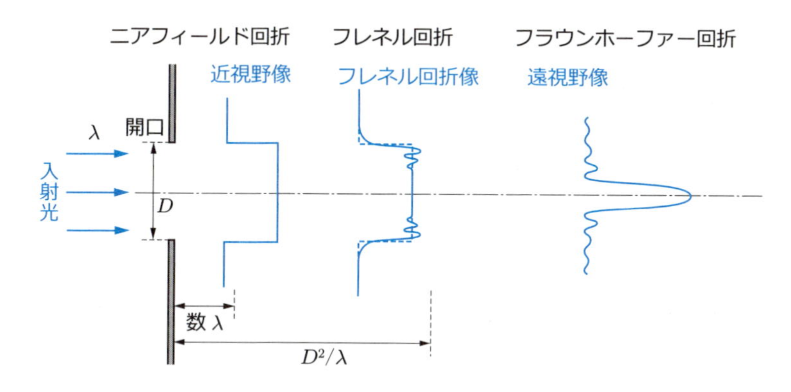

図 6.2　開口からの回折光による光強度分布の概略

(i) ニアフィールド回折（$L <$ 数 λ）：開口直後で観測されるもので，このときの像は**近視野像**（near-field pattern）とよばれ，近似的に開口での透過形状に等しい．

(ii) フラウンホーファー回折（$D^2/\lambda \ll L$）：開口から十分離れた位置で観測されるもので，このときの像は**遠視野像**（far-field pattern）とよばれる．フラウンホーファー回折は，応用上重要であり，このときの回折広がりが λ/D に比例するのが特徴である．回折像の複素振幅は，開口での物体の複素振幅とフーリエ変換の関係にあり，光学的にフーリエ変換ができることを示している．

(iii) フレネル回折（数 $\lambda < L < D^2/\lambda$）：上記二つの中間領域で観測される一般的な回折で，開口から数波長以上伝搬すると，回折像は開口の縁の影響を受ける．

以下では，応用上重要な (ii) と (iii) の場合に適用できる式を，式 (6.1) に基づいて導出する．図 6.1 における座標系を用いると，開口での波面上の点と像面上の点 Q との

距離は $s=\sqrt{(\xi-x)^2+(\eta-y)^2+(\zeta-L)^2}$ で，波面は $\xi^2+\eta^2+(\zeta+L_0)^2=L_0^2$ で表せる．開口近傍（$\zeta \ll L_0$）では $\zeta \fallingdotseq -(\xi^2+\eta^2)/2L_0$ と近似できるから，これらを上記 s に代入して展開すると，次式が得られる．

$$s=L\left(1+\frac{x^2+y^2}{2L^2}\right)-\left(\frac{x\xi+y\eta}{L}-\frac{\xi^2+\eta^2}{2L_{\mathrm{h}}}\right)+\cdots \tag{6.3}$$

$$\frac{1}{L_{\mathrm{h}}}\equiv\frac{1}{L_0}+\frac{1}{L} \tag{6.4}$$

開口が微小な場合，ξ，η は L や L_0 に比べて微小なので，s の展開式 (6.3) では第 2 項までとれば十分な精度が得られる．式 (6.4) の L_{h} は開口前後の距離を平均化した値である．平面波が開口に垂直入射しているときは $L_0\to\infty$ に相当し，$L_{\mathrm{h}}=L$ である．

開口面上に複素振幅透過率 $u_0(\xi,\eta)$ の物体を置くとき，式 (6.3) を式 (6.1) に代入して，像面上の点 $\mathrm{Q}(x,y)$ での光波の複素振幅が次式で表せる．

$$u(x,y)=C_{\mathrm{a}}\iint_S u_0(\xi,\eta)\exp\left(-ik\frac{\xi^2+\eta^2}{2L_{\mathrm{h}}}\right)\exp\left(ik\frac{x\xi+y\eta}{L}\right)d\xi d\eta \tag{6.5a}$$

$$C_{\mathrm{a}}\equiv\frac{iA\exp(-ikL_0)}{\lambda L_0 L}\exp\left[-ikL\left(1+\frac{x^2+y^2}{2L^2}\right)\right] \tag{6.5b}$$

ここで，C_{a} は開口座標に依存しない定数部分を表す．式 (6.5) を導く際，L が十分に大きく光軸近傍の波面のみを考慮しているから，振幅に関係する分母では $s\fallingdotseq L$ と近似し，位相項では s の精度を上げた式 (6.3) を用いた．次に，式 (6.5a) の被積分項の扱いにより異なる二つの回折を説明する．

6.1.3 フラウンホーファー回折

開口面と像面の間隔 L が十分大きく，式 (6.5a) の指数項で $L_{\mathrm{h}}\gg k(\xi^2+\eta^2)/2$，つまり開口の大きさを D として $\pi D^2/\lambda \ll L$ が満たされているとき，式 (6.5a) の被積分項で $\xi^2+\eta^2$ の項よりも，ξ と η に関する 1 次の項が支配的になる．このように扱える回折を**フラウンホーファー回折**（Fraunhofer diffraction）という．このとき，像面上の点 $\mathrm{Q}(x,y)$ での複素振幅が次式で得られる．

$$u(x,y)=\frac{iA}{\lambda L_0 L}\exp[-ik(L_0+L)]\exp\left(-ik\frac{x^2+y^2}{2L}\right)\tilde{u}_0(X,Y) \tag{6.6}$$

$$\tilde{u}_0(X,Y)=\mathcal{F}[u_0(\xi,\eta)]\equiv\iint_{-\infty}^{\infty}u_0(\xi,\eta)\exp[i2\pi(X\xi+Y\eta)]\,d\xi d\eta \tag{6.7a}$$

$$X\equiv\frac{x}{\lambda L},\quad Y\equiv\frac{y}{\lambda L} \tag{6.7b}$$

上式で，$\mathcal{F}$ は括弧内の関数にフーリエ変換を施すことを表し，～を冠した関数 $\tilde{u}_0$ は関数 u_0 のフーリエ変換を表す（▶ 10.1 節）．X と Y は**空間周波数**（8・10 章での μ_x と

μ_y）と同じであるが，5 章の結果との関連をわかりやすくするため，あえて X と Y のままにしている．

式 (6.6) は，フラウンホーファー回折像の複素振幅 $u(x, y)$ が，見かけ上，物体の振幅透過率をフーリエ変換した $\tilde{u}_0(X, Y)$ に比例することを示す．これは像面座標に依存する $x^2 + y^2$ に関する位相項を含むので，厳密には $u(x, y)$ と $\tilde{u}_0(X, Y)$ は比例しないが，十分大きい L をとった場合には，この位相項の寄与は少なくなる．

式 (6.6) を利用すると，光学的にフーリエ変換ができるが，入射光束に対して

$$L \gg \pi \frac{\xi^2 + \eta^2}{\lambda} = \pi \frac{D^2}{4\lambda} \quad (D \text{ は円形開口の直径}) \tag{6.8}$$

の条件を満たす必要がある．これは，円形開口の直径が 5 mm，波長が 500 nm のとき $L \gg 39\,\mathrm{m}$ となり，室内で行うには実用的ではない．より短い距離で光学的フーリエ変換を行うため，凸レンズを利用する方法を 6.2 節で説明する．

6.1.4 フレネル回折

次に，開口面と像面の間隔 L が比較的短い一般の場合を扱う．式 (6.3) で像面座標を規格化して

$$x_\mathrm{e} \equiv \frac{L_\mathrm{h}}{L} x, \quad y_\mathrm{e} \equiv \frac{L_\mathrm{h}}{L} y \tag{6.9}$$

とおくとき，開口における波面と像面上の点 Q との距離が

$$s = L + \frac{x^2 + y^2}{2(L_0 + L)} + \frac{1}{2L_\mathrm{h}} [(\xi - x_\mathrm{e})^2 + (\eta - y_\mathrm{e})^2] + \cdots \tag{6.10}$$

で書ける．光源と開口面の距離 L_0 が L に比べて十分大きいとき，規格化値が $L_\mathrm{h} = L$，$x_\mathrm{e} = x$，$y_\mathrm{e} = y$ となる．

式 (6.9) を式 (6.1) に代入すると，点 Q での複素振幅が

$$u(x, y) = C_\mathrm{b} \iint_S u_0(\xi, \eta) \exp\left\{-i \frac{k}{2L_\mathrm{h}} \left[(\xi - x_\mathrm{e})^2 + (\eta - y_\mathrm{e})^2\right]\right\} d\xi d\eta \tag{6.11a}$$

$$C_\mathrm{b} \equiv \frac{iA \exp(-ikL_0)}{\lambda L_0 L} \exp\left\{-ik \left[L + \frac{x^2 + y^2}{2(L_0 + L)}\right]\right\} \tag{6.11b}$$

で計算できる．ただし，$u_0(\xi, \eta)$ は開口面での複素振幅透過率，C_b は開口面座標に依存しない定数を表す．被積分項で開口面座標の ξ と η に関する 2 次項までを含む場合を，**フレネル回折**（Fresnel diffraction）という．

6.2 レンズを用いたフラウンホーファー回折

6.1.3 項で述べたフラウンホーファー回折像でフーリエ変換を行うためには，L を十分大きく，つまり光学系を非常に長くとる必要があり，室内で行うには実用的でない．そこで本節では，凸レンズを用いて，より短い距離でフーリエ変換が可能になる方法を示す．

開口面の直後に収差のない凸レンズ（焦点距離 f）† を隙間なく置き，開口面に垂直に平面波（波長 λ）を入射させ，像面をレンズの後側焦点面，つまりレンズ後方 f にとる（図 6.3）．光軸を原点として，開口面すなわちレンズ面座標を (ξ, η)，像面座標を (x, y) とする．この場合，開口面と像面の距離 f が有限だから，像面での複素振幅の計算には，フレネル回折での式 (6.5a) を使う．

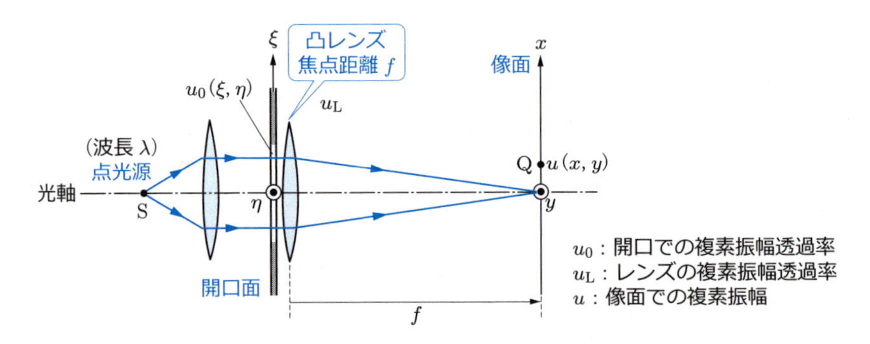

図 6.3　凸レンズを用いたフラウンホーファー回折

この場合，開口面直後にある凸レンズの複素振幅透過率 u_L は，後述する式 (9.2) で与えられ，$u_L = \exp[ik(\xi^2+\eta^2)/2f]$ と書ける．ただし，$k = 2\pi/\lambda$ は波数である．この u_L を式 (6.5a) の被積分項における $u_0(\xi, \eta)$ の直後に挿入すればよい．式 (6.5a) における L_h は，式 (6.4) に $L_0 = \infty$，$L = f$ を代入して，$L_h = f$ となる．これらの値を式 (6.5a) に代入すると，u_L と被積分項内の第 2 項が相殺する．係数 C_a も計算すると，レンズの後側焦点面上の点 $Q(x, y)$ での複素振幅が，次式で求められる．

$$u(x, y) = \frac{iA}{\lambda f}\exp(-ikf)\exp\left(-ik\frac{x^2+y^2}{2f}\right)\tilde{u}_0(X, Y) \tag{6.12a}$$

$$X \equiv \frac{x}{\lambda f}, \quad Y \equiv \frac{y}{\lambda f} \tag{6.12b}$$

ここで，式 (6.12a) における $\tilde{u}_0(X, Y)$ は，式 (6.7a) におけるものとまったく同じ，開

† 3 章では前・後側焦点距離を区別したが，本章ではすべて後側焦点距離なので，煩雑さを避けるため，$'$ を省略して f で表す．

口面での複素振幅透過率のフーリエ変換を，X と Y は空間周波数を表す．

式 (6.12a) は，その主要部が式 (6.7b) における開口面と像面の距離 L を，凸レンズの焦点距離 f に置換して得られることを示している．そのため，式 (6.12b)，(6.7b) で同じ X と Y においている．開口直後にレンズを設置することにより，6.1.3 項の場合よりもはるかに短い距離でフーリエ変換が行える利点がある．

式 (6.12a) では，レンズの後側焦点面での回折像の複素振幅 $u(x,y)$ が，開口面での複素振幅透過率 $u_0(\xi,\eta)$ のフーリエ変換に比例する項以外に，式 (6.6) の場合と同じように，像面座標の x^2+y^2 に依存する位相項を含み，この効果は無視できない．しかし，式 (6.12a) の光強度をとると，この位相項が消失し，回折像の光強度が開口面での複素振幅透過率をフーリエ変換した値の絶対値の 2 乗に比例するようになる．

凸レンズの前・後側焦点面における 2 次元フーリエ変換の関係を利用すると，回折像と開口面での透過率が複素振幅の段階で比例するようになる（▶ 10.3 節）．

6.3 単一開口によるフラウンホーファー回折

本節では，まず有限幅の単スリットからのフラウンホーファー回折により形成される光波の複素振幅を説明して，回折限界の概念を紹介する．単スリットからの回折像は様々な回折を考えるうえでの基礎となる．その後，方形開口と円形開口からの回折光を示し，開口形状の違いによる異同を説明する．6.3・6.4 節では開口の直後にレンズを置かない場合の結果を示すが，6.2 節で説明したように，開口直後に凸レンズ（焦点距離 f）を置いて後側焦点面で回折像を観測する場合には，本節での結果で，開口面と像面との距離 L を，凸レンズの焦点距離 f に置換すれば形式的に成り立つ．

6.3.1 有限幅単スリットによるフラウンホーファー回折

(1) 回折光強度分布

図 6.4 に示すように，スリット状開口（幅 D）に，平面波（波長 λ）が垂直入射するときのフラウンホーファー回折像を考える．開口面と像面が平行で，その間隔を L とする．開口の中心を光軸として，開口面座標を (ξ,η)，像面座標を (x,y) で表す．

スリットが η 方向に無限に長いとして，スリット状開口を透過率

$$u_{\mathrm{S}}(\xi,\eta)=\begin{cases}1 & (|\xi|\leqq D/2)\\ 0 & (\text{その他})\end{cases} \tag{6.13}$$

で記述する．像面上の位置 x での複素振幅 $u_1(x)$ は，開口での透過率 $u_{\mathrm{S}}(\xi,\eta)$ を式 (6.6) に代入して，定数項を省略すると，次式で書ける．

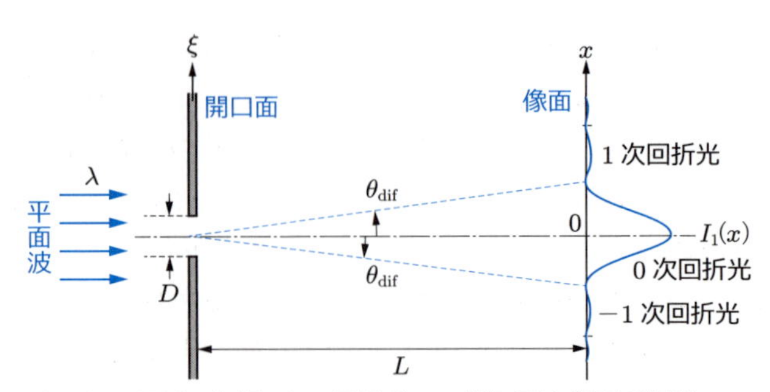

D：スリット幅，θ_{dif}：回折角，L：開口面と像面の距離

図 6.4　単一開口に平面波が垂直入射したときのフラウンホーファー回折

$$u_1(x) = \int_{-D/2}^{D/2} \exp\left(i\frac{kx\xi}{L}\right) d\xi = \int_{-D/2}^{D/2} \exp\left(i2\pi\frac{x\xi}{\lambda L}\right) d\xi \tag{6.14}$$

ただし，$k = 2\pi/\lambda$ は波数である．積分を実行するため，$X = x/\lambda L$ とおき，$\sin\theta = [\exp i\theta - \exp(-i\theta)]/2i$ を用いて，複素振幅が次のように求められる．

$$u_1(x) = \left.\frac{\exp i2\pi X\xi}{i2\pi X}\right|_{-D/2}^{D/2} = \frac{\exp i\pi XD - \exp(-i\pi XD)}{i2\pi X} = D\,\mathrm{sinc}\,DX \tag{6.15a}$$

$$\mathrm{sinc}\,q \equiv \frac{\sin\pi q}{\pi q}, \quad X \equiv \frac{x}{\lambda L} \tag{6.15b}$$

光波領域での可測量である回折光強度分布 $I_1(x)$ は，次式で得られる．

$$I_1(x) = |u_1(x)|^2 = D^2\,\mathrm{sinc}^2\,DX \tag{6.16}$$

式 (6.15)，(6.16) から，有限幅単スリットによる回折で次のことがいえる．

(i) 像面での回折像分布はスリット幅 D と X で決まっており，その分布が sinc 関数で表される（図 6.5）．sinc 関数は式 (5.19b) で定義したものと同じで，回折現象を記述する際にしばしば現れる （▶ 6.3.2・6.4.1・10.5.1 項）．

(ii) 複素振幅 $u_1(x)$ はスリット幅 D に比例している．

(iii) 式 (6.15b) で定義する X は，後ほど示す空間周波数 μ_x と同じである （▶ 8・10 章）．

単スリットによる回折光強度分布 $I_1(x)$ は，$x = 0$ で $\mathrm{sinc}\,DX = 1$ となり最大値 D^2 をとる．また，$I_1(x) = 0$ となるのは，$\pi Dx_0/\lambda L = m'\pi$ より

$$x_0 = m'\frac{\lambda L}{D} \quad (m'：0 以外の整数) \tag{6.17}$$

のときであり，この位置に暗線ができる．

回折光強度の式 (6.16) が極大値をとる位置は，$\partial I_1(x)/\partial x = 0$ から得られ，次式を解いて求められる．

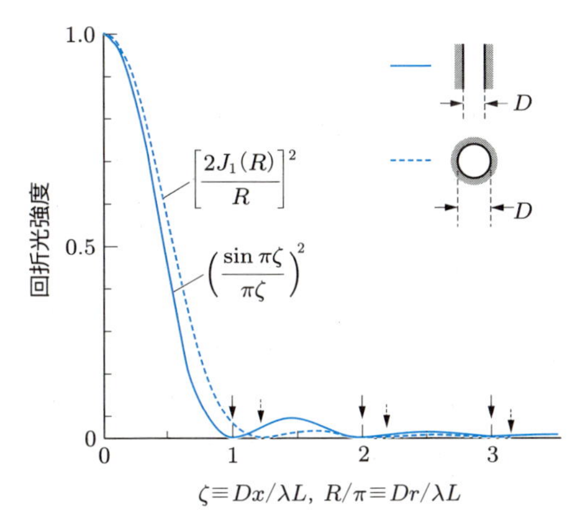

図 6.5 **各種開口からのフラウンホーファー回折光強度分布**
矢印は各開口での回折光のゼロ点位置.

$$\tan \pi DX = \pi DX \tag{6.18}$$

式 (6.18) の一つの解が $X = x = 0$ であることはただちにわかり，これは最大値を与える位置である．式 (6.18) は超越関数で，通常，数値解法やグラフ解法で求められる．

ここでは，式 (6.18) に対する $X \neq 0$ の近似解を

$$\pi DX = \left(m + \frac{1}{2}\right)\pi - \delta \quad (m：整数,\ \delta：微小量) \tag{6.19}$$

とおいて求める．m は後述する回折次数に相当する．式 (6.19) を式 (6.18) の左辺に代入して加法定理を用いた後，δ が微小量であることを考慮すると，次式が得られる．

$$\tan\left[\left(m + \frac{1}{2}\right)\pi - \delta\right] \fallingdotseq \frac{\tan(\pi/2) - \delta}{1 + \delta \tan(\pi/2)} = \frac{1 - \delta/\tan(\pi/2)}{1/\tan(\pi/2) + \delta}$$
$$\fallingdotseq \frac{1}{\delta} = \left(m + \frac{1}{2}\right)\pi - \delta$$

上式の最後 2 辺を整理し，δ^2 を高次の微小量として無視すると，

$$\left(m + \frac{1}{2}\right)\pi\delta - \delta^2 - 1 \fallingdotseq \left(m + \frac{1}{2}\right)\pi\delta - 1 = 0 \tag{6.20}$$

を得る．式 (6.20) から得られる δ を用いると，式 (6.18) の近似解が $\pi DX \fallingdotseq (m + 1/2)\pi - 1/[(m + 1/2)\pi]$ で得られ，回折光強度が極大値をとる位置が次式で表せる．

$$x_{\mathrm{M}} = \phi_{\mathrm{M}m}\frac{\lambda L}{D}, \quad \phi_{\mathrm{M}m} \equiv \left(m + \frac{1}{2}\right) - \frac{1}{\pi^2(m + 1/2)} \quad (m：整数) \tag{6.21}$$

式 (6.16) の $I_1(x)/D^2$ の極大値 I_{M} は，$m = 1$ のとき $\phi_{\mathrm{M1}} = 1.43$ で $I_{\mathrm{M}} = 0.0472$,

$m=2$ のとき $\phi_{\mathrm{M2}}=2.46$ で $I_{\mathrm{M}}=0.0165$, $m=3$ のとき $\phi_{\mathrm{M3}}=3.47$ で $I_{\mathrm{M}}=0.0083$ となる (▶図 6.5).

フラウンホーファー回折による光強度分布の特徴

(i) 回折光の大部分は，光軸 ($x=0$) 近傍に集中する．この中心部のピークを**0 次回折光** (diffracted wave) または **0 次回折波**とよび，これは開口へ垂直入射した光波がそのまま直進した成分に相当する．

(ii) 中心の周辺にある明るい (光強度極大) 部分を順に，±1 次，±2 次，$\cdots$ 回折光または **$\pm m$ 次回折波**とよぶ．1 番目の副極大である ±1 次回折光強度は，0 次回折光の約 5%である．次数 m が形式的に無限にとれるのは，本項 (4) で述べるように，開口が高周波成分までを含んでいるためである．

(2) 回折限界

回折成分の広がりを定量的に表すため，開口中心から第 1 暗線までを結んだ線と光軸がなす角度を**回折角** (diffraction angle) とよぶ．これを θ_{dif} で表すと (▶図 6.4),

$$\tan\theta_{\mathrm{dif}}=\frac{x_0}{L}\left(=\frac{\lambda}{D}\right) \tag{6.22}$$

を満たす．光波領域では回折角 θ_{dif} が微小なことが多く，そのとき $\tan\theta_{\mathrm{dif}}\fallingdotseq\theta_{\mathrm{dif}}=\lambda/D$ と近似できる．式 (6.22) は，次のような回折現象固有の性質を示している．

回折限界

(i) 光波の回折による広がり角は，開口幅 D に反比例し，波長 λ に比例する．よって．開口が小さくなるほど，回折広がりが大きくなる．これに対して，幾何光学の範囲内では無限小に絞れることになる．この違いは，幾何光学では波長を無限小として，波動の概念がなくなっているためである．

(ii) 光を波動として考える場合，式 (6.22) で示す広がりが必然的に伴う．これは**回折限界** (diffraction limit) とよばれ，光ディスクなど，とくに光波を微小領域へ絞る場合に避けられない限界として重要となる．回折広がりを小さくするには，用いる波長を短くする必要がある．

(iii) 回折広がりが λ/D に比例することは，透過型の回折現象に共通であり，開口の形状によって係数だけがわずかに異なる (▶6.3.3 項).

(3) 回折光強度分布の半定量的説明

ここでは，回折光強度分布をホイヘンスの原理 (▶1.3.2 項) により半定量的に考える．いま，有限幅 D のスリット (開口) を無限小の孔の集合体とみなして，各孔から出射される光波を想定する．ホイヘンスの原理により，スリット面上に達した光波は，面上の各孔を中心として伝搬速度に応じてあらゆる方向に伝搬し，その包絡線が 2 次波面を形成する．2 次波面のうち，スリット面の法線と角度 θ をなす方向に伝搬する平行光束を考える（図 6.6）．このとき，スリットの一端 A から，他端 B より出た光線へ下ろした垂線の足を H とおくと，$\mathrm{BH} = D\sin\theta$ となる．

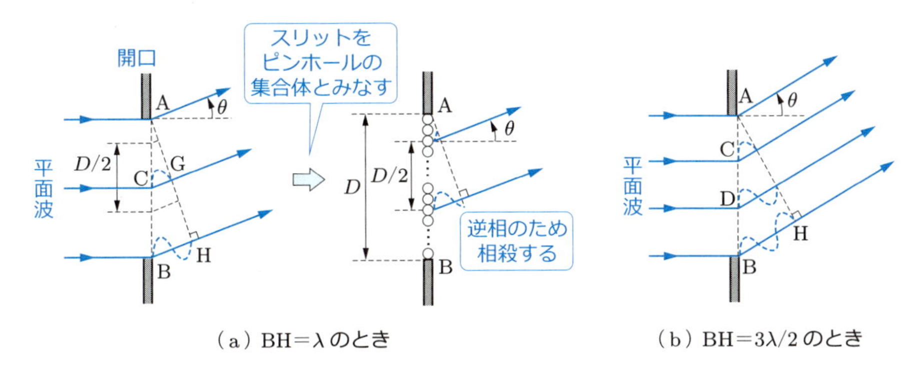

図 6.6 有限幅 D の単スリットによる回折の半定量的説明

まず，図 (a) のようにスリット両端の A，B から出た光波（波長 λ）の光路長差が 1 波長の場合（$\mathrm{BH} = \lambda$）を考える．AB の中点を C とおき，C から同じ角度 θ をなす方向に伝搬する光線と AH の交点を G とする．この場合，$\mathrm{BH} = \lambda$，$\mathrm{CG} = \lambda/2$ であり，スリット面上で $D/2$ だけ離れた孔から出る光波の対の光路長差が $\lambda/2$ で，つねに逆相となり，互いに消去し合う．スリット面上で $D/2$ だけ離れた孔を順にずらすと，スリット全面を覆うことができるから，全回折光強度がこの方向でゼロとなる．この状況は，回折角 θ_{dif} が微小なとき $\theta_{\mathrm{dif}} \fallingdotseq \lambda/D$ と書け，式 (6.22) と一致する．

スリット両端から出る光波の光路長差が波長の整数倍で，$\mathrm{BH} = m'\lambda$（m' は 0 以外の整数）と書ける場合（$\sin\theta = m'\lambda/D$）も，スリット面を $2m'$ 個の区間に区切ることにより，同様にして $\tan\theta = x/L$ より式 (6.17) が導ける．

次に，図 (b) のようにスリット両端から出る光波の光路長差が，波長の半整数倍の場合を考える．たとえば，$\mathrm{BH} = 3\lambda/2$ つまり $\sin\theta = 3\lambda/2D$ として，スリットを 3 等分して分点を点 C，D とおく．この場合，スリット面上の AD 間から出る光波の合成振幅は相殺するが，残りの区間 DB からの光束は一部が相殺するだけで，回折光はこの近傍で副極大を生じる．これを一般化して，$\mathrm{BH} = (m + 1/2)\lambda$（$m$：整数），$\sin\theta = (m + 1/2)\lambda/D$ とすると，$\tan\theta = x/L$ を併用して式 (6.21) の第 1 項となる．

(4) 回折像の複素振幅分布の起源

式 (6.13) で示したスリット状開口では，光軸に垂直な方向で光波を一部だけ透過できるようになっているにもかかわらず，像面での回折像の複素振幅が sinc 関数のように減衰振動波形で記述されている．この起源を以下で考察する．

式 (6.13) で表される開口をフーリエ級数展開すると，次式を得る（▶ web 付録 A.3）．

$$u_S(\xi) = 1 + \sum_{m=1}^{\infty} \frac{\sin \pi m}{\pi m} \left[\exp\left(i\frac{2\pi m}{D}\xi \right) + \exp\left(-i\frac{2\pi m}{D}\xi \right) \right] \tag{6.23}$$

式 (6.23) の第 2 項の振幅部分はゼロであるが，物理的起源を知るために残してある．

式 (6.23) の第 1 項は定数であり，開口に垂直入射した光波を光軸に沿ってそのまま伝搬させ，0 次回折光となる．第 2・3 項における指数因子 $\exp(\pm i2\pi m\xi/D)$ を，余弦波格子（振幅での空間周波数が α'）による回折（▶ 10.5.1 項）と対応させると，この指数因子は開口幅に反比例する空間周波数（$\alpha' = 1/D$）成分を含むことを意味する．式 (10.29) の回折像の極大位置が式 (10.30) で得られ，これは式 (6.22) と一致する．また，式 (6.23) の指数因子の振幅が sinc 関数で表されることを示している．これらの内容は，式 (6.15b) の回折光の複素振幅と半定量的に一致している．

例題 6.1　幅 2.0 mm のスリット状開口にヘリウム－ネオンレーザ光（$\lambda = 633\,\mathrm{nm}$）を垂直入射させるときの回折像について，次の問いに答えよ．

(1) 回折角を求めよ．

(2) 0 次回折光と 1 次回折光を像面で 0.5 mm 分離するには，開口面と像面との距離 L をいくらにとればよいか．

(3) 開口面直後に凸レンズ（焦点距離 $f = 100\,\mathrm{mm}$）を挿入し，レンズの後側焦点面で観測する場合，像面における 0 次回折光と 1 次回折光の中心間隔を求めよ．

解答　(1)　式 (6.22) に $D = 2.0\,\mathrm{mm}$，$\lambda = 633\,\mathrm{nm}$ を代入して，$\tan\theta_{\mathrm{dif}} = 633 \times 10^{-9}/(2.0 \times 10^{-3}) = 3.17 \times 10^{-4}$ より，回折角は $\theta_{\mathrm{dif}} = 0.018^\circ = 1.1'$ となる．

(2)　像面での分離距離を x として，$x = L\tan\theta_{\mathrm{dif}}$ が成立する．よって，$L = x/\tan\theta_{\mathrm{dif}} = 0.5/(3.17 \times 10^{-4})\,\mathrm{mm} = 1.58\,\mathrm{m}$ を得る．

(3)　スリット幅と波長が上と同じだから，回折角は (1) と同じになる．式 (6.22) における L を f に置き換えて，像面上での間隔が $f\tan\theta_{\mathrm{dif}} = 100 \cdot 3.17 \times 10^{-4}\,\mathrm{mm} = 31.7\,\mu\mathrm{m}$ となる．

6.3.2 方形開口によるフラウンホーファー回折

座標系を図 6.4 と同様にとり，方形開口の x，y 方向の幅を D_x，D_y，開口面と像面の距離を L とし，方形開口に平面波（波長 λ）が垂直入射する場合を考える．これは前項の単スリットでの式 (6.14) を，単純に 2 次元に拡張して求められる．方形開口に対する像面での複素振幅 $u_2(x,y)$ と回折光強度分布 $I_2(x,y)$ は，次式で得られる．

$$u_2(x,y) = \int_{-D_y/2}^{D_y/2}\int_{-D_x/2}^{D_x/2} \exp\left[i\frac{2\pi(x\xi + y\eta)}{\lambda L}\right] d\xi d\eta$$
$$= D_x D_y \operatorname{sinc} D_x X \operatorname{sinc} D_y Y \tag{6.24a}$$
$$I_2(x,y) = |u_2(x,y)|^2 = (D_x D_y)^2 \operatorname{sinc}^2 D_x X \operatorname{sinc}^2 D_y Y \tag{6.24b}$$
$$X \equiv \frac{x}{\lambda L}, \quad Y \equiv \frac{y}{\lambda L} \tag{6.24c}$$

このとき，像面での複素振幅 $u_2(x,y)$ は，開口面積 $D_x D_y$ と 2 方向に関する sinc 関数の積で与えられる．

6.3.3 円形開口によるフラウンホーファー回折

(1) レンズを用いない場合

直径 D の円形開口に平面波（波長 λ）が垂直入射しているとし，開口面と像面の間隔を L とする．円形開口の中心から開口面と像面に下ろした垂線を光軸とする．光軸を原点とした開口面座標 (ξ,η) と像面座標 (x,y) を，ともに極座標表示 (r,θ) に変数変換するため，

$$\xi = r_{\mathrm{a}}\cos\theta_{\mathrm{a}}, \quad \eta = r_{\mathrm{a}}\sin\theta_{\mathrm{a}}, \quad x = r_{\mathrm{i}}\cos\theta_{\mathrm{i}}, \quad y = r_{\mathrm{i}}\sin\theta_{\mathrm{i}}$$

とおく．このとき，円形開口での透過率は次のようにおける．

$$u_{\mathrm{S}}(r_{\mathrm{a}},\theta_{\mathrm{a}}) = \begin{cases} 1 & (0 \leqq r_{\mathrm{a}} \leqq D/2) \\ 0 & (\text{その他}) \end{cases} \tag{6.25}$$

回折による像面での複素振幅 $u_{\mathrm{cir}}(r_{\mathrm{i}},\theta_{\mathrm{i}})$ は，式 (6.6) で上記変換を施して，定数項を省略すると，次式で書ける．

$$u_{\mathrm{cir}}(r_{\mathrm{i}},\theta_{\mathrm{i}}) = \int_0^{2\pi}\int_0^{D/2} u_{\mathrm{S}}(r_{\mathrm{a}},\theta_{\mathrm{a}}) \exp\left[i\frac{kr_{\mathrm{a}}r_{\mathrm{i}}}{L}\cos(\theta_{\mathrm{a}}-\theta_{\mathrm{i}})\right] r_{\mathrm{a}}\,dr_{\mathrm{a}}d\theta_{\mathrm{a}} \tag{6.26}$$

ただし，$k = 2\pi/\lambda$ は波数である．式 (6.26) の三角関数の角度に関する 1 周期の積分では，積分値が始点に依存しないから，$\Theta = \theta_{\mathrm{a}} - \theta_{\mathrm{i}}$ とおくと，次のように変形できる．

$$\int_{\alpha}^{2\pi+\alpha} \exp\left(-i\frac{kr_{\mathrm{a}}r_{\mathrm{i}}}{L}\sin\Theta\right) d\Theta = 2\pi J_0(kr_{\mathrm{a}}r_{\mathrm{i}}/L) \tag{6.27}$$

式 (6.27) の導出では，次の第 1 種 n 次ベッセル関数 $J_n(z)$ の積分表示を利用した．

$$J_n(z) = \frac{1}{2\pi}\int_{\alpha}^{2\pi+\alpha} \exp[i(n\theta - z\sin\theta)]\,d\theta$$

式 (6.27) を式 (6.26) に代入して，像面での複素振幅 $u_{\mathrm{cir}}(r_{\mathrm{i}},\theta_{\mathrm{i}})$ が，次式で求められる．

$$u_{\mathrm{cir}}(r_{\mathrm{i}},\theta_{\mathrm{i}}) = 2\pi\int_0^{D/2} r_{\mathrm{a}} J_0(kr_{\mathrm{a}}r_{\mathrm{i}}/L)\,dr_{\mathrm{a}} = \frac{\pi D^2}{4}\frac{2J_1(R)}{R} \tag{6.28a}$$

$$R \equiv \frac{kDr_{\mathrm{i}}}{2L} = \frac{\pi Dr_{\mathrm{i}}}{\lambda L} \tag{6.28b}$$

式 (6.28a) では，ベッセル関数 J_0 に関する不定積分を利用した．ここで，r_{i} は像面での中心からの距離である．

円形開口時の像面での複素振幅は，開口面積 $\pi D^2/4$ と $2J_1(R)/R$ の積で得られる．R が微小なとき $J_1(R) \fallingdotseq R/2$ と近似できるから，$2J_1(R)/R$ の極限値は $\lim_{R\to 0} 2J_1(R)/R = 1$ となる．また，$2J_1(R)/R$ は R の増加とともに減衰振動する関数であり，sinc 関数と似た振る舞いをする．この関数は，デカルト座標系での正弦関数が，円筒座標系では 1 次ベッセル関数に代わったものである．

像面での光強度分布 $I_{\mathrm{cir}}(r_{\mathrm{i}}, \theta_{\mathrm{i}})$ は，式 (6.28a) を利用して，次式で書ける．

$$I_{\mathrm{cir}}(r_{\mathrm{i}}, \theta_{\mathrm{i}}) = |u_{\mathrm{cir}}(r_{\mathrm{i}}, \theta_{\mathrm{i}})|^2 = \left(\frac{\pi D^2}{4}\right)^2 \left[\frac{2J_1(R)}{R}\right]^2 \tag{6.29}$$

円形開口（直径 D）による回折光の強度分布を図 6.5 に示す．回折光強度がゼロとなる位置は，ベッセル関数 $J_1(R)$ の零点で与えられ，その零点は小さい方から順に，$R = 3.83, 7.02, 10.17, \cdots$ である．像面で回折光強度が最初にゼロとなる半径を ε_{A} とおくと，回折角 θ_{dif} が次式で書ける．

$$\tan\theta_{\mathrm{dif}} = \frac{\varepsilon_{\mathrm{A}}}{L} \equiv \frac{3.83\lambda}{\pi D} \fallingdotseq 1.22\frac{\lambda}{D} \tag{6.30}$$

像の中心から第 1 暗線までの距離が $\varepsilon_{\mathrm{A}} = 1.22\lambda L/D$ で得られ，半径 ε_{A} の円盤を**エアリーの円盤**（Airy disk）とよぶ．これは 0 次回折光が占める範囲に相当し，全光量の約 84%がここに入っている．

式 (6.30) は，式 (6.22) と同様に，回折現象固有の広がりを表し，円形開口での**回折限界**に対応する．単スリットで述べた回折限界に関する性質が，円形開口でもあてはまる．式 (6.22) との係数の違いは，開口形状の違いを反映したものであり，ここでの回折光強度分布がベッセル関数で表されていることによる．円形開口での回折限界は分解能の定義で重要となる (▶ 8.4 節)．

(2) レンズを用いる場合

開口直後に凸レンズ (焦点距離 f) を挿入し，レンズの後側焦点面で回折像を観測する場合, 上記結果で L を f に置換すればよい (▶ 6.2 節)．F 数が開口数 NA と $NA = 1/2F$ で関係づけられること (▶ 8.2.2 項) を利用すると，スポット半径が

$$r_0 = \frac{3.83}{\pi}\frac{\lambda f}{D} = 1.22\frac{\lambda f}{D} = 0.61\frac{\lambda}{NA} \tag{6.31}$$

で表せる．式 (6.31) もインコヒーレント光に対する回折限界を示しており，小さいスポット半径を得るには，焦点距離 f の短いレンズを用いればよいことがわかる．

レーザなどのコヒーレント光を使用する場合，円形開口での**回折限界**は，式 (6.31) と少し異なり，次式で表される．

$$r_0 = \frac{\lambda}{\pi NA} = 0.318\frac{\lambda}{NA} \tag{6.32}$$

式 (6.32) は，小さなスポット半径を必要とする，光ディスク（CD・DVD・BD）の光ピックアップやレーザプリンタ，レーザ走査顕微鏡などへの応用で重要となる．

6.4 複数開口によるフラウンホーファー回折

本節では，複数開口のうち，とくに周期構造による透過型の回折像を調べる．ここでは，開口面に有限幅の多数のスリットが等間隔で配置されている場合を扱う．6.4.1 項では，その基礎として垂直入射の場合を扱い，6.4.2 項では，斜め入射の場合を説明する．

6.4.1 開口への光波の垂直入射

開口面に有限幅 D の N 個のスリットが等間隔 d $(> D)$ で配置されているとする（図 6.7）．この場合，d が周期である．この開口面に平面波（波長 λ）を垂直入射させ，開口面後方の距離 L にある像面でフラウンホーファー回折像を観測する．距離 L はスリット群の分布域より十分大きいとするので，個別スリットと像面の距離はすべて L で近似できる．開口面座標を (ξ, η)，像面座標を (x, y) で表す．

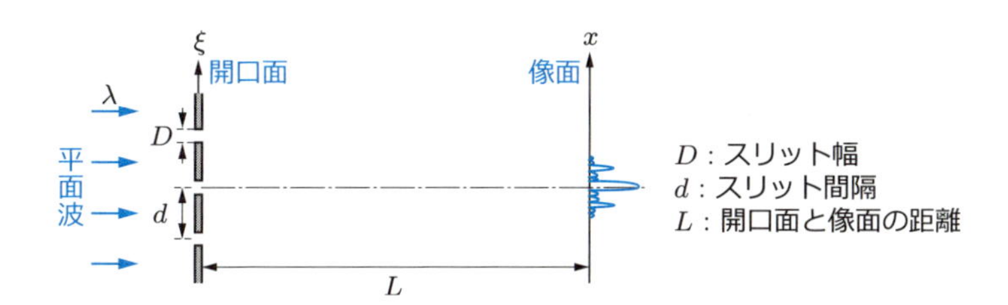

図 6.7 複数スリットによるフラウンホーファー回折

開口面のスリットの特性を次式で表す．

$$u_{\mathrm{S}}(\xi, \eta) = \begin{cases} 1 & (md - D/2 \leqq \xi \leqq md + D/2,\ \ m = 0, 1, \cdots, N-1) \\ 0 & (\text{その他}) \end{cases} \tag{6.33}$$

このとき，像面での複素振幅は，式 (6.33) を式 (6.6) に代入して定数項を省略すると，式 (6.14) と同様にして，形式的に次式で書ける．

$$u_N(x) = \sum_{m=0}^{N-1} \int_{md-D/2}^{md+D/2} \exp\left(i2\pi \frac{x\xi}{\lambda L}\right) d\xi \tag{6.34}$$

ここで，$\xi' = \xi - md$（$m \neq 0$）と変数変換し，スリットが一つのときの像面での複素振幅を式 (6.15a) での $u_1(x)$ で表すと，式 (6.34) は

$$\begin{aligned} u_N(x) &= u_1(x) + \sum_{m=1}^{N-1} \int_{-D/2}^{D/2} \exp\left[i2\pi \frac{x(\xi' + md)}{\lambda L}\right] d\xi' \\ &= u_1(x) \sum_{m=0}^{N-1} \exp i2\pi mdX \end{aligned} \tag{6.35}$$

$$X \equiv \frac{x}{\lambda L} \tag{6.36}$$

と書き直せる．式 (6.35) は，二つ目以降のスリットでは単一スリットに比べて，位相項が $\exp(i2\pi mdx/\lambda L) = \exp i2\pi mdX$ だけ付加されることを意味している，

式 (6.35) での等比数列の和は，多重ピンホールによる干渉 （▶ 5.4.1 項）と同様にして求められる．よって，N 個のスリットがあるときの像面での複素振幅の式 (6.35) は

$$\begin{aligned} u_N(x) &= u_1(x) \exp[i\pi(N-1)dX] \frac{\sin \pi NdX}{\sin \pi dX} \\ &= Nu_1(x) \exp[i\pi(N-1)dX] \frac{\operatorname{sinc} NdX}{\operatorname{sinc} dX} \end{aligned} \tag{6.37}$$

で表せる．したがって，N 個の有限幅スリットがあるときの像面での回折光強度分布は，次式で表せる．

$$\begin{aligned} I_N(x) &= |u_N(x)|^2 \\ &= |u_1(x)|^2 \left(\frac{\sin \pi NdX}{\sin \pi dX}\right)^2 = D^2 \left(\frac{\sin \pi DX}{\pi DX}\right)^2 \left(\frac{\sin \pi NdX}{\sin \pi dX}\right)^2 \\ &= N^2 D^2 \operatorname{sinc}^2 DX \left(\frac{\operatorname{sinc} NdX}{\operatorname{sinc} dX}\right)^2 \end{aligned} \tag{6.38}$$

ここで，$u_1(x)$ には式 (6.15a) を用いた．この X は式 (5.18b) で定義した X と同じだから，式 (6.38) の最終項は多重ピンホールによる干渉因子の式 (5.20) と一致する．

式 (6.38) から，N 個の有限幅スリットによる回折光強度分布の特性がわかる．

(i) $N \geqq 2$ とすると $D < d < Nd$ だから，X に対する変化は $\operatorname{sinc} DX$ が最も緩やかであり，$\operatorname{sinc} dX$，$\operatorname{sinc} NdX$ の順に激しくなる．そのため，$\operatorname{sinc} DX$ が回折像の包絡線を形成する．

(ii) 回折光強度分布の包絡線内部の微細構造は，多重ピンホールによる干渉因子の式 (5.20) と同じく，開口周期 d とスリット群の全幅 Nd に関係する特性で決

定される．したがって，微細構造の解析には 5.4.1 項の結果が使える．

(iii) 光強度の最大値は $x=0$ で得られ，その値である N^2D^2 は単一開口での回折光強度の N^2 倍となっている．式 (6.38) での微細構造が極大値（全体の主極大）をとる位置 x_{M} は，$\sin dX = 0$ を満たす条件より，次式で得られる．

$$x_{\mathrm{M}} = m\frac{\lambda L}{d} \quad (m：整数) \tag{6.39a}$$

ここで，m は回折次数 $(0, \pm1, \pm2, \cdots)$ となる．また，包絡線がゼロとなる位置 x_{E0} は，$\sin DX = 0$ より，次式で得られる．

$$x_{\mathrm{E0}} = m'\frac{\lambda L}{D} \quad (m'：0 以外の整数) \tag{6.39b}$$

(iv) スリット間隔と幅の比 d/D が整数比 m/m' と一致する場合，微細構造が極大値をとるはずの位置での値がゼロとなる．本来現れるべき位置に明線がない状態を**欠線**（missing order）という．欠線があるとき，d と D の一方が既知ならば他方の値がわかる．

N 個の有限幅スリットによる回折光強度分布を図 6.8 に示す．この図から，幅 D が包絡線を，周期 d が微細構造を決めていることがよくわかる．d/D が 5/2 だから，図 (b) で微細構造が $\pi xd/\lambda L = 5\pi$ で極大値をとっているが，図 (a) の同じ位置で包絡線がゼロとなるので，図 (c) では欠線となっている．

有限幅スリット群の開口で，スリット数が多いものは透過型回折格子として分光に利用されている．透過型格子による 0 次・±1 次回折光への分解は，光ディスクでのト

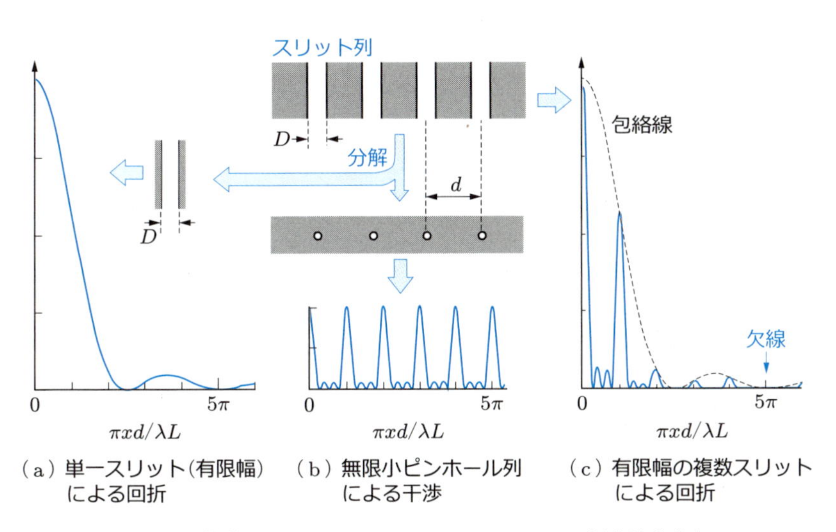

図 6.8 複数スリットによるフラウンホーファー回折光強度分布
$D=2$，$d=5$，スリット数 $N=4$ の場合．

ラッキングにも使用されている.

6.4.2 開口への光波の斜め入射

平面波（波長 λ）を複数開口（スリット幅 D, 周期 d）のある開口面に斜め入射させ, 開口面後方の距離 L にある像面でフラウンホーファー回折像を観測する（図 6.9）. 開口面座標を (ξ, η, ζ), 像面座標を (x, y, z) とし, ζ 軸と z 軸を開口面および像面に直交する方向にとる. 光波を主断面（スリット線に垂直な面）内に限定し, 入射光の向きの方向余弦を $(l_{\mathrm{in}}, 0, n_{\mathrm{in}})$, 回折光の方向余弦を $(l_{\mathrm{dif}}, 0, n_{\mathrm{dif}})$ とおく.

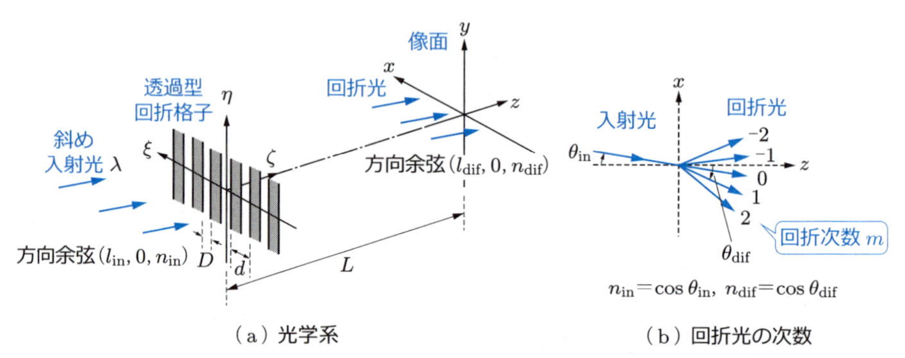

D：スリット幅, d：周期, L：回折格子と像面の距離

図 6.9　透過型回折格子によるフラウンホーファー回折

このとき, 像面での回折光の複素振幅は, 式 (6.34), (6.35) の代わりに,

$$
\begin{aligned}
u'_N &= \sum_{m=0}^{N-1} \int_{md-D/2}^{md+D/2} \exp\left[i\frac{2\pi}{\lambda}(l_{\mathrm{dif}} - l_{\mathrm{in}})\xi\right] d\xi \\
&= u_1(l_{\mathrm{dif}} - l_{\mathrm{in}}) \sum_{m=0}^{N-1} \exp\left[i\frac{2\pi}{\lambda}(l_{\mathrm{dif}} - l_{\mathrm{in}})md\right]
\end{aligned}
\tag{6.40}
$$

と書ける. ただし, $u_1(l_{\mathrm{dif}} - l_{\mathrm{in}})$ は 1 周期内にあるスリットによる回折光の複素振幅を表し, 式 (6.34) における x/L を $l_{\mathrm{dif}} - l_{\mathrm{in}}$ に置き換えて得られる. これを前項と同様に計算して, 像面での回折光強度分布を, 式 (6.38) と類似した,

$$
\begin{aligned}
I'_N &= D^2 \left\{\frac{\sin[\pi D(l_{\mathrm{dif}} - l_{\mathrm{in}})/\lambda]}{\pi D(l_{\mathrm{dif}} - l_{\mathrm{in}})/\lambda}\right\}^2 \left\{\frac{\sin[\pi Nd(l_{\mathrm{dif}} - l_{\mathrm{in}})/\lambda]}{\sin[\pi d(l_{\mathrm{dif}} - l_{\mathrm{in}})/\lambda]}\right\}^2 \\
&= N^2 D^2 \operatorname{sinc}^2 \frac{D(l_{\mathrm{dif}} - l_{\mathrm{in}})}{\lambda} \left\{\frac{\operatorname{sinc}[Nd(l_{\mathrm{dif}} - l_{\mathrm{in}})/\lambda]}{\operatorname{sinc}[d(l_{\mathrm{dif}} - l_{\mathrm{in}})/\lambda]}\right\}^2
\end{aligned}
\tag{6.41}
$$

で得る.

式 (6.41) の回折光強度分布は前項と同様にして求められる. これが主極大をとる方

向は，最終項の分母がゼロとなる条件より，

$$l_{\rm dif} - l_{\rm in} = m\frac{\lambda}{d} \quad (m：整数) \tag{6.42}$$

で得られる．主極大方向の波動を**主回折波**とよぶ．式 (6.42) は，式 (6.39a) を斜め入射に拡張したものに相当する．方向余弦を図 6.9(b) と対応させるため，$l_{\rm in} = \sin\theta_{\rm in}$，$l_{\rm dif} = -\sin\theta_{\rm dif}$ とおくと，式 (6.42) は次のように書ける．

$$d(\sin\theta_{\rm in} + \sin\theta_{\rm dif}) = m\lambda \quad (m：整数) \tag{6.43}$$

ここで，m は回折次数，d は開口面にあるスリットの周期である（▶ 演習問題 6.6）．式 (6.43) における角度の符号は，入射光と回折光が，開口面に対する法線と同じ側にあるときを正としており，分光学ではこのように約束されることが多い．

6.5 平面回折格子による反射型回折

平面や曲面の表面に凹凸や透過・不透過などの周期構造をつけ，回折現象を利用してスペクトル分解できる光学素子を**回折格子**（diffraction grating）とよぶ．とくに，表面が平面をなすものを平面回折格子という．分光関係では，周期 d は**格子定数**とよばれ，単位距離あたりの格子の本数が用いられることもある．

ここでは，平面波（波長 λ）が方形の周期構造をもつ平面回折格子（周期 d）に斜め入射する場合を考える（図 6.10）．光線の角度を格子面の法線に対してとり，入射角を $\theta_{\rm in}$，回折角を $\theta_{\rm dif}$ とする．回折角は，法線に対して入射角と同じ（反対）側にあるときを正（負）で表す．

格子面で 1 周期分を点 A，B にとり，AB 間に入射する光波と，そこから回折される光波を考え，点 A を入射・回折光に対する位相計算の起点とする．点 A から入射光と回折光の他端へ下ろした垂線の足をそれぞれ点 C，D とする．線分 AC と AD はそ

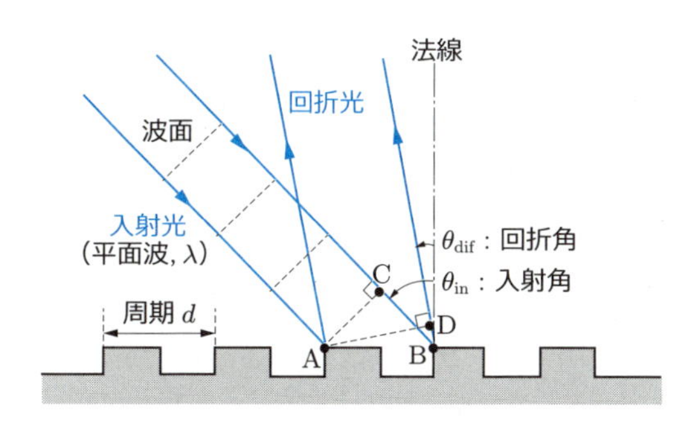

図 6.10　平面回折格子による回折（反射型）

れぞれ入射・回折光と直交しているから，これらは波面 AC と波面 AD となる．

よって，入射光の波面 AC までと回折光の波面 AD 以降の位相は共通で，位相変化は線分 BC と線分 BD の距離の和で生じる．ただし，格子の壁による陰の効果を無視する．$\mathrm{BC} = d\sin\theta_{\mathrm{in}}$，$\mathrm{BD} = d\sin\theta_{\mathrm{dif}}$ であり，位相は距離と媒質中の波数の積で得られる．主回折波の方向，つまり回折光が強め合う同相条件は，位相変化の和が 2π の整数倍となればよく，

$$d(\sin\theta_{\mathrm{in}} + \sin\theta_{\mathrm{dif}})\frac{2\pi}{\lambda} = 2\pi m \quad (m：整数) \tag{6.44a}$$

で書ける．これを整理して波長で表示すると，次式を得る．

$$d(\sin\theta_{\mathrm{in}} + \sin\theta_{\mathrm{dif}}) = m\lambda \quad (m：整数) \tag{6.44b}$$

ここで，m は回折次数である．

式 (6.44b) は，**回折格子の式**とよばれる．これは，入射角 θ_{in} と周期 d を固定した場合，波長 λ の光がどの方向に回折されるかを示している．すなわち，平面回折格子は波長選択性をもっているので，スペクトル分解に利用できる．

とくに，式 (6.44) で $m = 0$ のとき，$\theta_{\mathrm{dif}} = -\theta_{\mathrm{in}}$ となり，波長によらず，回折光が法線に対して入射光と反対側に同じ角度で出てくる．これは，あたかも格子面が凹凸のない鏡としてはたらいているので，鏡面反射という．

平面回折格子による波長選択性は，分光器や波長多重光通信での分波に利用されている．分光で実用的によく用いられる平面回折格子は，のこぎり波状の面をもつエシェレット格子やエシェル格子である．また，CD や DVD などの光ディスク表面からの回折光が色づいて見えることは，式 (6.44) で説明がつく（▶ 演習問題 6.7・6.8）．このような構造に起因する発色を構造色とよび，自然界では玉虫，モルフォ蝶，孔雀，オパールなどで見受けられる．回折像を見られるようにした反射型ホログラムは，紙幣やクレジットカードの偽造防止に利用されている．

例題 6.2　光ディスクではピット列が円周方向で渦巻き状に配置されており，半径方向ではピット列が周期構造を形成しているとみなせる．光波を CD（周期 1.6 μm）に照射して回折光を観測するとき，次の問いに答えよ．

(1) 蛍光灯からの光を入射角 $\theta_{\mathrm{in}} = 20°$ で照射するとき，回折角 $\theta_{\mathrm{dif}} = -60°$ の方向で眼に見える波長を求めよ．

(2) (1) と同じ条件を DVD（周期 0.74 μm）に適用する場合の波長を求めよ．

解答　(1)　式 (6.44b) より，$\lambda = 1600(\sin 20° - \sin 60°)/m = -838.4/m$ [nm] が可視域（およそ 380〜780 nm）にある値を見つける．$m = -1$ のとき $\lambda = 838.4$ nm で見えない．$m = -2$ のとき $\lambda = 419.2$ nm が見える．

(2) $\lambda = 740(\sin 20° - \sin 60°)/m = -387.8/m$ [nm] で，$m = -1$ のとき $\lambda = 387.8$ nm だけが見える．

回折のまとめ

(i) 回折像分布は，開口の大きさと波長に依存する，開口面と像面の間隔 L により，ニアフィールド回折，フレネル回折，フラウンホーファー回折に分類される．

(ii) 単スリットによるフラウンホーファー回折では，回折像は sinc 関数で表され，スリット幅，波長，L に依存する．

(iii) 円形開口によるフラウンホーファー回折では，回折像はベッセル関数で表され，これは分解能の定義で重要となる（▶ 8.4 節）．

(iv) 光の波動性により必然的に現れる回折広がりは回折限界とよばれ，この広がりは開口の形状によらず λ/D に比例する（λ：波長，D：開口幅）．

(v) 複数開口によるフラウンホーファー回折のうち透過型周期構造によるものでは，回折像の包絡線は開口幅で，包絡線内部の微細構造は開口周期とスリット数で決まり、後者の特性は多重ピンホールによる干渉因子と同じになる．

(vi) 透過型回折格子および反射型平面回折格子による主回折波の方向は，それぞれ式 (6.43)，(6.44) で求められる．

演習問題

6.1 光ディスクのピックアップで，CD の使用波長は 780 nm，NA は 0.45，DVD の使用波長は 650 nm，NA は 0.6，BD の使用波長は 405 nm，NA は 0.85 である．それぞれの場合の回折限界におけるスポット直径を求めよ．ただし，光源にはレーザが用いられている．

6.2 2 波長の平面波を単スリット（幅 0.25 mm）に同時に垂直入射させて，凸レンズ（焦点距離 $f = 250$ mm）の後側焦点面で回折像を観測する．波長 λ_1 の入射光に対する 4 番目の極小値と，波長 λ_2 の入射光に対する 5 番目の極小値が，いずれも中央の極大値から 2.5 mm の位置で得られるとき，2 波長を求めよ．

6.3 単スリット，方形開口，円形開口からのフラウンホーファー回折像について，共通の特徴および相違点を説明せよ．

6.4 平面波（波長 500 nm）を二重スリットに垂直入射させて，凸レンズ（焦点距離 $f = 500$ mm）の後側焦点面で回折像を観測する．0 次回折光の両側に生じる極小値の間隔が 2.0 mm で，5 次の極大値が欠線となった．このとき，次の問いに答えよ．

(1) 像面での回折光強度分布を示せ．

(2) スリット幅 D とスリット間隔 d を求めよ．

6.5 同一形状のスリットによる回折光強度分布について，単スリット時と複数スリット時の回折の関係を説明せよ．

6.6 200 本/mm の格子をもつ透過型回折格子がある．この回折格子に次の波長の光波を垂直入射させるとき，1 次回折光が格子面の法線となす角度を求めよ．

(1) 633 nm（ヘリウム－ネオンレーザ）(2) 515 nm（アルゴンイオンレーザ）

(3) 405 nm（ブルーレイディスク用青紫レーザ）

6.7 CD（トラック間隔 1.6 μm）で，CD 面の垂直方向に対して入射光と逆の 55° の方向から波長 480 nm の青色光を見たい．このとき，光の入射角 θ_{in} と回折次数 m を求めよ．

6.8 蛍光灯からの光を光ディスクに入射角 $\theta_{\mathrm{in}} = 20°$ で照射するとき，CD（周期 1.6 μm）では −2 次回折光，DVD（周期 0.74 μm）では −1 次回折光が色づいて見えるには，回折角 θ_{dif} がどの範囲にあればよいか求めよ．

7章 偏光と複屈折

光波の電界が，特定方向に規則的に振動している状態を偏光という．また，方解石や水晶の平面板を通して文字を見ると，文字が二重に見える現象は複屈折として知られている．光学現象の特性が偏光に依存して変わることが多く，偏光は物質の特性解析にも利用される．本章では，このような偏光と複屈折に関係する現象を説明する．

7.1 節では偏光の形状を，7.2 節では偏光度を定量的に表す方法を説明する．7.3 節では自然界の物質による複屈折の解析法と結晶の光学的性質を，7.4 節では偏光面の回転に相当する旋光性のメカニズムを説明する．7.5 節では偏光状態の変換に利用する偏光子と位相子の複屈折特性との関連および作製原理を述べる．

7.1 偏光の形状

光波の電界が特定方向に規則正しく振動している状態を**偏光**（polarized light）または偏りといい，これは 1808 年に発見された．

光波が屈折率 n の等方性媒質中を，デカルト座標系 (x, y, z) で z 方向に伝搬しており，伝搬方向に垂直な面内での電界の直交成分間で位相がそろっているとして，

$$E_x = A_x \cos(\tau + \phi_x) \tag{7.1a}$$

$$E_y = A_y \cos(\tau + \phi_y) \tag{7.1b}$$

$$\tau \equiv \omega t - nk_0 z \tag{7.1c}$$

とおく．ただし，A_j（$j = x, y$）は j 方向成分の振幅，ϕ_j は j 方向成分の初期位相で，これらは時間に依存しないものとする．τ は時空変動因子，ω は角周波数，k_0 は真空中の波数を表し，横波では $E_z = 0$ である．

偏光の形状は，リサージュ図形のように，式 (7.1) から時間と位置に依存する項を消去して求めることができる．そのため，式 (7.1a,b) に加法定理を用いて展開すると，

$$\frac{E_x}{A_x} = \cos\tau\cos\phi_x - \sin\tau\sin\phi_x \tag{7.2a}$$

$$\frac{E_y}{A_y} = \cos\tau\cos\phi_y - \sin\tau\sin\phi_y \tag{7.2b}$$

を得る．式 (7.2a,b) のそれぞれに $\sin\phi_y$ と $\sin\phi_x$ を掛けた結果で，辺々を引いて

$$\frac{E_x}{A_x}\sin\phi_y - \frac{E_y}{A_y}\sin\phi_x = \cos\tau\sin(\phi_y - \phi_x) \tag{7.3a}$$

が得られる．同様に $\cos\phi_y$ と $\cos\phi_x$ を掛けて，次式を得る．

$$\frac{E_x}{A_x}\cos\phi_y - \frac{E_y}{A_y}\cos\phi_x = \sin\tau\sin(\phi_y - \phi_x) \tag{7.3b}$$

式 (7.3a,b) の両辺を平方して辺々を加えた後，左辺で再び加法定理を用いて整理すると，電界ベクトルの端点の軌跡が次式で得られる．

$$\left(\frac{E_x}{A_x}\right)^2 + \left(\frac{E_y}{A_y}\right)^2 - 2\frac{E_x}{A_x}\frac{E_y}{A_y}\cos\phi = \sin^2\phi \tag{7.4}$$

$$\phi = \phi_y - \phi_x \tag{7.5}$$

ここで，ϕ は x，y 成分間の相対位相差を表す．

式 (7.4) から，偏光に関して以下のことがわかる．

(i) この式は偏光の一般的な形状を記述しており，その形状が直交する電界 2 成分の個々の位相ではなく，相対位相差 ϕ だけで決まることを表している．よって，偏光が存在するには，相対位相差 ϕ が時間的に安定して保持されることが必須となる．

(ii) 異方性媒質などを用いて相対位相差 ϕ を意図的に変化させることにより，偏光形状を変化させること，つまり偏光変換ができることを意味する．このような機能を担う素子を偏光素子という（▶ 7.5 節）．

偏光の呼び名や回転の向きは，光波領域では観測と密接な関係があるため，観測者から見た電界ベクトルの端点の軌跡で分類される．図 7.1 に偏光の概略を示す．式 (7.4)

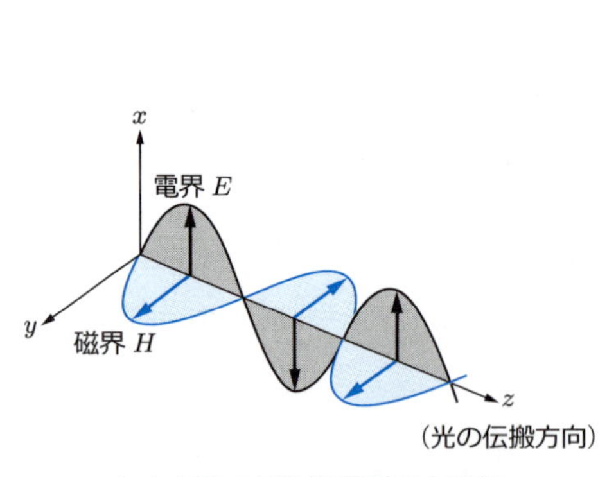

（a）偏光の伝搬（直線偏光の場合）

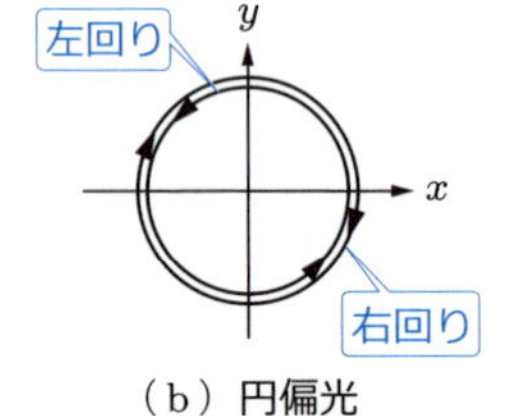

（b）円偏光

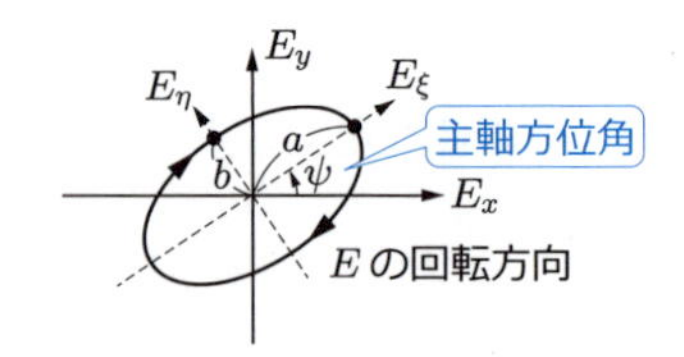

（c）楕円偏光（右回りの場合）

図 7.1　偏光の形状と伝搬の様子

で，相対位相差が $\phi = m\pi$（m：整数）を満たすとき，次式が得られる．

$$\frac{E_y}{E_x} = (-1)^m \frac{A_y}{A_x} \tag{7.6}$$

これは軌跡が直線で**直線偏光**（linearly polarized light）とよばれる．相対位相差が $\phi = (2m'+1)\pi/2$（m'：整数）で，x，y 成分が等振幅（$A \equiv A_x = A_y$）のとき，

$$E_x^2 + E_y^2 = A^2 \tag{7.7}$$

が得られる．これは図 (b) のように軌跡が円を描くので，**円偏光**（circularly polarized light）とよばれる．$\sin\phi > 0$（< 0）のときを右（左）回りの円偏光という．

式 (7.4) は一般に楕円を表し，この状態を**楕円偏光**（elliptically polarized light）という．これを標準形で表すため，図 (c) のように座標系 (E_x, E_y) を E_z 軸の周りに回転させた新しい座標系 (E_ξ, E_η) に変数変換し，$E_\xi E_\eta$ の係数をゼロとするとき，楕円の主軸（E_ξ）が E_x 軸となす角度を**主軸方位角** ψ という．このとき，ψ は

$$\tan 2\psi = \frac{2A_x A_y}{A_x^2 - A_y^2} \cos\phi \tag{7.8}$$

を満たす．式 (7.8) が成立しているとき，楕円の主軸（E_ξ と E_η 方向）半径を a，b とすると，楕円の標準形が次式で表せる．

$$\left(\frac{E_\xi}{a}\right)^2 + \left(\frac{E_\eta}{b}\right)^2 = 1 \tag{7.9a}$$

$$a^2 = A_x^2 \cos^2\psi + A_y^2 \sin^2\psi + A_x A_y \sin 2\psi \cos\phi \tag{7.9b}$$

$$b^2 = A_x^2 \sin^2\psi + A_y^2 \cos^2\psi - A_x A_y \sin 2\psi \cos\phi \tag{7.9c}$$

$$ab = A_x A_y \sin\phi \tag{7.9d}$$

電界振幅と楕円の主軸半径の間では，$a^2 + b^2 = A_x^2 + A_y^2$ が成立している．楕円の扁平度である**偏光楕円率** $\tan\chi$ を，楕円の主軸半径 a，b を用いて，次式で定義する．

$$\tan\chi = \frac{b}{a} \tag{7.10}$$

偏光は，液晶ディスプレイや偏光顕微鏡のほか，光弾性効果を併用した梁や橋に加わる応力解析などに利用されている．

7.2 偏光状態の記述

7.2.1 偏光度とストークスパラメータ

特定の偏光だけを含む場合を**完全偏光**（completely polarized light）という．様々な偏光成分を含み，平均的には全方向へ一様に振動しているとみなせる場合を**非偏光**

(unpolarized light) とよび，その例として自然光がある．非偏光と完全偏光の混合状態を**部分偏光** (partially polarized light) という．偏光と非偏光の区別は不変的なものではなく，偏光素子によって相互に変換することもできる．本項では，このような偏光状態の違いを定量的に評価する偏光度，およびこのような偏光状態の表示法であるストークスパラメータを，次項ではポアンカレ球表示を説明する．

偏光の概念に一般性をもたせるため，断面内の電界成分 E_x，E_y として式 (7.1) を複素数表示にしたものを用い，振幅と位相に時間変化が入った形で次のようにおく．

$$E_j = A_j(t)\exp\{i[\tau + \phi_j(t)]\} \quad (j = x, y) \tag{7.11a}$$

$$\tau \equiv \omega t - k_z z \tag{7.11b}$$

ただし，$A_j(t)$ は電界振幅，$\phi_j(t)$ は位相であり，ともに時間 t に依存するものとする．また，τ は光波の定常的な時空変動因子，k_z は伝搬方向の波数である．偏光状態を測定する場合には長時間平均をとるから，振幅や位相の時間 t に対する依存性，つまり相関関係が重要となる．

この相関量を可測量と結び付けるものとして，1852 年に考案された**ストークスパラメータ** (Stokes parameters) があり，これらは次式で定義されている．

$$S_0 \equiv \langle |A_x(t)|^2\rangle + \langle |A_y(t)|^2\rangle \tag{7.12a}$$

$$S_1 \equiv \langle |A_x(t)|^2\rangle - \langle |A_y(t)|^2\rangle \tag{7.12b}$$

$$S_2 \equiv 2\langle A_x(t)A_y^*(t)\cos\phi(t)\rangle \tag{7.12c}$$

$$S_3 \equiv 2\langle A_x(t)A_y^*(t)\sin\phi(t)\rangle \tag{7.12d}$$

$$\phi(t) = \phi_y(t) - \phi_x(t) \tag{7.12e}$$

ただし，$\langle\cdot\rangle$ は長時間平均，$\phi(t)$ は時間に依存する x，y 成分間の相対位相差を表す．S_0～S_3 は光強度の次元をもつ．

完全偏光と非偏光成分をすべて含む全光波の光強度が S_0 に一致しているから，部分偏光の光強度を S_0 とおく．非偏光の場合，$\langle |A_x(t)|^2\rangle = \langle |A_y(t)|^2\rangle$ となるから $S_1 = 0$ とおける．また，x，y 成分の位相が無関係に変化するから $S_2 = S_3 = 0$ となる．よって，完全偏光成分の光強度は式 (7.12b～d) より $\sqrt{S_1^2 + S_2^2 + S_3^2}$ で，非偏光成分の光強度は $S_0 - \sqrt{S_1^2 + S_2^2 + S_3^2}$ で書ける．完全偏光成分の光強度が全光強度 S_0 に占める割合を，**偏光度** (degree of polarization) とよび，これを P で表すと，

$$P = \frac{\sqrt{S_1^2 + S_2^2 + S_3^2}}{S_0} \tag{7.13}$$

で書ける．完全偏光は $P = 1$ つまり $S_0^2 = S_1^2 + S_2^2 + S_3^2$，非偏光は $P = 0$，部分偏

光は $0 < P < 1$ となる．

偏光度は必ずしも確定的なものではない．たとえば，部分偏光を偏光子 (▶ 7.5.1 項) に通せば，直線偏光が得られ完全偏光となる．たとえ完全偏光であっても，反射や散乱を受ければ部分偏光となる．このような，各種光学素子や伝搬に伴う偏光度の変化を記述する方法として，ストークスパラメータを基底として偏光変換を表すミュラー行列（Müller matrix）がある（詳細は他書に譲る）．

7.2.2 ポアンカレ球表示

偏光状態を視覚に訴えやすくする表示方法として，1892 年に考案された**ポアンカレ球**（Poincaré sphere）がある．これはストークスパラメータを地球になぞらえて，直交座標（S_1, S_2, S_3）で表す方法であり，結晶光学でよく用いられる．

図 7.2(a) のように，ストークスパラメータを球面上の 1 点に対応させ，緯度 2χ，経度 2ψ を用いて表すと，次のようになる．

$$S_1 = S_0 \cos 2\chi \cos 2\psi \tag{7.14a}$$

$$S_2 = S_0 \cos 2\chi \sin 2\psi \tag{7.14b}$$

$$S_3 = S_0 \sin 2\chi \tag{7.14c}$$

このとき，ポアンカレ球表示における χ と ψ は，図 (b) のように楕円偏光のパラメータに対応している．実際，式 (7.8)～(7.10)，(7.12) より，$\sin 2\chi = 2 \sin \chi \cos \chi = 2ab/(a^2 + b^2) = 2A_x A_y \sin \phi/(A_x^2 + A_y^2) = S_3/S_0$，$\tan 2\psi = S_2/S_1$ を得る．これらから得られる S_2，S_3 を $S_0^2 = S_1^2 + S_2^2 + S_3^2$ に代入して，式 (7.14a,b) が順次導か

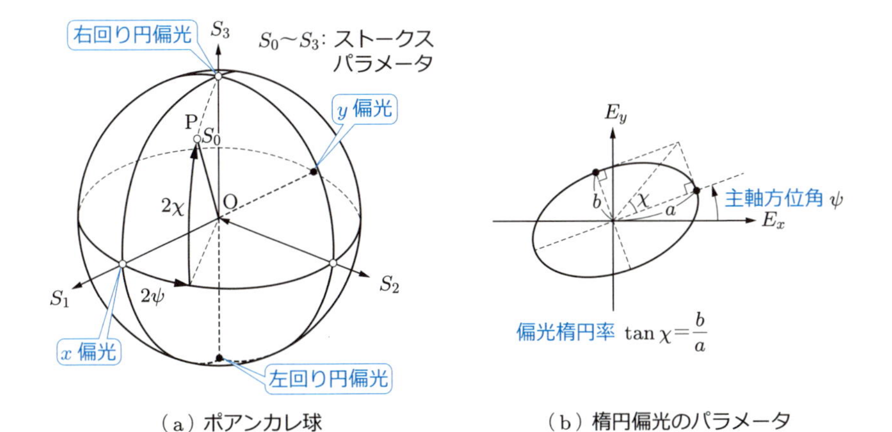

（a）ポアンカレ球　　（b）楕円偏光のパラメータ

図 7.2　偏光状態のポアンカレ球表示

れる．よって，ポアンカレ球上での赤道は直線偏光，赤道上の $2\psi = 0$ (π) の点は x (y) 偏光，北（南）極は右（左）回り円偏光，北（南）半球は右（左）回り偏光を表す．

完全偏光はポアンカレ球表面に対応し，部分偏光は $S_0^2 > S_1^2 + S_2^2 + S_3^2$ を満たすから球内部の点に，非偏光は原点 O に対応する．ストークスパラメータとポアンカレ球表示は，完全偏光だけでなく，部分偏光や非偏光にも適用できる利点がある．

例題 7.1　電界振幅が $A_x = 2.0$，$A_y = 1.0$，x，y 成分間の相対位相差が $\phi = \pi/3$ の光波について，次の問いに答えよ．

(1) 偏光楕円率における χ と主軸方位角 ψ を求めよ．

(2) 上記偏光が完全偏光として，ストークスパラメータを求めよ．

(3) このとき，ポアンカレ球での位置を示せ．

解答　(1) 式 (7.8) より，主軸方位角 ψ は

$$\tan 2\psi = \frac{2A_xA_y}{A_x^2 - A_y^2}\cos\phi = \frac{2\cdot 2\cdot 1}{2^2 - 1^2}\frac{1}{2} = \frac{2}{3}$$

から $\psi = 16.8°$ となる．式 (7.9b,c) より，楕円の主軸半径は $a^2 = 4.30$ から $a = 2.07$ および $b^2 = 0.695$ から $b = 0.834$ となる．式 (7.10) より，偏光楕円率は $\tan\chi = b/a = 0.834/2.07 = 0.403$ で $\chi = 22.0°$ となる．

(2) 完全偏光だから $S_0 = 1$ とおける．式 (7.14) を用いて，$S_1 = S_0\cos 2\chi\cos 2\psi = 0.599$，$S_2 = S_0\cos 2\chi\sin 2\psi = 0.399$，$S_3 = S_0\sin 2\chi = 0.694$ を得る．ちなみに，これらの値は $S_1^2 + S_2^2 + S_3^2 = 0.359 + 0.159 + 0.482 = 1.0$ で $S_0^2 = S_1^2 + S_2^2 + S_3^2$ を満たしている．

(3) 完全偏光だから球表面で，経度が $2\psi = 33.7°$，緯度が $2\chi = 43.9°$ となる．

7.2.3 ジョーンズベクトル・行列

行列を用いて偏光形状の変化を記述すると，計算が機械的にできるので便利である．ただし，本項で紹介する方法は，ストークスパラメータやポアンカレ球表示と異なり，完全偏光に対してしか使えないことに留意する必要がある．

屈折率 n の等方性媒質中を z 方向に伝搬する光波は，複素数表示を用いて，電界を列ベクトルで表すと，次式で書ける．

$$\boldsymbol{E} = \begin{pmatrix} E_x \\ E_y \end{pmatrix} = \begin{pmatrix} A_x \\ A_y \exp i\phi \end{pmatrix} \exp[i(\omega t - nk_0 z + \phi_x)] \tag{7.15}$$

ただし，A_x と A_y は x，y 方向の電界振幅，$\phi = \phi_y - \phi_x$ は x，y 成分間の相対位相差，ϕ_x は x 成分の位相，k_0 は真空中の波数である．x，y 成分の共通位相項は偏光形状に関係しないので，以下では省略する．

振幅を光強度 $I = |E_x|^2 + |E_y|^2$ で規格化し，相対位相差 ϕ を x，y 両成分に対して

等分配すると，式 (7.15) の光電界が

$$\boldsymbol{J} = \frac{1}{\sqrt{|A_x|^2 + |A_y|^2}} \begin{pmatrix} A_x(-i\phi/2) \\ A_y \exp(i\phi/2) \end{pmatrix} \tag{7.16}$$

で書ける．このベクトルを**ジョーンズベクトル**（Jones vector）とよぶ．式 (7.16) における分母は，無損失の場合，省略できる．ジョーンズベクトルは，後述する偏光子や位相子など，偏光素子を含む光学系を伝搬する偏光の特性を調べるのに有用である．

図 7.3 に偏光における電界の軌跡とジョーンズベクトルの関係を示す．直線偏光は式 (7.6) を利用して求められる．

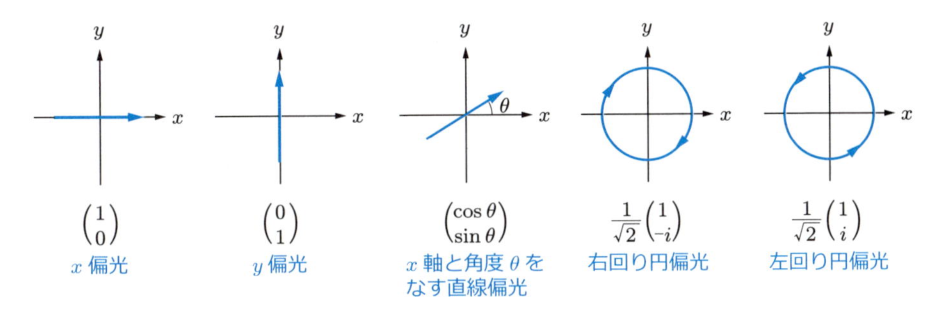

図 7.3 各種偏光のジョーンズベクトル表示

偏光が各種偏光素子を通過する場合，振幅や位相が変化を受け，偏光形状が変化する．入射偏光を $\boldsymbol{E}_{\mathrm{i}}$，出射偏光を $\boldsymbol{E}_{\mathrm{o}}$ として，これらをともにジョーンズベクトルで表し，両偏光の間の変化を行列で表すと，

$$\begin{pmatrix} E_{\mathrm{o}x} \\ E_{\mathrm{o}y} \end{pmatrix} = \begin{pmatrix} a_{11} & a_{12} \\ a_{21} & a_{22} \end{pmatrix} \begin{pmatrix} E_{\mathrm{i}x} \\ E_{\mathrm{i}y} \end{pmatrix} \tag{7.17}$$

と書ける．この行列を**ジョーンズ行列**（Jones matrix）という．行列表現を用いると，偏光形状の変化が容易に計算できる．

7.3 複屈折

方解石や水晶などの平面板を通して文字を見ると，文字が二重になって見える現象は複屈折として知られる．これは，結晶などの異方性媒質での光波の振る舞いが，結晶構造や波面の伝搬方向に依存するためである．複屈折は 1669 年に方解石で発見され，各種偏光素子に利用されている．

7.3.1 複屈折の解析法

(1) 屈折率楕円体と結晶の分類

結晶の屈折率は，一般に光波の伝搬方向によって異なる．媒質内での光波の振動方向は，電界ではなく電束密度で決まる．結晶内での電束密度を $x_j = D_j$ $(j = 1, 2, 3)$ とおき，直交座標系 (x_1, x_2, x_3) をとる．このときの屈折率を n とすると，これらは x_j に関する2次形式の標準形で

$$a_{11}x_1^2 + a_{22}x_2^2 + a_{33}x_3^2 = 1, \quad a_{jj} \equiv \frac{1}{n_j^2} \quad (j = 1, 2, 3) \tag{7.18}$$

と書ける．ここで，n_j は主軸方向の屈折率で**主屈折率**とよばれる．式(7.18)は楕円体を表し，**屈折率楕円体**（index ellipsoid, indicatrix）または波面法線楕円体とよばれる．楕円体の一般形は，座標変換を施すことにより標準形に帰着する．結晶は，空間対称性や主屈折率の値によって，次のように分類される．

結晶の分類

① 等方性媒質：三つの主屈折率が等しい（$n_1 = n_2 = n_3$）場合，屈折率楕円体は球となる．このような媒質は等方性媒質とよばれ，光波の伝搬方向によらず光学的特性が等しくなる．

② 一軸結晶：主屈折率のうち二つの値が等しい場合（$n_1 = n_2 \neq n_3$），屈折率楕円体はラグビーボールのように，一つの軸をもつ回転楕円体となる．この回転軸を**光学軸**（optic axis）という．光学軸が一つある結晶を**一軸結晶**または**単軸結晶**とよぶ（代表例：方解石，水晶，電気石）．

③ 二軸結晶：三つの主屈折率がすべて異なる（$n_1 \neq n_2 \neq n_3$）結晶は二つの光学軸をもち，**二軸結晶**または**双軸結晶**とよばれる（代表例：雲母，霰石，石膏）．一軸結晶と二軸結晶は異方性媒質である．

屈折率楕円体は，異方性媒質で次のようにして使われる（図7.4）．

(i) 電束密度 $\boldsymbol{D}$ と波面法線ベクトル（波面法線方向の単位ベクトル）$\boldsymbol{s}$ に関して $\boldsymbol{D} \cdot \boldsymbol{s} = 0$ が成立しているから，原点Oを通り，$\boldsymbol{s}$ に直交する平面と屈折率楕円体との交線から $\boldsymbol{D}$ が決められる．

(ii) 上記交線が楕円となり，その楕円の主軸が直交している．交線のうち，原点からの距離が最大・最小となる値，つまり主軸（長・短軸）方向の主半径が，このときに異方性媒質内を伝搬する固有偏光（▶7.3.3項）の屈折率 n の値に対応し，位相速度が c/n で求められる．

(iii) 波面法線ベクトル $\boldsymbol{s}$ に垂直な平面内で，主軸方向が電束密度 $\boldsymbol{D}$ の振動方向を与える．主軸が直交しているから，特定の $\boldsymbol{s}$ に対応する二つの電束密度（$\boldsymbol{D}'$

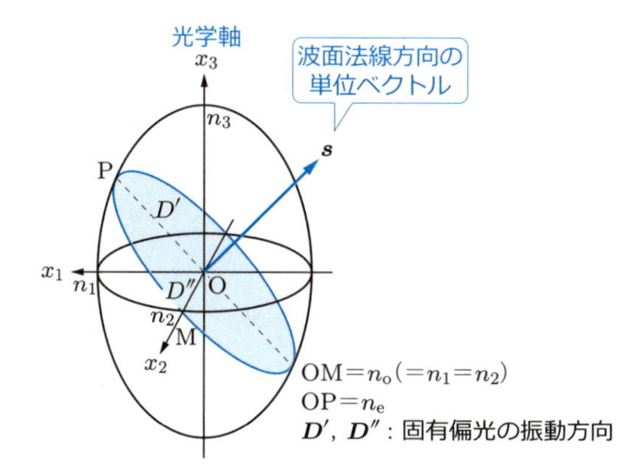

図 7.4　屈折率楕円体と固有偏光

と $\boldsymbol{D}''$）の振動方向が互いに直交する．

(2) フレネルの法線方程式

主屈折率が n_j（$j=1,2,3$）で与えられる結晶中を，光波が波面法線ベクトル $\boldsymbol{s}=(s_x,s_y,s_z)$ で与えられる方向に伝搬するとき，結晶中での屈折率 n は**フレネルの法線方程式**

$$\frac{s_x^2}{n^2-n_1^2}+\frac{s_y^2}{n^2-n_2^2}+\frac{s_z^2}{n^2-n_3^2}=\frac{1}{n^2} \tag{7.19}$$

$$|\boldsymbol{s}|^2=s_x^2+s_y^2+s_z^2=1$$

を用いて求められる．式 (7.19) を通分して整理すると，最終的に次式を得る．

$$n^4(n_1^2s_x^2+n_2^2s_y^2+n_3^2s_z^2)-n^2[n_1^2n_2^2(s_x^2+s_y^2)+n_2^2n_3^2(s_y^2+s_z^2) \\ +n_3^2n_1^2(s_z^2+s_x^2)]+n_1^2n_2^2n_3^2=0 \tag{7.20}$$

これは式 (7.19) と等価なフレネルの法線方程式の別表現である．式 (7.20) は n^2 ($n>0$) に関する 2 次方程式であり，与えられた $\boldsymbol{s}$ と主屈折率 n_j に対して，二つの根（n）をもつ．このことは，異方性媒質内では同一の $\boldsymbol{s}$ と n_j に対して，一般に二つの位相速度 c/n をもつ光波が存在し得ることを意味している．すなわち，異方性媒質では，入射する一つの光波に対して二つの屈折波が存在する．この現象を**複屈折**（birefringence, double refraction）とよぶ．

7.3.2 一軸結晶での光学的性質

一軸結晶中では，複屈折により，入射光波が異なる屈折率をもって伝搬する方向がある．この現象を利用して，グラン－トムソンプリズム，波長板，位相補償器など，多くの偏光素子が作製されており，一軸結晶は応用上も重要である．

波面法線ベクトル $\boldsymbol{s}$ で表される光波が，一軸結晶（主屈折率 $n_1 = n_2 = n_\mathrm{o}$, $n_3 = n_\mathrm{e}$）に入射するとき，これらの値をフレネルの法線方程式 (7.20) に代入して整理すると，

$$(n^2 - n_\mathrm{o}^2)\{n^2[n_\mathrm{o}^2(s_x^2 + s_y^2) + n_\mathrm{e}^2 s_z^2] - n_\mathrm{o}^2 n_\mathrm{e}^2\} = 0$$

が導け，これより次の 2 式が得られる．

$$n^2(= n^2|\boldsymbol{s}|^2) = n_\mathrm{o}^2, \quad \frac{1}{n^2} = \frac{s_z^2}{n_\mathrm{o}^2} + \frac{s_x^2 + s_y^2}{n_\mathrm{e}^2} \tag{7.21}$$

式 (7.21) 第 1 式は，光波の波面法線方向によらず，屈折率が一定値 n_o をとる光波を表す．この光波は，スネルの法則などの光学的性質が等方性媒質と同じなので，**正常光線**（ordinary ray），**常光線**または**正常波**（ordinary wave）とよばれる．式 (7.21) 第 2 式は，屈折率が光波の波面法線方向に依存して変化することを示しており，この光波を**異常光線**（extraordinary ray）または**異常波**（extraordinary wave）とよぶ．

光学軸と波面法線ベクトル $\boldsymbol{s}$ を含む面を主断面とよぶ．正常波は主断面に垂直な方向に振動し，異常波は主断面に平行な方向に振動する性質がある．とくに異常波が光学軸（z）方向に伝搬する（$s_z = 1$, $s_x = s_y = 0$）とき，異常波の屈折率も正常波の屈折率に一致する（$n = n_\mathrm{o}$）．

正常光線に対する屈折率 n_o を基準として，異常光線の屈折率 n_e が大きい（$n_\mathrm{o} < n_\mathrm{e}$）結晶を正結晶，逆（$n_\mathrm{e} < n_\mathrm{o}$）の結晶を負結晶という．原点からの距離が各方向に対する屈折率に等しくなるように描いた曲線を法線屈折率面とよぶ（図 7.5）．

波面法線方向が光学軸と角度 θ をなすとき，$s_z = \cos\theta$, $s_x^2 + s_y^2 = \sin^2\theta$ だから，この異常光線の屈折率 $n_\mathrm{ex}(\theta)$ は，式 (7.21) 第 2 式より次式で表される．

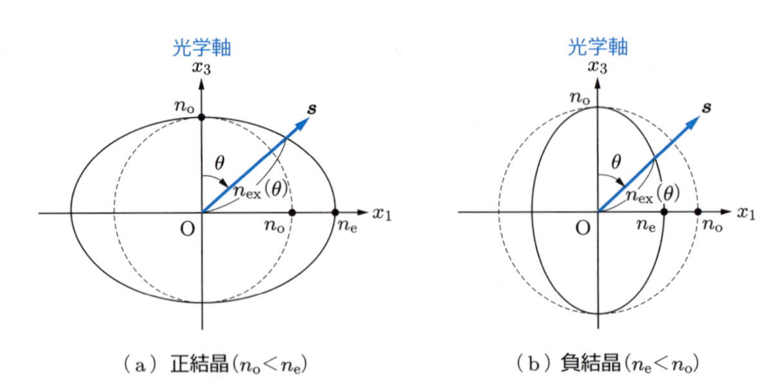

n_o：正常光線に対する屈折率，n_e：異常光線に対する屈折率
θ：波面法線方向 $\boldsymbol{s}$ と光学軸がなす角度

図 7.5　一軸結晶に対する法線屈折率面

$$n_{\mathrm{ex}}(\theta) = \left(\frac{\cos^2\theta}{n_{\mathrm{o}}^2} + \frac{\sin^2\theta}{n_{\mathrm{e}}^2} \right)^{-1/2} \tag{7.22}$$

式 (7.22) より，$n_{\mathrm{ex}}(\theta)$ はつねに n_{o} と n_{e} の間の値であり，異常光線の屈折率が n_{o} に一致するのは，光波が光学軸方向に伝搬するときに限られる．

例題 7.2 ナトリウム（Na）の D 線（$\lambda = 589.3\,\mathrm{nm}$）が，空気中にある平行平面板の方解石に入射するとする．入射光が方解石の光学軸と角度 30° をなしているとき，方解石内で伝搬し得る光波について，その屈折率と屈折角を求めよ．方解石は一軸結晶で，その屈折率は Na の D 線に対して $n_{\mathrm{o}} = 1.658$，$n_{\mathrm{e}} = 1.486$ である．

解答 方解石内では正常光線と異常光線に分かれて伝搬する．正常光線の屈折率 n_{o} は伝搬方向に依存しないから，屈折角を θ_{t} とおくと，スネルの法則 $\sin 30^\circ = n_{\mathrm{o}} \sin\theta_{\mathrm{t}}$ より，$\theta_{\mathrm{t}} = 17.55^\circ$ を得る．異常光線の屈折率は伝搬方向に依存するから，その屈折角を θ'_{t} とおくと，屈折率は式 (7.22) で θ を θ'_{t} に置換して得られる．よって，このときのスネルの法則は $\sin 30^\circ = n_{\mathrm{ex}}(\theta'_{\mathrm{t}}) \sin\theta'_{\mathrm{t}}$ となる．これを整理して $(4 + 1/n_{\mathrm{o}}^2 - 1/n_{\mathrm{e}}^2)\sin^2\theta'_{\mathrm{t}} = 1/n_{\mathrm{o}}^2$ を得る．これに各値を代入して，屈折角 $\theta'_{\mathrm{t}} = 17.76^\circ$ を得る．この θ'_{t} を式 (7.22) の θ に代入して，屈折率 1.639 を得る．

7.3.3 異方性媒質内での光波伝搬

異方性媒質内で存在する二つの偏光状態は，媒質中で相互作用することなく，固有の屈折率つまり固有の位相速度で伝搬するので，**固有偏光**（eigen polarizations）とよばれる．二つの固有偏光は直交しており，これらをジョーンズベクトル $\boldsymbol{J}_1$，$\boldsymbol{J}_2$ で記述すると，その内積が次式を満たす．

$$\boldsymbol{J}_1 \cdot \boldsymbol{J}_2^* = 0 \tag{7.23}$$

互いに直交する偏光の例として，x 偏光と y 偏光，右・左回り円偏光がある．一般に，二つの楕円偏光が直交性を満たすとき，次の性質をもつ．

(i) 2 偏光の偏光楕円率が逆数関係にある．
(ii) 主軸（長・短軸）が直交し，主軸方位角が 90° 異なる．
(iii) 偏光の回転の向きが逆である．

固有偏光は，ポアンカレ球表示で原点 O を挟んだ対称位置にある．

任意の偏光を表すジョーンズベクトル $\boldsymbol{J}$ は，固有偏光を用いて次のように表せる．

$$\boldsymbol{J} = C_1 \boldsymbol{J}_1 + C_2 \boldsymbol{J}_2, \quad C_j = \boldsymbol{J} \cdot \boldsymbol{J}_j^* \quad (j = 1, 2) \tag{7.24}$$

ここで，C_j は展開係数である．固有偏光で伝搬するのは異方性媒質内だけであり，光波が媒質から出射すると，これらの固有偏光を合成した光波が観測される．

複屈折媒質では，入射光が二つの固有偏光に分解されて，それぞれが固有の位相速度（$v_j = c/n_j$，n_j：屈折率，c：真空中の光速）で媒質中を伝搬する．最も簡単な例として，固有偏光が x 偏光（屈折率：n_x）および y 偏光（屈折率：n_y）で，入射光が x 軸に対し角度 θ 傾いた直線偏光とする．これらをジョーンズベクトルで表すと，

$$\boldsymbol{J}_{\mathrm{in}} = \begin{pmatrix} \cos\theta \\ \sin\theta \end{pmatrix}, \quad \boldsymbol{J}_x = \begin{pmatrix} 1 \\ 0 \end{pmatrix}, \quad \boldsymbol{J}_y = \begin{pmatrix} 0 \\ 1 \end{pmatrix} \tag{7.25}$$

で書ける．これが複屈折媒質に入射するとき，式 (7.24) を用いて，展開係数が $C_x = \cos\theta$，$C_y = \sin\theta$ で書ける．上記結果は，x 偏光と y 偏光が入射直線偏光の傾き角に応じた値で励振されることを意味する．

媒質内を距離 L 伝搬した後の光電界（真空中の波長 λ_0）をジョーンズベクトル $\boldsymbol{J}_{\mathrm{out}}$ で表すと，式 (7.25) などより，$\boldsymbol{J}_{\mathrm{out}}$ が入射直線偏光 $\boldsymbol{J}_{\mathrm{in}}$ と関係づけられて，

$$\begin{aligned} \boldsymbol{J}_{\mathrm{out}} &= C_x \boldsymbol{J}_x \exp(-in_x k_0 L) + C_y \boldsymbol{J}_y \exp(-in_y k_0 L) \\ &= \exp(-in_x k_0 L) \begin{pmatrix} 1 & 0 \\ 0 & \exp(-i\phi) \end{pmatrix} \boldsymbol{J}_{\mathrm{in}} \end{aligned} \tag{7.26a}$$

$$\phi = (n_y - n_x) k_0 L \tag{7.26b}$$

で書ける．ただし，$k_0 = 2\pi/\lambda_0$ は真空中の波数，ϕ は x，y 成分間の相対位相差である．媒質外では，光強度でしか測定できないため，式 (7.26) における共通項 $\exp(-in_x k_0 L)$ は意味がなくなる．よって，式 (7.26) は，複屈折媒質を距離 L 伝搬するとき，入射直線偏光が両固有偏光を励起する限り（$\theta = 0,\ \pi/2$ 以外）は，光電界の x，y 成分間の相対位相差 ϕ が測定できることを示している．

7.4　旋光性

砂糖水や水晶に直線偏光を入射させると，出射端では偏光面（振動方向と光の進行方向を含む面）が回転した直線偏光が観測される．このように，入射直線偏光が媒質の伝搬とともに回転する性質は**旋光性**（optical rotation）とよばれ，1811 年に水晶で発見された．旋光性には，媒質自体がもつ自然旋光性または**光学活性**（optical activity）とよばれるものと，磁性体との組み合わせで発生するファラデー効果がある．本書では前者のみ説明する．

自然界の物質では，旋光性は一般に複屈折より微小である．旋光性を無視したときの複屈折に起因する屈折率を n'，n'' とおくと，光波が波面法線ベクトル $\boldsymbol{s} = (s_x, s_y, s_z)$ で表される方向に伝搬するとき，固有値方程式は次式で表せる．

$$\begin{pmatrix} 1/n'^2 & -iG/n'^2n''^2 \\ iG/n'^2n''^2 & 1/n''^2 \end{pmatrix} \begin{pmatrix} D' \\ D'' \end{pmatrix} = \frac{1}{n^2} \begin{pmatrix} D' \\ D'' \end{pmatrix} \tag{7.27}$$

$$G = \begin{pmatrix} s_x & s_y & s_z \end{pmatrix} \begin{pmatrix} g_{11} & g_{21} & g_{31} \\ g_{12} & g_{22} & g_{32} \\ g_{13} & g_{23} & g_{33} \end{pmatrix} \begin{pmatrix} s_x \\ s_y \\ s_z \end{pmatrix} \tag{7.28}$$

式 (7.27) を解いて，屈折率 n と電束密度成分 D を求めることができる．式 (7.28) での G は旋光性に関係するパラメータを表し，g_{ij} は物質固有の旋回テンソル成分である．異方性媒質では，一般に $|g_{ij}| \ll |n' - n''| \ll n', n''$ である．

ここで，等方性媒質における旋光性の性質を調べる．等方性だから，旋回テンソル成分を $g \equiv g_{11} = g_{22} = g_{33}$，$g_{ij} = 0$（$i \neq j$）とおくと，$G = g$ と書ける．また，屈折率を $n' = n'' = n_\mathrm{o}$ とおくと，固有値方程式 (7.27) は，光波の伝搬方向によらず，

$$\begin{pmatrix} 1/n_\mathrm{o}^2 - 1/n^2 & -ig/n_\mathrm{o}^4 \\ ig/n_\mathrm{o}^4 & 1/n_\mathrm{o}^2 - 1/n^2 \end{pmatrix} \begin{pmatrix} D' \\ D'' \end{pmatrix} = 0 \tag{7.29}$$

で書ける．

式 (7.29) が自明解以外の解をもつ条件，つまり式 (7.29) の行列式 $= 0$ を $1/n^2$ について整理すると，$(1/n^2)^2 - 2(1/n_\mathrm{o}^2)(1/n^2) + (1/n_\mathrm{o}^4) - (g/n_\mathrm{o}^4)^2 = 0$ を得る．これを $1/n^2$ に関する 2 次式とみなして解くと，固有偏光の逆比誘電率を

$$\frac{1}{n_\pm^2} = \frac{1}{n_\mathrm{o}^2} \pm \frac{g}{n_\mathrm{o}^4} \quad \text{（複号同順）} \tag{7.30}$$

で得る．また，式 (7.29) の 2 行目から得られる $ig/n_\mathrm{o}^4 D' + (1/n_\mathrm{o}^2 - 1/n^2)D'' = 0$ に式 (7.30) を代入して，固有偏光の電束密度成分比が

$$\left(\frac{D''}{D'}\right)_\pm = \frac{ig/n_\mathrm{o}^4}{1/n_\pm^2 - 1/n_\mathrm{o}^2} = \frac{ig/n_\mathrm{o}^4}{\pm g/n_\mathrm{o}^4} = \pm i \quad \text{（複号同順）} \tag{7.31}$$

で得られる．このときの固有偏光は，$(D''/D')_+$ が右回り円偏光，$(D''/D')_-$ が左回り円偏光である．既述のように，これらの固有偏光は直交している．

自然界にある物質では，旋光性が比較的弱い（$g \ll 1$）としても，実用上は差し支えない．そのときの屈折率は，式 (7.30) より，次式で近似できる．

$$n_\pm = \left(\frac{1}{n_\mathrm{o}^2}\right)^{-1/2} \left(1 \pm \frac{g}{n_\mathrm{o}^2}\right)^{-1/2} \fallingdotseq n_\mathrm{o}\left(1 \mp \frac{g}{2n_\mathrm{o}^2}\right) = n_\mathrm{o} \mp \frac{g}{2n_\mathrm{o}} \quad \text{（複号同順）} \tag{7.32}$$

式 (7.31) より，n_-（$= n_\mathrm{L}$）は左回り円偏光に対する屈折率，n_+（$= n_\mathrm{R}$）は右回り円偏光に対する屈折率を表す．式 (7.32) は，旋回テンソル成分 g による固有偏光の屈

折率の増減が逆符号であり，左・右回り円偏光に対する屈折率が異なることを表す．

一軸結晶（たとえば水晶）でも，光波が光学軸に沿って伝搬するときは，複屈折が消失して旋光性だけが現れる．そのとき，左・右回り円偏光に対する屈折率は式 (7.32) と形式的に同じで，g を光軸方向の旋回テンソル成分 g_{33} に置き換えればよい．

旋光性は次のようにして説明できる（図 7.6）．直線偏光が旋光性媒質に入射すると，左・右回り円偏光に分解される．それらの位相速度が c/n_L，c/n_R で異なり，距離 L 伝搬するのに $L/(c/n_\mathrm{L})$，$L/(c/n_\mathrm{R})$ の時間を要する．角周波数 ω を用いると，図 (b) のように，位相角が $\delta\theta_\mathrm{L}=\omega n_\mathrm{L}L/c$ と $\delta\theta_\mathrm{R}=-\omega n_\mathrm{R}L/c$ と逆向きに回転する．出射端で合成して直線偏光に戻るとき，旋光性がないときに比べて，偏光面が

$$\theta_\mathrm{rot}=\frac{\delta\theta_\mathrm{L}+\delta\theta_\mathrm{R}}{2}=\frac{\omega(n_\mathrm{L}-n_\mathrm{R})L}{2c}=\frac{\pi(n_\mathrm{L}-n_\mathrm{R})L}{\lambda_0} \tag{7.33}$$

だけ回転して，旋光性が生じる．ここで，λ_0 は真空中の波長である．

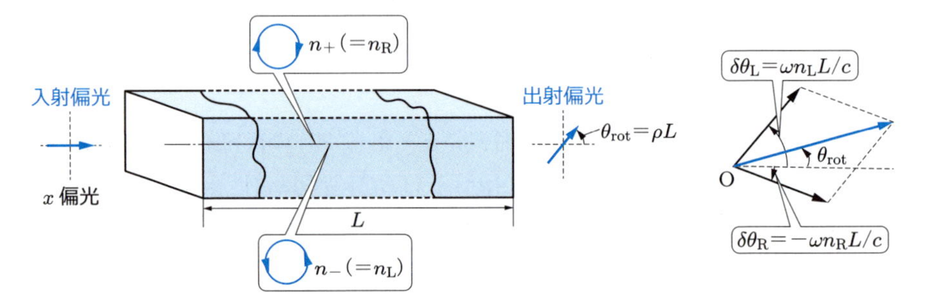

（a）直線偏光の円偏光への分解　　（b）円偏光の回転角

n_+, n_-：右･左回り円偏光の屈折率，θ_rot：偏光回転角，ρ：旋光能，L：媒質長

図 7.6　旋光性媒質における偏光回転

単位距離あたりの直線偏光面の回転角度を**旋光能**とよぶ．偏光面の回転の向きは，観測者から光源側を見て，$n_\mathrm{L}>n_\mathrm{R}$ のときを正にとる．よって，等方性媒質の旋光能 ρ は，式 (7.32)，(7.33) より，次式で表せる．

$$\rho\equiv\frac{\theta_\mathrm{rot}}{L}=\frac{\pi}{\lambda_0}\frac{g}{n_\mathrm{o}} \tag{7.34}$$

旋光能が $\rho>0$ のとき，直線偏光が時計回り（右回り）に回転するため右旋性といい，$\rho<0$ のとき，反時計回り（左回り）に回転するため左旋性という．ρ の単位は，通常 [°/mm] で表される．

旋光性を示す等方性媒質には，果糖やショ糖，ブドウ糖など砂糖類の水溶液があり，旋光能が濃度で変化する．一軸結晶で旋光性を示す水晶では，右旋性，左旋性のもの

をそれぞれ右水晶，左水晶という．

7.5 偏光素子

偏光を利用すると，より詳しい光学情報が得られたり，より複雑な機能が達成できたりする．そのためには，特定の偏光を取り出したり，偏光を変換したりすることが必要になる．その目的のために使用される光学素子を**偏光素子**という．偏光素子を大別すると，偏光子と位相子（位相板ともよばれる）がある．

7.5.1 偏光子

偏光子（polarizer）とは，様々な偏光状態を含む光波から特定の偏光だけを取り出す光学素子である．これには，直線偏光のみを取り出す直線偏光子と，円偏光のみを取り出す円偏光子がある．また，偏光している状態を非偏光にする素子をディポラライザ（depolarizer）という．本項では，応用上重要な直線偏光子のみを説明する．

直線偏光子として最も一般的なのは，**グラン–トムソンプリズム**（Glan–Thompson prism）であり，単に偏光子といったときにはこれを指すことが多い．これは，頂角 α のくさび形プリズムを，光学軸を一致させた状態で逆向きにして斜辺を貼り合わせた直方体をしている（図 7.7(a)）．貼り合わせにはカナダバルサムが使用される．常光線と異常光線に対する屈折率 n_{o}，n_{e} の違いによる臨界角の違いを利用するので，複屈折の大きい方解石がよく用いられる．出射側の偏光状態を調べるのに偏光子を使用するときは，**検光子**（analyzer）とよばれる．

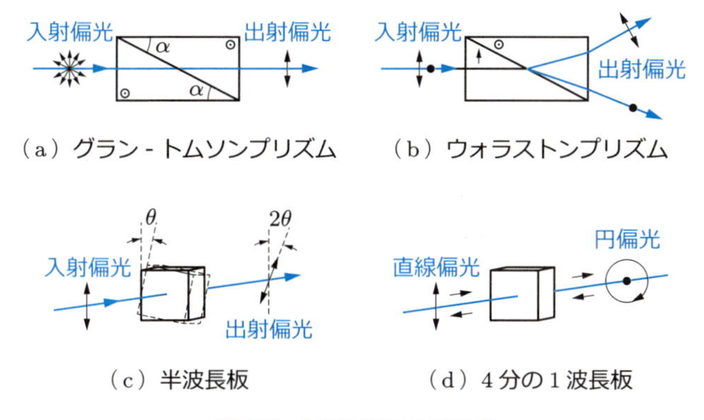

図 7.7　偏光素子の作用概略
(a) で α はくさび形の頂角である．(b) で二つの結晶の光学軸は直交している．

グラン-トムソンプリズムの特徴

(i) 光路が，入射端と出射端でずれることなく一直線上にあるので使いやすく，受光角も大きい．
(ii) 出射光は，振動方向の確定した純粋な直線偏光となっている．
(iii) 可視光全域で使用できる．

図(b)のウォラストンプリズム（Wollaston prism）は，光学軸が直交するくさび形プリズムの斜辺を貼り合わせたもので，直交する直線偏光を空間的に分離して異なる2方向に出射させることができる．

7.5.2 位相子

偏光の形状は，互いに直交する電界成分間の相対位相差によって変化する（▶7.1節）．したがって，複屈折や全反射を利用して偏光した電界の直交成分間に相対的な位相差を与えると，光強度や偏光度を変えることなく，偏光の形状のみを変化させることができる．

光波が複屈折媒質（固有偏光である x，y 偏光の屈折率を n_x，n_y とする）中を z 方向に距離 L 伝搬するとき，式(7.26b)を用いて，相対位相差が

$$\phi \equiv \phi_y - \phi_x = (n_y - n_x)k_0 L = \frac{2\pi}{\lambda_0}(n_y - n_x)L \tag{7.35}$$

となる．このように，直交する偏光の間に相対位相差 ϕ を与え，それが所定の値になるように，材質と媒質厚を定めた素子を**位相子**（retarder）または**位相板**という．式(7.35)からわかるように，相対位相差が屈折率や波長によって変化するので，位相子では使用波長を指定する必要がある．

固定された位相差を一つの光学素子で与えるものを固定位相子という．固定位相子のうち，図7.7(c)に示す相対位相差が $\phi = \pi$ の位相板は，半波長に相当するので**半波長板**（half-wave plate）または1/2波長板とよばれる．図(d)に示す相対位相差が $\phi = \pi/2$ のものを**4分の1波長板**（quarter-wave plate）または1/4波長板という．

半波長板と4分の1波長板の作用

(i) 半波長板は，直線偏光に限らず，あらゆる偏光の方位角を，位相板の回転角の2倍だけ回転させる作用がある（▶例題7.3）．このように，偏光全体を一定角度回転させる光学素子を**旋光子**（rotator）とよぶ．
(ii) 半波長板を用いて，右回りと左回り円偏光の相互変換ができる．
(iii) 4分の1波長板は，直線偏光と円偏光を相互に変換できる．

光電界の二つの直交成分間に任意の相対位相差 ϕ を与えられるようにしたものを位

相補償器といい，代表的なものにバビネ–ソレイユ位相補償板（Babinet–Soleil compensator）がある．

7.5.3 各種偏光変換のジョーンズ行列による表現

偏光変換機能をもつ光学素子のうち，最も基本的なものは，特定の方向に振動する偏光だけを取り出すことができる偏光子である．たとえば，x 偏光のみを取り出す機能は，ジョーンズ行列を用いて次式で表せる．

$$偏光子（方位 0，x 偏光のみ）：\begin{pmatrix} 1 & 0 \\ 0 & 0 \end{pmatrix} \tag{7.36}$$

偏光状態の変換は，位相子と旋光子を用いて記述でき，これらのジョーンズ行列は

$$位相子：\mathrm{T}_\phi = \begin{pmatrix} \exp(-i\phi/2) & 0 \\ 0 & \exp(i\phi/2) \end{pmatrix} \tag{7.37}$$

$$旋光子：\mathrm{R}_\theta = \begin{pmatrix} \cos\theta & -\sin\theta \\ \sin\theta & \cos\theta \end{pmatrix} \tag{7.38}$$

で表せる．外部座標系 (x, y) で偏光の主軸が x 軸方向を向き，これが媒質内の固有軸（たとえば x 偏光）である x_c 軸に対して角度 θ だけずれているとする（図 7.8）．偏光の主軸を媒質内の x_c 軸に一致させるため，偏光全体を $-\theta$ だけ回転させる操作は旋光子の $\mathrm{R}_{-\theta}$ で表せる．媒質伝搬により x，y 成分間に相対位相差 ϕ が付加されるとき，この機能は位相子 T_ϕ で表せる．もとの外部座標系での表示に戻すため，偏光全体を角度 θ だけ回転させる操作は旋光子 R_θ となる．よって，入・出射偏光間での偏光変換は，ジョーンズ行列を用いて，

$$\begin{pmatrix} E_{\mathrm{o}x} \\ E_{\mathrm{o}y} \end{pmatrix} = \mathrm{R}_\theta \mathrm{T}_\phi \mathrm{R}_{-\theta} \begin{pmatrix} E_{\mathrm{i}x} \\ E_{\mathrm{i}y} \end{pmatrix} \tag{7.39}$$

で表せる．ただし，$E_{\mathrm{i}j}$ と $E_{\mathrm{o}j}$ はそれぞれ入射偏光と出射偏光の電界を表す．

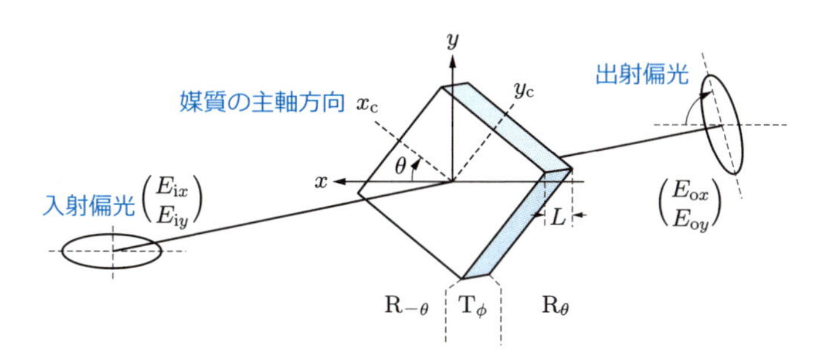

図 7.8 偏光素子による偏光変換

例題 7.3　水平面内で振動する直線偏光を，主軸方向が水平方向から角度 θ だけ傾いた半波長板に入射させる．このとき出射偏光も直線偏光であり，半波長板は方位角の 2 倍だけ，直線偏光の方位を回転させる作用があることを示せ．

解答　ジョーンズベクトル・行列を用いて，出射偏光は，式 (7.37)〜(7.39) より

$$\begin{pmatrix} E_{\mathrm{o}x} \\ E_{\mathrm{o}y} \end{pmatrix} = \begin{pmatrix} \cos\theta & -\sin\theta \\ \sin\theta & \cos\theta \end{pmatrix} \begin{pmatrix} -i & 0 \\ 0 & i \end{pmatrix} \begin{pmatrix} \cos\theta & \sin\theta \\ -\sin\theta & \cos\theta \end{pmatrix} \begin{pmatrix} 1 \\ 0 \end{pmatrix}$$

$$= -i \begin{pmatrix} \cos 2\theta \\ \sin 2\theta \end{pmatrix}$$

で表せ，偏光角が半波長板の回転角の 2 倍変化していることがわかる．

演習問題

7.1　方解石を用いて，頂角 α のくさび形プリズムの斜辺を貼り合わせたグラン－トムソンプリズムを作製したい．方解石の屈折率は，Na の D 線で，常光線に対して $n_{\mathrm{o}} = 1.658$，異常光線に対して $n_{\mathrm{e}} = 1.486$ である．垂直入射光を対象とする場合，くさび形の頂角 α をどの範囲に設定すればよいか求めよ．

7.2　白雲母（マイカ）は二軸結晶であるが，x 軸に垂直な方向にへき開しやすく，光学軸に垂直な面内で光波を伝搬させると，近似的に一軸結晶と同じはたらきをするので，位相子として用いられる．光波が x 軸方向に伝搬するとき，波長 589.3 nm で使用する 4 分の 1 波長板を作製するのに必要な最小厚を求めよ．ただし，二つの固有偏光に対する屈折率が，波長 589.3 nm で $n_2 = 1.5944$，$n_3 = 1.5993$ であるとする．

7.3　水晶を光学軸に平行に切り出して，厚さ 800 μm で半波長板を作製したい．光波の垂直入射で，$n_{\mathrm{e}} - n_{\mathrm{o}}$ が波長 550〜650 nm で不変と仮定し，この範囲内のどの波長で半波長板として使えるか求めよ．ただし，水晶の屈折率は，Na の D 線（$\lambda_0 = 589.3$ nm）に対して $n_{\mathrm{o}} = 1.5443$，$n_{\mathrm{e}} = 1.5534$ である．ちなみに，水晶は厳密には旋光性をもつので，精密測定用では水晶を貼り合わせて旋光性の影響を除去する．

7.4　右水晶を光学軸に垂直に切り出した厚さ 1.5 mm の水晶板に，波長 589.3 nm の光波を光学軸に沿って伝搬させる場合，次の問いに答えよ．ただし，正常光線の屈折率を $n_{\mathrm{o}} = 1.5443$，旋回テンソル成分を $g_{33} = 10.98 \times 10^{-5}$ とする．

(1) 左回りおよび右回り円偏光に対する屈折率を求めよ．

(2) 偏光面の回転角度を求めよ．

7.5　任意の直線偏光は，等振幅の右回りおよび左回り円偏光の和で表されることを，ジョーンズベクトルを用いて示せ．

8章 光学系の評価に関する諸概念

レンズなどの結像素子を用いた光学系は，カメラや顕微鏡に代表される光学機器など多くの用途に使用されるが，目的に応じた様々な評価基準が用いられている．本章では，光学系設計に役立つように，光学系全体を評価するのに用いられる，いくつかの概念を紹介する．

8.1 節では，光学系全体の像評価の基本となる瞳の概念を説明する．8.2 節では，光学系の明るさを評価するうえで重要な開口数と F 数の定義などを説明する．8.3 節では焦点深度と被写界深度を説明する．8.4 節では，回折現象に基づいた光学系の空間分解能を説明する．8.5 節では，空間分解能をより定量性よく評価できる光学伝達関数の定義を示す．そして，インコヒーレント光とコヒーレント光を用いる場合について，光学伝達関数の決定方法を説明する．

8.1 瞳に関する概念

光学系を利用する場合，収差軽減や軸上光線束の制限のため，通常は光軸近傍の光線のみを利用する．結像に関与する入射光量を制限するために，光軸に垂直に入れる絞りを**開口絞り**（aperture stop）という（図 8.1）．これはカメラの絞りに相当し，像の明るさと密接な関係がある．

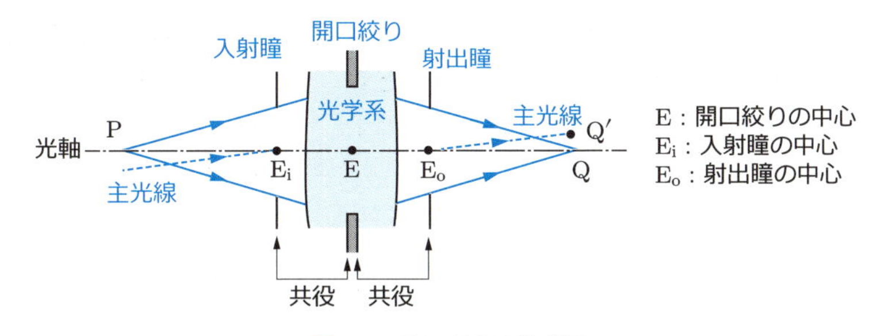

図 8.1　瞳に関する模式図

入射瞳と射出瞳は光学系の外にあるとは限らない．

光学系で形成される開口絞りの像のうち，絞りより物側および像側の光学系で形成される像をそれぞれ**入射瞳**（entrance pupil），**射出瞳**（exit pupil）とよぶ．入射瞳と射出瞳を合わせて**瞳**（pupils）という．近軸光線領域では，入射瞳の中心 E_i，開口絞りの中心 E，射出瞳の中心 E_o はそれぞれ互いに共役である．よって，入射瞳の中

心 E_i に斜め入射する光線でも，光学系を通過後，射出瞳の中心 E_o から出射し，点 Q' に像を結ぶ．物点を出た光線が，開口絞りの中心 E を通り，像点に至る光線を**主光線**（chief ray）とよび，これは開口絞りが十分に絞られたときでも光学系を通過する．

物点から出た光線は，入射瞳に至るまで光学系の影響を受けない．また，射出瞳通過後の光線は，以降で光学系の影響を受けずに像面に至る．したがって，光学系のレンズ特性や収差などの影響は，入射瞳と射出瞳の間でだけ現れる．入射（射出）瞳の位置が，開口絞りより前（後）方にあるとは限らない．

望遠鏡や顕微鏡などの肉眼で観測・観察する光学機器では，接眼レンズによる対物レンズの像が射出瞳になるようにしているので，すべての光線束がここを通過する．そのため，射出瞳が眼での観測位置（アイポイント）となるように設計されている．顕微鏡では，物体からの光線束が対物レンズの像側焦点面に集まるので，ここに開口絞りが置かれる．

8.2 光学系の明るさ表示

顕微鏡などの光学系では，多くの光量が取り込まれる方が明るくなり，観察しやすくなる．このような，光学系の明るさの指標として開口数（NA）や F 数がある．

8.2.1 開口数（NA）

図 8.2 のように，軸上の物点 P から出た光が，レンズなどの光学系を介して，軸上の像点 Q に結像する場合を想定する．物体（像）側媒質の屈折率を n_1（n_2）とする．軸対称光学系を通過する光線束が開口絞りで制限を受けるとき，物体（像）側光線が光学系に対して張る片側の最大角度を ζ_1（ζ_2）とおく．像面に届く光エネルギー σ は，点 Q から光学系を見たときに張る立体角に比例する．また，式 (1.23) で示したように，光強度が屈折率に比例するから，$\sigma \propto (n_2 \sin\zeta_2)^2$ が成り立ち，$n_2 \sin\zeta_2$ は像側の

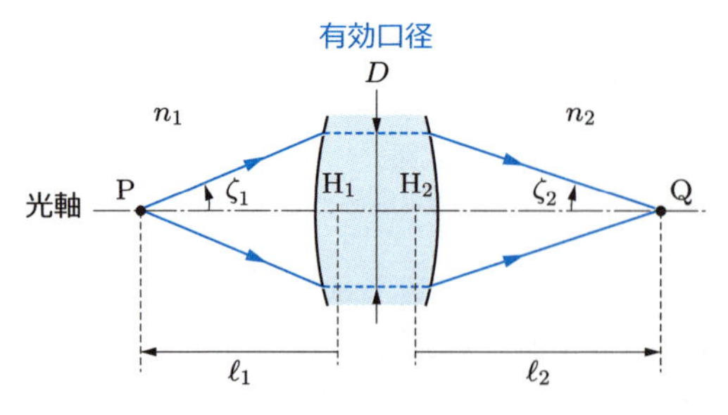

図 8.2　光学系の明るさと開口数

明るさを表す量と考えられる．

光学系の明るさを表す量である $n_j \sin \zeta_j$ は，**開口数**（NA，numerical aperture）とよばれ，次式で定義される．

$$NA_{\mathrm{ob}} \equiv n_1 \sin \zeta_1, \quad NA_{\mathrm{im}} \equiv n_2 \sin \zeta_2 \tag{8.1}$$

開口数は NA とも略記され，NA_{ob} は物側開口数，NA_{im} は像側開口数とよばれる．開口数は光学系を介した入射光量の目安となるだけでなく，空間分解能とも密接な関係をもっている（▶ 8.4.2 項）．

開口数は顕微鏡対物レンズでよく用いられ，写真レンズと集束状態が逆なので，顕微鏡では物側の値が使用される．開口数は，近年，光ディスクのピックアップ，光導波路や光ファイバなど，比較的新しい分野でも重要となっている．

8.2.2 F 数と口径比

光学系（焦点距離 f）の明るさは，図 8.2 からわかるように，物体とレンズの距離 ℓ_1 に依存し，一義的には決まらない．そこで，物体が無限遠にある場合（$\ell_1 = \infty$）を基準とすると，このときは後側焦点（$\ell_2 = f$）に結像する．有効口径を D とすると，

$$\lim_{|\ell_1| \to \infty} (n_2 \sin \zeta_2) = \frac{D/2}{f} \tag{8.2}$$

と書ける．これは，光学系の明るさが $(D/2f)^2$ に比例することを表している．

有効口径 D の焦点距離 f に対する比 D/f を**口径比**とよぶ．また，口径比の逆数

$$F \equiv \frac{f}{D} \tag{8.3a}$$

を **F 数**（F number）または **F 値**，F ナンバーという．像面の明るさ，つまり光学系の明るさは口径比の 2 乗に比例し，F 数の 2 乗に反比例する．よって，F 数が小さいほど光学系が明るくなり，また分解能がよくなる（▶ 8.4.2・8.5.3 項）．

開口絞りが一定のとき，物体とレンズの距離 ℓ_1 が無限遠から減少すると，レンズと像の距離 ℓ_2 が焦点距離 f よりも大きくなり，像の明るさは $(f/\ell_2)^2$ に比例して減少する．そこで，物体とレンズの距離が有限値のとき，式 (8.3a) で f を ℓ_2 に置き換えた

$$F^* = \frac{\ell_2}{D} \tag{8.3b}$$

を**有効 F 値**という．

光学系が空気中にあり，かつ物体が無限遠にあるとき，式 (8.2)，(8.3a) を利用すると，像側の開口数 NA_{im} が

$$NA_{\mathrm{im}} = \sin \zeta_2 = \frac{D}{2f} = \frac{1}{2F} \tag{8.4}$$

と書け，NA_{im} がF数に反比例することがわかる．

例題 8.1　開口数に関する次の問いに答えよ．
(1) 光学系が空気中にあるとき，開口数 NA の最大値はいくらになるか．
(2) F数が1.2のカメラレンズの NA を求めよ．
解答　(1) 定義式 (8.1) より，最大値は $NA = 1$ である．(2) 式 (8.4) を用いて，$NA = 1/(2 \cdot 1.2) = 0.42$ となる．

8.3 光学系の焦点深度と被写界深度

8.3.1 焦点深度

物点から出るどの方向の近軸光線も，光学系に収差がなければ，すべて近軸像点の一点に集束する (▶ 3.3 節)．しかし，実際のレンズでは各種収差などにより光束が広がりをもつため，光軸の奥行き方向の一定範囲で結像しているとみなせるようになる．結像位置の光軸方向の許容範囲を**焦点深度**（depth of focus）という．

図 8.3 に示すように，近軸像点近傍では，角度の異なる光線が通過するため，光束が鼓のようにくびれた有限の大きさとなる．この部分の光軸に垂直な断面は，一様な明るさの円となっており，これを**錯乱円**（circle of confusion）とよぶ．錯乱円の大きさがある一定値よりも小さい範囲では，実用上は，鮮明な像を結んでいるとみなせる．この円を許容錯乱円（直径 δ）という．最も小さい錯乱円を**最小錯乱円**（circle of least confusion，直径 δ_{m}）とよぶ．この位置が最良像面となるが，最良像面の位置は近軸像点と必ずしも一致しない．

レンズ（焦点距離 f）の口径を D とし，最小錯乱円の位置がレンズ後方の距離 ℓ_2 にあるとする．この位置を基準として，鮮明像とみなせるレンズに近い（遠い）方まで

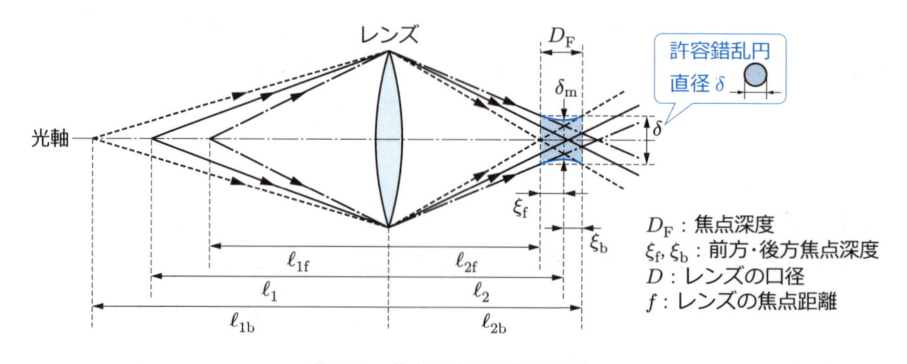

図 8.3　焦点深度と被写界深度

の許容範囲をそれぞれ前方焦点深度（後方焦点深度）とよぶ．前者（後者）の結像位置を $\ell_{2\mathrm{f}}$（$\ell_{2\mathrm{b}}$）で表し，前方焦点深度を $\xi_\mathrm{f} \equiv \ell_2 - \ell_{2\mathrm{f}}$，後方焦点深度を $\xi_\mathrm{b} \equiv \ell_{2\mathrm{b}} - \ell_2$ で定義する．このとき，相似関係より

$$\frac{\ell_{2\mathrm{f}}}{D} = \frac{\xi_\mathrm{f}}{\delta}, \quad \frac{\ell_{2\mathrm{b}}}{D} = \frac{\xi_\mathrm{b}}{\delta} \tag{8.5}$$

が得られる．ξ_f と ξ_b は微小なので，式 (8.5) の左辺で $\ell_{2\mathrm{f}}$ と $\ell_{2\mathrm{b}}$ を ℓ_2 で近似すると，前方・後方焦点深度が同じ

$$\xi_\mathrm{j} \fallingdotseq \delta\frac{\ell_2}{D} = F^*\delta \quad (\mathrm{j} = \mathrm{f}, \mathrm{b}) \tag{8.6}$$

で表せる．ここで，$F^* = \ell_2/D$ は有効 F 値である．

カメラなどでは ℓ_2 がほぼ焦点距離 f に等しく，ξ_f や ξ_b が f に比べて十分微小なので，前方・後方焦点深度が次式で近似できる．

$$\xi_\mathrm{j} \fallingdotseq \delta\frac{f}{D} = \delta F = \frac{\delta}{2NA} \quad (\mathrm{j} = \mathrm{f}, \mathrm{b}) \tag{8.7}$$

前方・後方焦点深度は，F 数と許容錯乱円の直径 δ に比例し，開口数 NA に反比例する．焦点深度 D_F は前方・後方焦点深度の和 $D_\mathrm{F} = 2\delta F = \delta/NA$ で得られる．

式 (8.7) から，焦度深度について次のことがわかる．

(i) 焦点深度 D_F は口径 D に反比例する．これは，口径 D を小さくすると回折広がりが大きくなり，像点がぼけやすくなるためである．

(ii) 焦点深度 D_F は F 数に比例する．F 数が大きいとき，相対的に口径 D が小さくなるため，回折の影響が大きくなり，距離が前後にずれていても焦点を結びやすくなる．そのため，F 数が大きな光学系では焦点を合わせる必要がなくなる．

許容錯乱円の大きさ δ は用途により異なる．通常のカメラでは，画角対角線の 1/1000 〜1/1500 程度が目安となっている．

焦点深度は，カメラだけでなく，近年では，細径なビームを遠方まで伝搬できる，レーザ応用機器でも重要となっている．このとき，作業性をよくするためには，焦点位置から少しずれていてもビーム幅の変動が少ないこと，つまり，大きな焦点深度が望まれる．このような状況は，バーコードリーダやレーザ加工機，レーザメス，半導体露光装置などで重要となる．

8.3.2 被写界深度

像面位置を固定したとき，像面に鮮明な像を結び得る，物体側の位置に対する奥行き方向の許容範囲を**被写界深度**（depth of field）または**物体深度**という．

図 8.3 で，像側の位置 ℓ_2，$\ell_{2\mathrm{f}}$，$\ell_{2\mathrm{b}}$ と結像関係を満たす物側の位置を，それぞれ ℓ_1，$\ell_{1\mathrm{f}}$，$\ell_{1\mathrm{b}}$ で表す．このとき，これらは結像式 (3.31) を満たすから，物体，レンズ，像

が空気中にあるとすると，ℓ_1，$\ell_{1\mathrm{f}}$，$\ell_{1\mathrm{b}}$ が ℓ_2，$\ell_{2\mathrm{f}}$，$\ell_{2\mathrm{b}}$ と f で表せる．式 (8.5) から $\ell_{2\mathrm{f}}$ と $\ell_{2\mathrm{b}}$ は ℓ_2，D，δ の関数として表せる．このようにして，$\ell_{1\mathrm{f}}$，$\ell_{1\mathrm{b}}$ が f，D，δ で表せる．このとき，後方被写界深度を $\ell_1 - \ell_{1\mathrm{b}}$，前方被写界深度を $\ell_{1\mathrm{f}} - \ell_1$ とよぶと，これらは

$$\ell_1 - \ell_{1\mathrm{b}} = \frac{\delta F \ell_1^2}{f^2 + \delta F \ell_1}, \quad \ell_{1\mathrm{f}} - \ell_1 = \frac{\delta F \ell_1^2}{f^2 - \delta F \ell_1} \tag{8.8}$$

で表せる．式 (8.8) で ℓ_1 が負であることに留意すると，後方被写界深度の方が前方被写界深度より大きい．式 (8.8) から，被写界深度は f，F，δ，ℓ_1 の関数として表せる．

8.4 光学系の分解能

夜，遠方から来る自動車や列車のヘッドライトは，最初はぼやけているが，近づくにつれて二つあることが判別できるようになる．このように，2 点と判別できる最小距離や最小角度は**分解能**（resolving power）または**解像力**，**解像度**ともよばれ，光学系や光学機器の性能を理論的に表す尺度として用いられている．

8.4.1 円形開口からの回折

空間分解能の定義を説明するため，インコヒーレント光（波長 λ）が，中心間隔 d で存在する二つの同一径の円形開口（直径 D）面に垂直入射し，開口の後方距離 L にある像面で回折像が観測されるとする．この場合，2 物点からの光波は干渉しないから，二つの円形開口による回折像の光強度分布は，すでに求めた単一の円形開口での式 (6.29) で，r_i を $d/2$ および $-d/2$ だけずらした結果の重ね合わせで得られ，

$$I(r_\mathrm{i}) = \left(\frac{\pi D^2}{4}\right)^2 \left\{ \left[\frac{2J_1(R - R_d)}{R - R_d}\right]^2 + \left[\frac{2J_1(R + R_d)}{R + R_d}\right]^2 \right\} \tag{8.9}$$

で書ける．ただし，$R \equiv \pi D r_\mathrm{i}/\lambda L$ は規格化半径，$R_d \equiv \pi D d/2\lambda L$ は円形開口の光軸からのずれの効果，J_1 は第 1 種 1 次ベッセル関数である．$2J_1(R)/R$ は，$R = 0$ で最大値 1 をとり，R の増加とともに減衰振動する（▶ 6.3.3 項）．よって，各光強度分布は，図 6.5 に示したように，各中心から周辺に向かって振動しながら減少するが，大部分の光エネルギーは各中心部に集中している．

上記回折光強度で，片方の光強度が最初にゼロとなる半径は，式 (6.30) と同様にして

$$\varepsilon_\mathrm{A} \equiv r_\mathrm{i} = \frac{3.83\lambda L}{\pi D} = 1.22\frac{\lambda L}{D} \tag{8.10}$$

で表せる．ε_A を半径とした円盤を**エアリーの円盤**といい，これは円形開口による回折に伴う光波の広がりの目安となる．

8.4.2 レイリーの分解能

2物点（円形開口）から出た回折像があるとき，式 (8.9) に示したように，これらは近軸像点を中心とした広がりをもつため，各回折像の中心間隔により重なり具合が変化する．そこで，各回折像の最大値間の間隔 r_s をエアリーの円盤半径 ε_A で規格化したパラメータ $\varepsilon = r_\mathrm{s}/\varepsilon_\mathrm{A}$ を用いて，回折光強度分布を図 8.4 に示す．ε が小さいとき（図 (c)）は，開口と観測位置との距離 L が長いときに相当し，このときは回折像が近接して重なり合うため，もとの物点が二つであると認識できない．

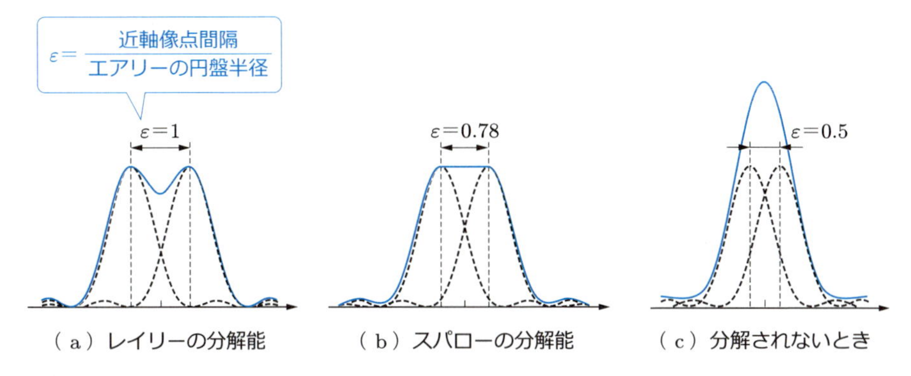

図 8.4　空間分解能（インコヒーレント光での回折像強度）
破線は個別の回折像強度．

$\varepsilon = 1$（図 (a)），つまり一方の回折光強度の最大値が他方の回折光強度のゼロとなるときには，もとの2物点が明確に判別できる．これを用いる分解能を**レイリーの分解能**（Rayleigh's criterion）とよび，このときの像点の中心間隔が次式で表せる．

$$\mathcal{R}_\mathrm{R} = \begin{cases} 1.22\dfrac{\lambda L}{D} & \text{（距離 } L \text{ 離れた場合）} \\ 1.22\dfrac{\lambda f}{D} = 1.22\lambda F = 0.61\dfrac{\lambda}{NA} & \text{（焦点距離 } f \text{ の無収差レンズ）} \end{cases} \tag{8.11}$$

ただし，$F = f/D$ は F 数，NA は開口数を表す．ちなみに，$\varepsilon = 1$ のとき，両回折光による中央のくぼみでの光強度は，両像点の極大値の約 74%となっている．

式 (8.11) 下段最後の結果は，アッベが導いた光学顕微鏡に対する空間分解能の式と一致している．分解能 $\mathcal{R}_\mathrm{R}$ は開口数 NA に反比例しており，光学系が明るくなるほど分解能がよくなることを表す．

図 (a) では，中央にくぼみがあるので，くぼみがなくなるぎりぎりのところまで許容する分解能をスパロー（Sparrow）の分解能とよぶ（図 (b)）

レイリーの分解能は，波長に比例し，開口の大きさ D に反比例している．これは回折像の第1暗線を評価基準として用いているため，物理的意味が明確で，一般にはこれがよく用いられる．レイリーの分解能は，収差がほとんどない光学系に対して適用できるだけであるが，実用上は非常に有用である．

式 (8.11) は円形開口を基準としたときの分解能である．開口の形状がスリットや方形開口になっても，係数が 1.22 の代わりに 1.0 となるだけで，各パラメータ依存性は変化しない（▶ 6.3 節および演習問題 8.4）．

2物点がコヒーレント光で照射される場合には，像面での両回折像の複素振幅の和をとった後に，光強度で評価する必要がある．そのため，両回折像での位相関係により，両回折像による光強度が複雑に変化する．

8.5　光学伝達関数

光学系の結像特性の性能評価を行う場合，近年は撮像装置など光学系が複雑化して，レイリーの分解能では不十分となってきた．そこで，光学系による空間での細かい濃淡の再現性を定量的に評価できる，光学伝達関数が用いられるようになった．複数の像変換システムが縦続する系では，系全体の光学伝達関数は個別システムの伝達関数の積で求められる．

光学伝達関数（OTF，optical transfer function）の本来の定義は，「正弦波状チャートに対する，像のコントラストと位相の変化を，x，y 方向の空間周波数 μ_x，μ_y の関数として表すもの」であり，次式で表される（図 8.5）．

$$H(\mu_x, \mu_y) = |M(\mu_x, \mu_y)| \exp[i\phi(\mu_x, \mu_y)] \tag{8.12}$$

$|M(\mu_x, \mu_y)|$ は**変調伝達関数**（MTF，modulation transfer function），位相ずれ ϕ を含む指数関数部分は**位相伝達関数**（PTF，phase transfer function）とよばれる．

入力正弦波状パターンや出力像での縞模様の見やすさを，**コントラスト**（contrast）または**鮮明度**とよび，これは干渉縞の可視度と同じ式 (5.39) で定義される．正弦波状パターンではコントラストが変調度 m に等しくなるので，入力像に対する出力像のコントラストの比 $M = m'/m$ を変調伝達関数とよぶ．位相伝達関数は，入・出力パターンの空間ずれを位相ずれで表すものである．OTF の $H < 0$ は $\phi = \pm\pi$ に相当し，白黒のパターンが入力像と出力像で反転していることを意味する．光学伝達関数は変調伝達関数（MTF）だけで評価されることが多い．

空間周波数（spatial frequency）は，実用的には単位距離あたりに含まれる，同一幅の白黒のストライプ対の数を指し，これを空間分解能の尺度とする．空間周波数の

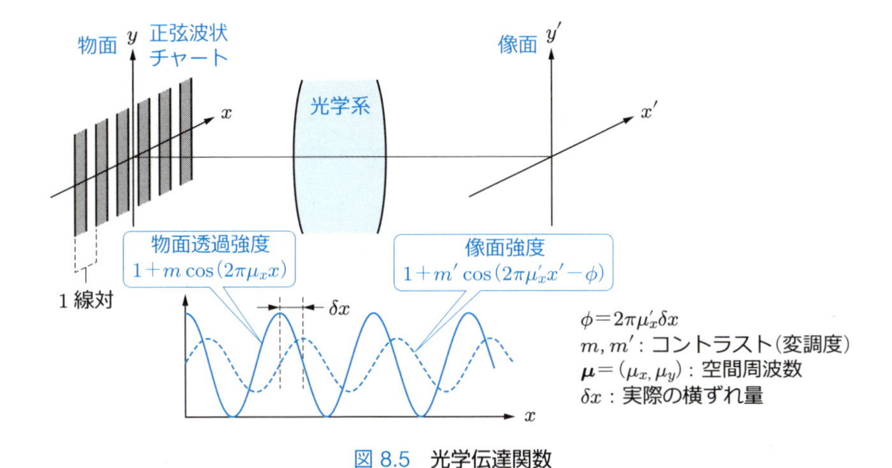

図 8.5 光学伝達関数

単位は [線対/mm]（[line pairs/mm]）である．

以下では，まず点像分布関数を用いて光学伝達関数の定義を説明する．その後，瞳関数を用いた光学伝達関数の表現を示す．後半では，インコヒーレント光とコヒーレント光の入射に対する光学伝達関数の特性の違いを説明する．

8.5.1 点像分布関数と光学伝達関数

物体から出る光波が光学系を介して像を結ぶとき，物面座標と像面座標を光軸に垂直にとり，光軸を原点として物面座標を $\boldsymbol{u} \equiv (\xi, \eta)$，像面座標を $\boldsymbol{x} \equiv (x, y)$ とする．物面と像面の距離 L が，物面と像面での情報の分布域に比べて十分に大きいとする．ピンホールなどの点物体からの像は，回折やレンズの収差などの影響により広がりをもつ．このような，点物体からの単位入力に対する，回折広がりを考慮した像面での分布関数を**点像分布関数**（point spread function）という（図 8.6(a)）．これは電気領域でのインパルス応答に対応する．

物体の強度透過率を $f(\boldsymbol{u})$ で表し，物体が光軸近傍にのみ分布するとして，

$$f(\boldsymbol{u}) = \begin{cases} f(\boldsymbol{u}) & \text{(物体の分布範囲)} \\ 0 & \text{(物体が分布していない範囲)} \end{cases} \tag{8.13}$$

で定義する．点像分布関数 $h(\boldsymbol{x})$ は $\boldsymbol{u} = 0$ の物点に対する像面上の点 $\boldsymbol{x}$ での応答を表すから，図 (b) のように物面上の点 $\boldsymbol{u}_0$ から来る光波に対する点 $\boldsymbol{x}$ での応答は $h(\boldsymbol{x} - \boldsymbol{u}_0)$ で表せる．強度透過率 $f(\boldsymbol{u}_0)$ を考慮すると，点 $\boldsymbol{x}$ での光強度が $f(\boldsymbol{u}_0)h(\boldsymbol{x} - \boldsymbol{u}_0)$ で書ける．

インコヒーレント光では，異なる物点から来る光波は干渉しないから，像面上の点

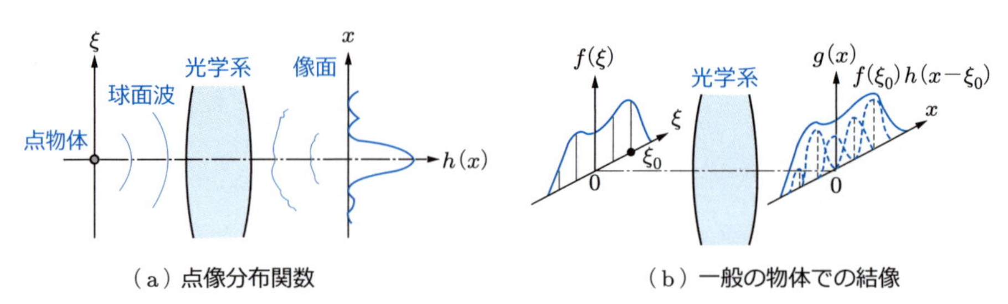

（a）点像分布関数　　（b）一般の物体での結像

$f(\boldsymbol{u})$：物体強度透過率，$h(\boldsymbol{x})$：点像分布関数，$g(\boldsymbol{x})$：像面強度

$g(\boldsymbol{x})=\iint f(\boldsymbol{u})\,h(\boldsymbol{x}-\boldsymbol{u})\,d\boldsymbol{u}$，$\boldsymbol{u}=(\xi,\eta)$，$\boldsymbol{x}=(x,y)$

図 8.6　光学伝達関数（OTF）に関係する関数

$\boldsymbol{x}$ での光強度分布は，上式を物面座標全体で積分して，次式で表せる．

$$g(\boldsymbol{x}) \equiv f(\boldsymbol{u}) * h(\boldsymbol{x}) = \iint_{-\infty}^{\infty} f(\boldsymbol{u})h(\boldsymbol{x}-\boldsymbol{u})\,d\boldsymbol{u} \quad \text{（2 次元積分）} \tag{8.14}$$

式 (8.14) における $g(\boldsymbol{x})$ を，$f(\boldsymbol{u})$ と $h(\boldsymbol{x})$ に関する**畳み込み積分**（convolution integral）という．ここで，$*$ は畳み込み積分を表す演算記号で，$\otimes$ が用いられることもある．

式 (8.14) の両辺をフーリエ変換すると，畳み込み積分とフーリエ変換との数学的関係により，次式が得られる（▶ web 付録 A.4）．

$$\mathcal{F}[g(\boldsymbol{x})] = \mathcal{F}[f(\boldsymbol{u}) * h(\boldsymbol{x})] = \mathcal{F}[f(\boldsymbol{u})]\mathcal{F}[h(\boldsymbol{x})] \tag{8.15}$$

ただし，$\mathcal{F}$ はフーリエ変換を施すことを表す（▶ 10.1 節）．これより，$h(\boldsymbol{x})$ のフーリエ変換 $\mathcal{F}[h(\boldsymbol{x})]$ は，像強度の物体強度透過率に対する比を周波数領域で表した $\mathcal{F}[g(\boldsymbol{x})]/\mathcal{F}[f(\boldsymbol{u})]$ となる．

式 (8.15) における $\mathcal{F}[g(\boldsymbol{x})]/\mathcal{F}[f(\boldsymbol{u})]$ は，光学伝達関数の定義に正しく合致している．したがって，**光学伝達関数**が次式で示せる．

$$H(\boldsymbol{\mu}) = \mathcal{F}[h(\boldsymbol{x})] = \frac{\mathcal{F}[g(\boldsymbol{x})]}{\mathcal{F}[f(\boldsymbol{u})]} = \iint_{\mathrm{p}} h(\boldsymbol{x}) \exp[i2\pi(\boldsymbol{\mu}\cdot\boldsymbol{x})]\,d\boldsymbol{x} \tag{8.16}$$

$$\boldsymbol{\mu} \equiv (\mu_x, \mu_y) \tag{8.17}$$

式 (8.16) は，光学伝達関数が点像分布関数 $h(\boldsymbol{x})$ のフーリエ変換で表せることを示している．ただし，$\boldsymbol{\mu}$ は空間周波数の 2 次元表示である．

8.5.2 瞳関数

射出瞳では光学系におけるレンズ特性や収差の影響を反映した波面が現れ（▶ 8.1 節），この波面の状態を記述する関数を瞳関数とよぶ．瞳関数は，光学系の結像性能を評価するのに役立ち，光学伝達関数と密接な関係がある．

理想光学系では，物面上の1点から出たすべての光線（波長 λ）は，光学系を通過後，近軸像点 Q_0 に結像する (▶ 3.3 節)．収差がない場合，射出瞳通過後の光線は近軸像点 Q_0 を中心とした半径 R の球面波を形成し，この波面 S_0 を**参照波面**（reference wave-front）または**参照球面**（reference sphere）という（図 8.7）．理想状態からずれた波面を S' で表し，波面の S_0 と S' を射出瞳の中心 C で一致させる．射出光線上でのずれ $A'A_0$ を射出瞳面 (ξ, η) 上で光路長の形で表すものを**波面収差**（wave-front aberration）とよび，$W(\xi, \eta)$ で表す．このとき，**瞳関数**（pupil function）は

$$P(\xi, \eta) = T(\xi, \eta) \exp[-ikW(\xi, \eta)] \tag{8.18}$$

で表される．ただし，$T(\xi, \eta)$ は瞳座標における振幅透過率，$k = 2\pi/\lambda$ は波数である．参照球面としては，その曲率半径が波長に比べて十分大きければよい．

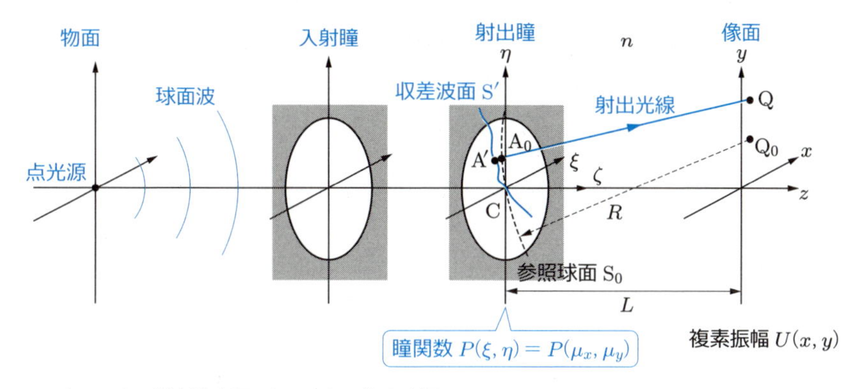

図 8.7　瞳関数と波面収差

射出瞳面 (ξ, η) から出る光波が，瞳面の後方十分大きい距離 L の像面 (x, y) で像を結ぶとする．このとき，焦点外れによる波面収差を考慮すると，像面での複素振幅が

$$U(x, y) = \iint_{-\infty}^{\infty} P(\mu_x, \mu_y) \exp[i2\pi(\mu_x x + \mu_y y)]\, d\mu_x d\mu_y \tag{8.19}$$

で記述できる．ここで，$P(\mu_x, \mu_y)$ は瞳関数であり，ここでの空間周波数 μ_x，μ_y は

$$\mu_x \equiv \frac{n\xi}{\lambda R}, \quad \mu_y \equiv \frac{n\eta}{\lambda R} \tag{8.20}$$

で定義され，n は像空間の屈折率，R は参照球面の曲率半径である．式 (8.19) は，像面での複素振幅が瞳関数の瞳面でのフーリエ変換 (▶ 10.1 節) で得られることを表す．

8.5.3 インコヒーレント結像での光学伝達関数

インコヒーレント光を結像に使用する場合を**インコヒーレント結像**（incoherent imaging）という．この場合には，物体の異なる2点から来た光波は干渉することなく，単なる光強度の和で与えられる．

(1) 光学伝達関数の表現

点像分布関数は，像面での複素振幅 $U(\boldsymbol{x})$ を光強度に変換した $h(\boldsymbol{x}) = |U(\boldsymbol{x})|^2$ で書ける．これを式 (8.16) に代入し，積分順序を交換すると，光学伝達関数が

$$H(\mu_x, \mu_y) = \int_{-\infty}^{\infty} P(\mu_1, \mu_2) P^*(\mu_1 + \mu_x, \mu_2 + \mu_y)\, d\mu_1 d\mu_2 = P \star P \qquad (8.21)$$

で表せる（▶ web 付録 A.5）．記号 $\star$ は相関関数を表す．式 (8.21) は，インコヒーレント結像では，光学伝達関数 $H(\mu_x, \mu_y)$ が式 (8.16)，(8.19) のように点像分布関数を介在させることなく，瞳関数 $P(\mu_x, \mu_y)$ の**自己相関関数**（autocorrelation function）から求められることを示す．式 (8.21) で変数を $\mu_1' = \mu_1 + \mu_x/2$，$\mu_2' = \mu_2 + \mu_y/2$ と変換すると，光学伝達関数が次のようにも書ける．

$$H(\mu_x, \mu_y) = \int_{-\infty}^{\infty} P\left(\mu_1' - \frac{\mu_x}{2}, \mu_2' - \frac{\mu_y}{2}\right) P^*\left(\mu_1' + \frac{\mu_x}{2}, \mu_2' + \frac{\mu_y}{2}\right) d\mu_1' d\mu_2' \qquad (8.22)$$

これは，瞳関数の中心を同量ずつ逆方向にずらした図形の重なり部分の面積が，光学伝達関数になることを示している．

式 (8.22) の物理的意味を図 8.8 で説明する．射出瞳の中心 A から出た光波のうち，±1次回折光は，射出瞳に含まれる物体の空間周波数 μ_x だけ光軸から上下にずれた位置 B，C に結像する（▶ 6.3.1 項）．有限の大きさをもつ射出瞳の形状に応じて，±1次回折光の結像位置が変化する．物体が一つの空間周波数成分で変動している場合，この

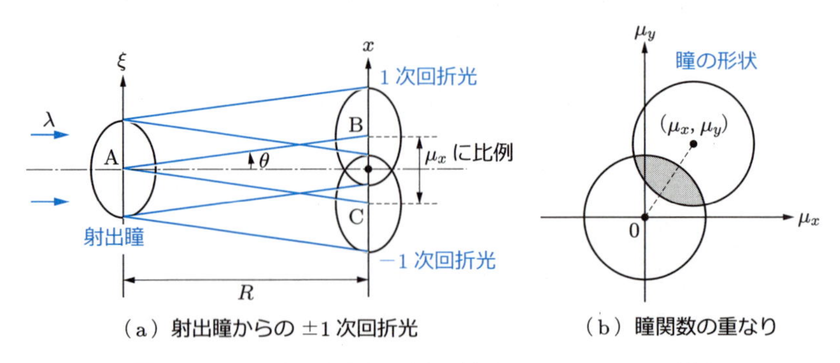

（a）射出瞳からの ±1 次回折光　（b）瞳関数の重なり

図 8.8　光学伝達と瞳関数の対応関係（インコヒーレント結像）

周波数が自己相関での瞳のシフト量 μ_x に対応する．よって，瞳関数が ξ，η 方向にそれぞれ μ_x，μ_y の空間周波数で変化している場合，式 (8.21) からわかるように，光学伝達関数の値は，図 (b) に示すように，瞳関数で重みづけした，射出瞳の形状に対応する二つの図形を，空間周波数だけずらしたときの重なり部分の面積に相当する．

(2) 光学伝達関数の数値例

光波（波長 λ）が無収差光学系に入射する場合について，次の 2 種類を同時に検討する．瞳の形状は通常，円形だから，①円形開口（直径 D）から後方距離 L での特性と，②光学系がレンズ（焦点距離 f，F 数 F）で射出瞳が直径 D の円での特性である．このとき，式 (8.18) で定義した瞳関数 $P(\mu_x, \mu_y)$ は次のように書ける．

$$P(\mu_x, \mu_y) = \begin{cases} T(\mu_x, \mu_y)\exp[-ikW(\mu_x, \mu_y)] & (\mu_x^2 + \mu_y^2 \leqq D_\mathrm{N}^2) \\ 0 & (\mu_x^2 + \mu_y^2 > D_\mathrm{N}^2) \end{cases} \tag{8.23a}$$

$$D_\mathrm{N} = \frac{D}{2\lambda L} = \frac{D}{2\lambda f} \tag{8.23b}$$

ただし，μ_x と μ_y は瞳関数の空間周波数，D_N は規格化開口径，$k = 2\pi/\lambda$ は波数である．無収差の場合，振幅透過率を $T(\mu_x, \mu_y) = 1$，波面収差を $W(\mu_x, \mu_y) = 0$ とおける．

インコヒーレント光が，無収差で振幅透過率 1 の円形開口に入射する場合，式 (8.23) を式 (8.21) に代入し，$H(0,0)$ で規格化すると，光学伝達関数が

$$H(\mu_x, 0) = \begin{cases} 1 - \dfrac{\mu_x}{\pi}\sqrt{1 - \left(\dfrac{\mu_x}{2}\right)^2} - \dfrac{2}{\pi}\sin^{-1}\dfrac{\mu_x}{2} & (0 \leqq \mu_x \leqq 2D_\mathrm{N}) \\ 0 & (\mu_x > 2D_\mathrm{N}) \end{cases} \tag{8.24}$$

で求められる（▶ 例題 8.2）．式 (8.24) は，半径 1 の二つの円が μ_x ずれたときの重なり部分の面積に相当し，$H(0,0) = 1$，$H(2D_\mathrm{N}, 0) = 0$ である．インコヒーレント結像での円形開口の光学伝達関数は，高周波になるほど値が低下し，ほぼ三角形になっている（図 8.9）．方形開口の光学伝達関数は厳密に三角形となっている

上記の無収差光学系で通過できる最大周波数を，**限界周波数**（cut-off frequency）または**遮断周波数**という．これを μ_c で書くと，式 (8.23b) での 2 種類に応じて，

$$\mu_\mathrm{c} = 2D_\mathrm{N} = \begin{cases} \dfrac{D}{\lambda L} & (\text{距離 } L \text{ 離れた場合}) \\ \dfrac{D}{\lambda f} = \dfrac{1}{\lambda F} & (\text{焦点距離 } f \text{ の無収差レンズ}) \end{cases} \tag{8.25}$$

で書ける．式 (8.25) は，式 (8.11) で示したレイリーの分解能に反比例している．よっ

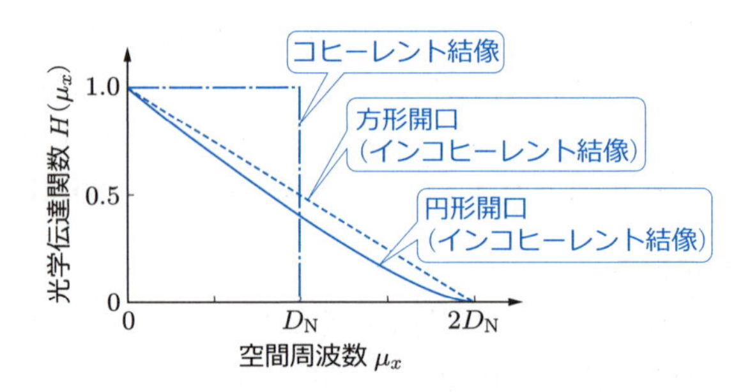

図 8.9　各種開口による光学伝達関数の空間周波数依存性（無収差光学系）

て，光学伝達関数は，古典的なレイリーの分解能を，より定量的に評価できるように拡張した概念といえる．円形開口のインコヒーレント結像では，レイリーの分解能 $\mathcal{R}_{\mathrm{R}}$ は，OTF ≒ 0.089 に対応する空間周波数 $\mu_x = 1.64D_{\mathrm{N}}$ を分解することと等価である．

例題 8.2　インコヒーレント結像における瞳関数に関する次の問いに答えよ．
(1) 半径 1 の二つの円が μ_x ずれたときの重なり部の面積が式 (8.24) で書けることを示せ．
(2) $\mu_x = 1$ のときの $H(1,0)$ の値を求めよ．

解答　(1) 2 円の中心を O_1 と O_2，2 円の交点を A，B，線分 $\mathrm{O}_1\mathrm{O}_2$ と AB の交点を C とおくと，$\angle\mathrm{ACO}_1 = \pi/2$ となる．$\angle\mathrm{AO}_1\mathrm{C} = \theta$ とおくと，$\cos\theta = \mu_x/2$ となる．$\angle\mathrm{AO}_1\mathrm{B}$ とこれを見込む円弧で囲まれる扇形の面積は $S_1 = \pi \cdot 1^2(2\theta/2\pi) = \cos^{-1}(\mu_x/2)$ で，$\triangle\mathrm{AO}_1\mathrm{B}$ の面積は $S_2 = (\mu_x/2)\sin\theta = (\mu_x/4)\sqrt{4-\mu_x^2}$ となる．重なり部分の面積は

$$S(\mu_x) = 2(S_1 - S_2) = 2\cos^{-1}\frac{\mu_x}{2} - \frac{\mu_x}{2}\sqrt{4-\mu_x^2}$$

で表される．逆三角関数に関する公式 $\cos^{-1}x = \pi/2 - \sin^{-1}x$ を用いて，次式を得る．

$$S(\mu_x) = \pi - 2\sin^{-1}\frac{\mu_x}{2} - \frac{\mu_x}{2}\sqrt{4-\mu_x^2}$$

これを $S(0) = \pi$ で規格化して，$H(\mu_x, 0) = S(\mu_x)/S(0)$ より式 (8.24) を得る．
(2) $\mu_x = 1$ のとき $H(1,0) = 1 - \sqrt{3}/2\pi - (2/\pi)(\pi/6) = 0.391$ となる．

8.5.4 コヒーレント結像での光学伝達関数

光源として，レーザなどの可干渉な光を用いて結像させる場合を**コヒーレント結像**（coherent imaging）という．この場合，物体の異なる点から出た光波は，像面で互いに干渉する．そのため，物面や各結像面などの途中では複素振幅で扱い，最後に記録あるいは観測する際に光強度で求める．

物面の複素振幅透過率を $f_{\mathrm{a}}(\boldsymbol{u})$，複素振幅に対する点像分布関数を $h_{\mathrm{a}}(\boldsymbol{x})$ で表すと，像面での複素振幅 $g_{\mathrm{a}}(\boldsymbol{x})$ は，形式的に式 (8.14) と同じ畳み込み積分で得られ，式 (8.16) と同じ結果が得られる．しかし，コヒーレント結像では，像面での複素振幅 $U(x,y)$ を

用いて，点像分布関数が $h_{\mathrm{a}}(\boldsymbol{x}) = U(x, y)$ と複素振幅で表される点が異なる．式 (8.21) の導出と同様にして，コヒーレント結像での光学伝達関数が

$$H_{\mathrm{a}}(\mu_x, \mu_y) = P(\mu_x, \mu_y) \tag{8.26}$$

で表せる．つまり，コヒーレント結像では，光学伝達関数が瞳関数 P に一致する．

コヒーレント結像では，光学伝達関数は瞳関数に一致するから，たとえば式 (8.23) の瞳関数に対する光学伝達関数は，式 (8.23) そのもので得られる．

瞳関数を式 (8.23) と同じく収差がないとすると，$H_{\mathrm{a}}(\mu_x, \mu_y)$ は $0 \leqq \mu_x \leqq D_{\mathrm{N}}$ でつねに $H_{\mathrm{a}}(\mu_x, \mu_y) = 1$ となる（▶図 8.9）．すなわち，この帯域内では像面の複素振幅が，物面からの光波の複素振幅と完全に一致する．これは，インコヒーレント結像では，帯域が $0 \leqq \mu_x \leqq 2D_{\mathrm{N}}$ と広いが，高周波では低下していたのと対照的である．

演習問題

8.1 入射瞳と射出瞳が互いに共役となる理由を説明せよ．

8.2 顕微鏡対物レンズを用いて，片側開口角を ζ として物体を観察する場合，次の三つの中ではどれが一番明るく観察できるか．

① 空気中において $\zeta = 45^\circ$ で観察

② レンズと物体の間をセダ油（$n = 1.516$）で満たし，$\zeta = 30^\circ$ で観察

③ レンズと物体の間をモノブロモナフタレン（$n = 1.66$）で満たし，$\zeta = 25^\circ$ で観察

8.3 物体が空気中で薄肉凸レンズ（焦点距離 f）の前方 $5.0f$ にある．錯乱円の半径が $f/1000$ まで許容されるとき，F 数が 2.0 と 4.0 の場合について，焦点深度を f のみで表せ．

8.4 インコヒーレント光（波長 λ）を，幅 D，中心間隔 d の二つのスリットに垂直入射させるとき，次の問いに答えよ．

(1) 二つのスリット面から十分な距離 L 離れた像面での回折光強度分布を求めよ．

(2) このとき，レイリーの分解能と同じ考え方で，空間分解能に対する表式を求めよ．

8.5 焦点距離が 50 mm，F 数が 2.0 のカメラ用標準レンズに対して，レイリーの分解能および光学伝達関数における限界周波数を求めよ．ただし，レンズは無収差で，使用波長を 500 nm とする．

8.6 瞳関数が 1 次元で

$$P(\mu_x) = \begin{cases} 1 & (0 \leqq \mu_x \leqq 1 \text{ および } 2 \leqq \mu_x \leqq 3) \\ 0 & (\text{その他}) \end{cases}$$

で与えられているとき，インコヒーレント結像に対する光学伝達関数 $H(\mu_x)$ を求めよ．

9章 結像作用をもつ光学素子

結像作用といえば，3 章で説明した球面レンズや球面反射鏡などが一般的である．本章では，ほかの構造でも結像作用が得られることを示し，結像作用の多様性や本質を明らかにする．

9.1 節では，球面レンズの結像作用を複素振幅透過率における位相変換作用として捉え，結像作用の本質を探る．9.2 節と 9.3 節では，フレネルの輪帯板とフレネルレンズによる結像作用を説明する．最後の 9.4 節では，端面が平面であるが，やはり結像作用をもつ分布屈折率レンズを説明する．

9.1 レンズの位相変換作用

球面からなる凸レンズは，物点から出るあらゆる方向に伝搬する近軸光線を，像点に集束させる機能をもつ (▶ 3.3 節)．また，マリュスの定理によると，光線が屈折や反射を繰り返しても，光線と波面がつねに直交する (▶ 2.4 節)．したがって，凸レンズは，物点から出た発散する球面波を，レンズ透過後，像点へ集束する球面波に変換する作用があるといえる．本節では，この作用を位相因子の形で記述する．

光軸に平行に進行する光線が，凸レンズ（焦点距離 $f > 0$）に入射する場合を考える．このときの結像作用は，光軸に沿って進行する平面波を，後側焦点 F_2 に集束する球面波に変換する波面変換作用と解釈できる（図 9.1）．レンズに入射する直前の平面波の複素振幅は，レンズの後側焦点 F_2 を基準とすると，$u_{\mathrm{in}} = \exp ikf$ で記述できる．ただし，$k = 2\pi/\lambda$ は光波の波数，λ は波長を表す．

レンズの波面変換作用を位相変換作用として表すため，光軸を原点としてレンズ面座標を (ξ, η) で表す．レンズ中心から距離 r にあるレンズ面上の点 P と後側焦点 F_2 との距離を s とすると，関係式 $s^2 = f^2 + r^2$，$r^2 = \xi^2 + \eta^2$ が成り立つ．このとき，近軸光線を想定して $r \ll f$ とすると，s が次式で近似できる．

$$s = \sqrt{f^2 + r^2} = f\left[1 + \left(\frac{r}{f}\right)^2\right]^{1/2} \fallingdotseq f + \frac{r^2}{2f} \tag{9.1}$$

これより，レンズ透過直後の複素振幅が $u_{\mathrm{out}} = \exp iks$ で表せる．

凸レンズの結像作用を位相因子 u_{L} で表すと，$u_{\mathrm{in}} u_{\mathrm{L}} = u_{\mathrm{out}}$ と書けるから，凸レンズの位相変換作用が複素振幅透過率の形で

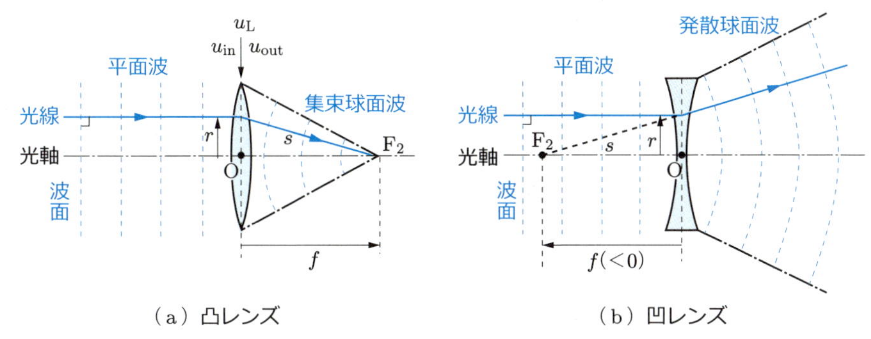

u_{in}, u_{out}：レンズ入射前後の複素振幅，u_L：レンズの複素振幅透過率，F_2：後側焦点

図 9.1 レンズの位相変換作用

$$u_L = \frac{u_{out}}{u_{in}} = \exp\left(ik\frac{r^2}{2f}\right) = \exp\left(i\frac{\pi r^2}{\lambda f}\right) \tag{9.2}$$

と書ける．結像作用を表す式 (9.2) には，複素振幅透過率の位相項にレンズ中心からの距離 r の 2 乗に比例する項が含まれている．これは，複素振幅透過率の位相項に r^2 に比例する因子を含むものは，球面レンズ以外の光学素子でも結像作用をもつことを示唆している．式 (9.2) は，図 (b) のように凹レンズ（焦点距離 $f < 0$，光軸に沿って進んできた平面波を，後側焦点 F_2 から出る発散球面波に変換する作用をもつ）の場合にも形式的に成り立ち，そのときは焦点距離の符号を反転させればよい．

レンズの結像作用を複素振幅透過率に置き換えるという考え方は，後述するフレネルの輪帯板やホログラフィの解釈で重要となる．

9.2 回折による結像作用：フレネルの輪帯板

透過型光学素子における結像作用は，式 (9.2) に示すように，複素振幅透過率の位相部分が，光軸からの距離の 2 乗に比例する場合に得られる．このような特性を，回折現象を利用して実現する素子を**回折光学素子**という．

物点から像点までに至る光路長，言い換えれば，位相変化があらゆる方向の光線について一定値であれば，特定波長について結像作用が得られる（▶ 1.5.2 項）．よって，物点から像点までの位相変化の差が 2π の整数倍，つまり波長の整数倍であれば，同じく結像作用が得られるはずである．

図 9.2 に示すように，空気中にある光軸に垂直な平面に，透過・不透過領域の輪状の帯を交互に設けた輪帯板を設置し，その前後の光軸上に波長 λ の光を発する点 P と，観測点 Q をとる．光軸を z 軸，輪帯板の位置を原点 O として，光源と観測点の z 座

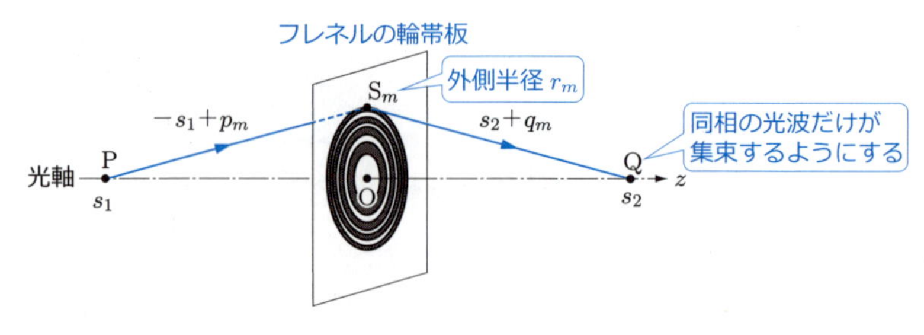

図 9.2　フレネルの輪帯板

標をそれぞれ s_1（<0）と s_2 で表す．これらの大きさが波長よりも十分に大きいとし（$|s_1|$，$s_2 \gg \lambda$），m 番目の輪帯 S_m の外側半径を r_m とする．

結像作用を得るのに必要な r_m に対する条件を調べるため，点 P から輪帯 S_m を介して観測点 Q まで至る光波を考える．このとき，光軸上が最短距離であり，輪帯 S_m から点 P，Q までの距離が，輪帯板の光軸上での距離よりもそれぞれ p_m，q_m だけ長いとすると，次式が成り立つ．

$$s_1^2 + r_m^2 = (-s_1 + p_m)^2, \quad s_2^2 + r_m^2 = (s_2 + q_m)^2$$

近軸光線を想定して $|s_1| \gg p_m$ と $s_2 \gg q_m$ を用いると，$r_m^2 = -2s_1 p_m + p_m^2$ および $r_m^2 = 2s_2 q_m + q_m^2$ で右辺の p_m^2 と q_m^2 を無視して，p_m と q_m が次式で近似できる．

$$p_m \fallingdotseq -\frac{r_m^2}{2s_1}, \quad q_m \fallingdotseq \frac{r_m^2}{2s_2} \tag{9.3}$$

点 P から観測点 Q まで伝搬する光波について，隣接する輪帯 S_m を通る光波が逆相となるようにする．すなわち，一つおきの輪帯を通過する光波が同相となり，これらの位相変化の差が 2π の整数倍となるようにする．そのためには，輪帯 S_m を通る光波の $p_m + q_m$ が半波長，つまり $\lambda/2$ の整数倍となればよい．式 (9.3) を利用して，輪帯の外側半径 r_m が満たすべき関係が，次式で表せる．

$$p_m + q_m \fallingdotseq r_m^2 \left(-\frac{1}{2s_1} + \frac{1}{2s_2} \right) = m\frac{\lambda}{2} \quad (m：正の整数) \tag{9.4}$$

式 (9.4) は，輪帯の外側半径 r_m が m の平方根に比例すべきことを意味している．式 (9.4) は次のように書き換えることができる．

$$-\frac{1}{s_1} + \frac{1}{s_2} = \frac{1}{f_{\mathrm{F}}}, \quad f_{\mathrm{F}} \equiv \frac{r_m^2}{m\lambda} \tag{9.5}$$

式 (9.5) 第 1 式をガウスのレンズ公式 (3.2) と比較すると，これは焦点距離 f_{F} のレンズによる結像を表していることがわかる．輪帯を交互に透過・不透過とすると，同相の光波だけが点 Q に集まり，結像作用をもつ．これを**フレネルの輪帯板**（**FZP:**

Fresnel zone plate）または**フレネルゾーンプレート**とよぶ．フレネルの輪帯板では，焦点距離が波長 λ に反比例しており，焦点距離が使用波長に強く依存する．このような性質は通常の球面レンズでは見られないものである．ただし，式 (9.5) から明らかなように，一定の焦点距離に対して異なる波長の光も点 Q に到達するので，FZP の色収差は大きい．

式 (9.5) における焦点距離 f_{F} を式 (9.2) における f に代入すると，フレネルの輪帯板に対する複素振幅透過率が次式で書ける．

$$u_{\mathrm{p}} = \exp\left(i\frac{\pi\gamma^2}{2}\right) = \cos\frac{\pi\gamma^2}{2} + i\sin\frac{\pi\gamma^2}{2}, \quad \gamma \equiv \sqrt{\frac{2r_m^2}{\lambda f_{\mathrm{F}}}} \tag{9.6}$$

式 (9.6) 第 1 式の実部と虚部を図 9.3 に示す．$\sin(\pi\gamma^2/2)$ が正となる範囲は，γ の値が

$$0 \sim \sqrt{2},\ \sqrt{4} \sim \sqrt{6},\ \sqrt{8} \sim \sqrt{10},\ \cdots$$

のように，正の偶数の平方根で区切られている．凸レンズの場合，上記範囲で $\sin(\pi\gamma^2/2)$ は正であるが，値は変動している．$\sin(\pi\gamma^2/2) > 0$ を満たす範囲を完全透過とし，$\sin(\pi\gamma^2/2) < 0$ を満たす範囲を不透過にしたものを，正の輪帯板という．図 9.3 と透過・不透過が逆のものを負の輪帯板とよぶ．

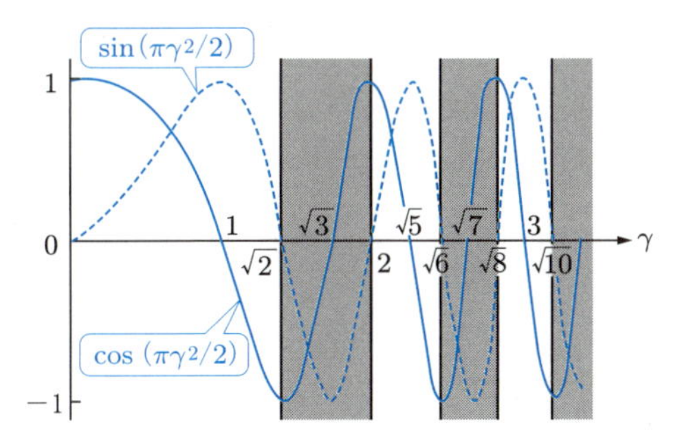

図 9.3 レンズの複素振幅透過率とフレネルの輪帯板（FZP）の関係
$\sin(\pi\gamma^2/2) < 0$ である網かけ部のみを不透過としたものが正の輪帯板．

フレネルの輪帯板は，共役点の一方から来た光波の大部分を，他方の共役点で同相とすることにより，結像作用をもたせたものであるが，透過・不透過領域が交互にある振幅型のため，光の利用効率が悪い．これを改善するため，位相型の回折光学素子を実現したのがキノフォームである（▶ 演習問題 9.2）．ホログラフィにおけるホログラムには，フレネルの輪帯板がもつ結像作用の形で情報が記録されている（▶ 演習問題 9.3）．

例題 9.1 空気中にある正の輪帯板で，波長 589 nm で焦点距離 50 mm を達成したい．透過輪帯数を 10 とするとき，最大の輪帯外側半径を求めよ．

解答　透過・不透過領域の輪帯が交互であることが本質的だから，中心輪帯を透過とする場合，19 個の輪帯を必要とする．式 (9.5) 第 2 式より，輪帯の外側半径が $r_m = \sqrt{m\lambda f_{\mathrm{F}}}$ で得られ，$m = 19$ などの値を代入して，$r_{19} = \sqrt{19 \cdot 589 \times 10^{-6} \cdot 50}\,\mathrm{mm} = 0.75\,\mathrm{mm}$ を得る．

9.3　フレネルレンズのプリズムへの分解

通常，レンズの両面は球面をなしているが，結像作用に直接関与するのは，表面の湾曲具合だけであり，球面レンズの湾曲部分以外を除去しても結像作用が得られる．このようなレンズを**フレネルレンズ** (Fresnel lens) という．本節では，フレネルレンズをプリズムの集合体として捉えて，その結像特性を示す．

平凸レンズの断面を厚さ方向に多数の層にスライスして，円弧の一部を平面で結んで，多数のプリズムに分解する（図 9.4）．わかりやすくするため，光線が空気中にあるレンズの平面側から垂直入射するものとする．3.3 節の定義に従って，第 1 面の曲率半径を無限大，第 2 面の曲率半径を R (< 0)，レンズの屈折率を n_{L}，レンズ中心部の厚さを d とし，レンズの曲率半径 $|R|$ はレンズ厚 d に比べて十分大きいとする．

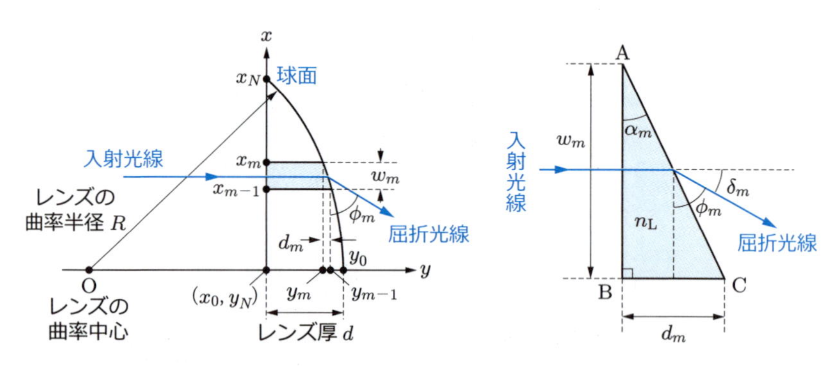

（a）レンズのプリズムへの分解とパラメータ　　（b）頂角 α_m が微小なときの偏角 δ_m

f_m：レンズの焦点距離，n_{L}：レンズの屈折率，ϕ_m は演習問題 9.4 で使用

図 9.4　レンズのプリズムへの分解と光線伝搬

平凸レンズの断面で，平面側を x 軸，光軸を y 軸にとると，球面レンズの表面を表す円の方程式が $x^2 + [y + (-R - d)]^2 = R^2$ で書ける．レンズを厚さ方向に N 等分すると，フレネルレンズの厚さが $d_m = d/N$ となる．以下では N が十分大きいとする．y 軸方向の座標を凸側から設定すると，m 番目が $y_m = d - md/N$ $(m = 0, 1, 2, \cdots, N)$ とおける．これに対応する x 座標は，

$$x_m^2 = R^2 - (-R - d + y_m)^2 = R^2 - R^2\left(1 + \frac{md/N}{R}\right)^2 \fallingdotseq -2Rd\frac{m}{N}$$

より，次式で表せる．

$$x_m = \sqrt{-2Rd\frac{m}{N}} \tag{9.7}$$

m 番目のプリズムの幅は，

$$w_m = x_m - x_{m-1} = \sqrt{\frac{-2Rd}{N}}(\sqrt{m} - \sqrt{m-1}) = \sqrt{\frac{-2Rd}{N}}\frac{1}{\sqrt{m} + \sqrt{m-1}}$$

で書ける．分割数が十分多いときには，隣接する m による違いは無視でき，

$$w_m \fallingdotseq \sqrt{-\frac{Rd}{2mN}} \tag{9.8}$$

で近似できる．図 (b) のように，m 番目のプリズムの頂角を α_m とおくと，

$$\tan\alpha_m = \frac{d_m}{w_m} = \sqrt{-\frac{2dm}{RN}} \tag{9.9}$$

と書け，$|R| \gg d$ だから，頂角 α_m は微小として扱える．頂角 α_m と光線の入射角が微小なとき，偏角が光線の入射角と無関係となること（▶ 2.5 節）が利用でき，式 (2.19) を用いて，偏角 δ_m が次式で近似できる．

$$\delta_m \fallingdotseq (n_{\mathrm{L}} - 1)\alpha_m \tag{9.10}$$

光軸上でフレネルレンズ前方 s_1 にある物点 P から出た光線が，レンズ後方 s_2 にある点 Q に結像するものとする（図 9.5）．s_j（$j = 1, 2$）はレンズより右（左）側を正（負）とする．点 P と m 番目のプリズムを結ぶ線と，光軸がなす角度を ζ_{1m} とすると，

$$\tan\zeta_{1m} = \frac{(x_{m-1} + x_m)/2}{-s_1} \fallingdotseq \frac{\sqrt{-2Rdm/N}}{-s_1} \tag{9.11}$$

で近似できる．上式では，隣接する m の違いを無視した．点 Q と m 番目のプリズムを結ぶ線と，光軸がなす角度を ζ_{2m} とすると，同様に

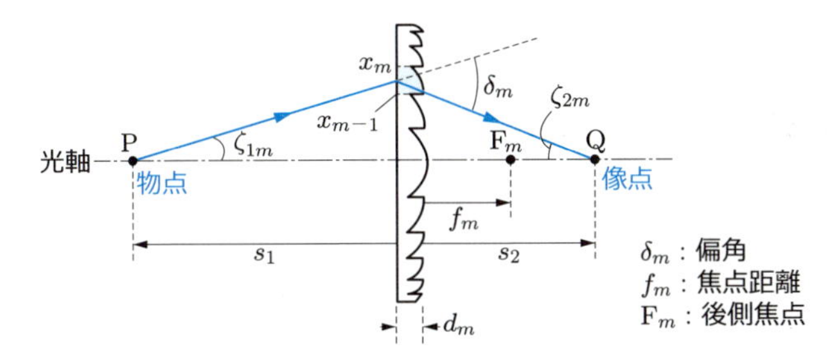

図 9.5 フレネルレンズにおける結像

$$\tan\zeta_{2m} = \frac{(x_{m-1}+x_m)/2}{s_2} \fallingdotseq \frac{\sqrt{-2Rdm/N}}{s_2} \tag{9.12}$$

が成り立つ．近軸光線では，角度 ζ_{1m} と ζ_{2m} が微小であり，$\tan\zeta_{jm} \fallingdotseq \zeta_{jm}$ と近似できる．また，偏角は次式で関係づけられる．

$$\delta_m = \zeta_{1m} + \zeta_{2m} \tag{9.13}$$

式 (9.9)〜(9.12) を式 (9.13) に代入して，次式を得る．

$$\frac{\sqrt{-2Rdm/N}}{-s_1} + \frac{\sqrt{-2Rdm/N}}{s_2} = (n_\mathrm{L}-1)\sqrt{-\frac{2dm}{RN}}$$

これを整理して，次式が導ける．

$$-\frac{1}{s_1} + \frac{1}{s_2} = \frac{1}{f_m}, \quad \frac{1}{f_m} \equiv -\frac{n_\mathrm{L}-1}{R} \tag{9.14}$$

ここで，f_m は m 番目のプリズムによる後側焦点 F_m とレンズの距離であるが，m に依存しない値となっており，薄肉レンズに対する式 (3.33) で $R_1 = \infty$，$R_2 = R\ (< 0)$ とおいた結果と一致している．つまり，f_m は平凸レンズの焦点距離を表している．球面レンズの焦点距離も，いまと同じ手法で求めることができる（▶ 演習問題 9.4）．

式 (9.14) はフレネルレンズの結像式であり，プリズムの集合体として扱っても，球面レンズの結像式 (3.2)，(3.31) と形式的に同じになる．点 P から出た近軸光線はすべて，レンズ透過後に点 Q に集束していること，つまり理想光学系であることがわかる．光軸から離れるに従って，プリズムの頂角が大きくなり，光線の折れ曲がり角度つまり偏角が大きくなるため，レンズ透過後，同じ点 Q に結像している．

以上の議論は，フレネルレンズでは，断面を湾曲させずに直線にしても，結像作用が得られることを意味している．これは製作上での利点となる．フレネルレンズは薄くできるので，灯台の投光用レンズや，プロジェクタの投射レンズとして利用されている．

ここでは計算を示さないが，薄肉レンズでは，焦点 F_m までの光路長が x_m によらず一致し，フェルマーの原理の意味でも結像作用をもつことが示せる．

9.4　分布屈折率（GRIN）レンズ

グレーデッド形光ファイバは光ファイバ通信で利用される伝搬路の一つであるが，結像作用をもつ．これは分布屈折率レンズまたは GRIN レンズとよばれ，微小化が容易という特徴をもつ．以下で，この結像作用のメカニズムを説明する．

9.4.1 光線の伝搬経路

分布屈折率レンズの構造は長さ方向に対して均一であるが，断面内は光波が主として伝搬するコアと，その周辺部のクラッドから形成されている．屈折率はコア中心が最も高く n_1，中心から離れるに従って徐々に減少し，クラッドでは一定値 n_2 となっている．これは通常，多くの導波状態が存在する多モード光導波路として使用されるので，光線近似が使える．

屈折率 n が空間的に変化する媒質内での光線の経路は，光線方程式 (1.17) を用いて解析でき，それをここに再録する．

$$\frac{d}{ds}\left[n(\boldsymbol{r})\frac{d\boldsymbol{r}}{ds}\right] = \operatorname{grad} n(\boldsymbol{r}) \tag{9.15}$$

ただし，$\boldsymbol{r}$ は位置ベクトル，s は光線に沿った経路，$d\boldsymbol{r}/ds$ は光線の方向余弦である．

屈折率分布が円筒対称として，光軸を含む面内で伝搬する子午光線のみを考える．屈折率分布の中心軸を z 軸，コア中心を $x = 0$ とし，屈折率が x のみに依存するとして $n(x)$ で表す．伝搬面を x–z 面にとり，光線が z 軸となす角度を ζ で表す．

屈折率が z 方向に対して均一だから，光線方程式 (9.15) 右辺の z 成分がゼロとなり，$n(x)(dz/ds) = n\cos\zeta$ が伝搬の不変量となる．入射光線の $z = 0$ での位置を $x = x_{\text{in}}$，伝搬角を $\zeta = \zeta_{\text{in}}$，屈折率を $n_{\text{in}} \equiv n(x_{\text{in}})$ とすると，$n(x)(dz/ds) = n_{\text{in}}\cos\zeta_{\text{in}}$ が成り立ち，

$$\frac{dz}{dx} = \frac{dz/ds}{dx/ds} = \frac{n_{\text{in}}\cos\zeta_{\text{in}}}{\sqrt{n^2(x) - (n_{\text{in}}\cos\zeta_{\text{in}})^2}} \tag{9.16}$$

が導ける．光線が光導波路に $z = 0$ で入射するとき，式 (9.16) を積分して，導波路内での光線の経路が次式で求められる．

$$z = \int_{x_{\text{in}}}^{x} \frac{\cos\zeta_{\text{in}}}{\sqrt{[n(x)/n_{\text{in}}]^2 - \cos^2\zeta_{\text{in}}}}\,dx \tag{9.17}$$

レンズ特性を解析するため，屈折率が半径の 2 乗に比例して減少する，次に示す 2 乗分布形光導波路を考える（図 9.6）．

$$n^2(x) = n_1^2\left[1 - 2\Delta\left(\frac{x}{a}\right)^2\right] = n_1^2[1 - (gx)^2] \tag{9.18}$$

$$g \equiv \frac{\sqrt{2\Delta}}{a} \tag{9.19}$$

ただし，g は**集束定数**（focusing constant），$\Delta = (n_1 - n_2)/n_1$ はコアとクラッド間の比屈折率差，a はコア半径に相当し，n_2 はクラッドの屈折率である．クラッドの屈折率は一定であるが，この場合を解くのは困難である．また，光エネルギーがコアに十分閉じ込められているときは，クラッドがなく，式 (9.18) の屈折率が無限遠まで続

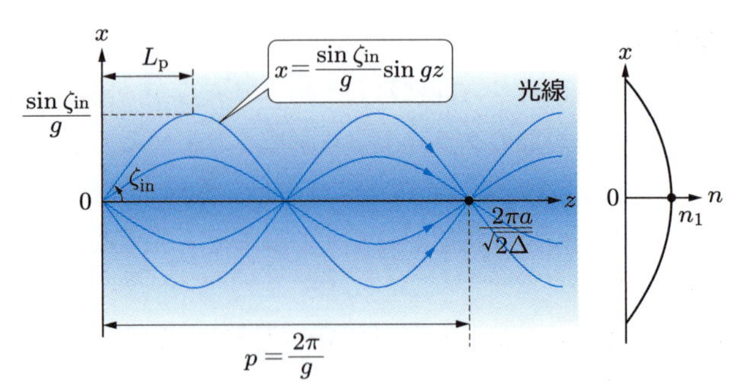

図 9.6　分布屈折率レンズでの光線伝搬

いているとしても，精度の高い結果が得られる．

光線が式 (9.18) で表される屈折率の光導波路に入射するものとする．式 (9.18) を式 (9.17) に代入して，変数変換などをして計算すると，最終的に子午光線の伝搬経路が次式で得られる（▶ web 付録 A.6）．

$$x=\frac{\sqrt{n_1^2-(n_{\mathrm{in}}\cos\zeta_{\mathrm{in}})^2}}{n_1 g}\sin\left(\frac{n_1 g}{n_{\mathrm{in}}\cos\zeta_{\mathrm{in}}}z+\phi_{\mathrm{in}}\right) \tag{9.20}$$

$$\phi_{\mathrm{in}}\equiv\sin^{-1}\sqrt{\frac{n_1^2-n_{\mathrm{in}}^2}{n_1^2-(n_{\mathrm{in}}\cos\zeta_{\mathrm{in}})^2}} \tag{9.21}$$

ここで，ϕ_{in} は入射時の初期位相である．式 (9.20) は，光線が正弦波で表される周期関数で変化すること，つまり光軸の両側を蛇行しながら伝搬することを示している．

また，実用的な光導波路で用いられる条件である，コアとクラッドの屈折率差が微小（$\Delta \ll 1$）なときに成立する $n_{\mathrm{in}} \fallingdotseq n_1$ の下で，近軸光線（$\zeta_{\mathrm{in}} \ll 1$）を想定すると，式 (9.20) は，

$$x\fallingdotseq\frac{\sin\zeta_{\mathrm{in}}}{g}\sin(gz+\phi_{\mathrm{in}}) \tag{9.22}$$

で近似できる．式 (9.22) から，近軸光線の伝搬経路について次のことがわかる．

(i) 光線が z 方向に対して正弦波で表される周期関数で変化し，その振幅が入射伝搬角 ζ_{in} の正弦値と集束定数 g の比で決まる．

(ii) 異なる入射伝搬角 ζ_{in} の光線が，z の増加に対して周期的に $x=0$ で一致する．蛇行光線の 1 周期長を**ピッチ**とよび，これは次式で近似できる．

$$p\fallingdotseq\frac{2\pi}{g}=\frac{2\pi a}{\sqrt{2\Delta}} \tag{9.23}$$

ピッチは集束定数に反比例して構造だけで決まり，入射条件にはよらない．

9.4.2 結像作用

2 乗分布形光導波路では，式 (9.22) のように，光線が蛇行しながら伝搬することがわかった．結像作用を示すには，物点から像点までに至る光線の光路長が，入射伝搬角によらず等しいことを証明する必要がある (▶ 1.5.2 項)．2 乗分布形では，コア周辺部ほど屈折率が低いため，幾何学的伝搬距離の長い光線ほど，屈折率の効果が小さい．よって，2 乗分布形では，伝搬角の異なる光線の間でも，コアでの屈折率が一様なステップ形よりも光路長差がかなり小さくなることが予測される．

屈折率分布が式 (9.18) で与えられる，2 乗分布形導波路のコア中心に，z 軸と角度 ζ_{in} をなす光線が入射したとする．この光線の経路は式 (9.20) で $n_{\mathrm{in}} = n_1$ とおいて得られる．この蛇行光線は周期的なので，最初の 1/4 周期のみを考えれば十分である (▶ 図 9.6)．この光線が最大振幅をとるまでに進む軸方向伝搬距離は，式 (9.20)，(9.22) より次式となる．

$$L_{\mathrm{p}} = \frac{\pi a \cos \zeta_{\mathrm{in}}}{2\sqrt{2\Delta}} \tag{9.24}$$

光線が軸方向に L_{p} 伝搬するとき，入射伝搬角 ζ_{in} の蛇行光線とコア中心での直進光線との光路長差 $\delta\varphi$ は，次式で求められる．

$$\delta\varphi = \int_0^{\sin \zeta_{\mathrm{in}}/g} n(x) \sqrt{1 + \left(\frac{dz}{dx}\right)^2}\, dx - n_1 L_{\mathrm{p}} \tag{9.25}$$

ここで，x の積分範囲は $x = 0$ から最大振幅までである．式 (9.25) における積分を式 (9.18) の屈折率分布について実行すると，光路長差が

$$\delta\varphi = n_1 L_{\mathrm{p}} \left(\frac{1 + \cos^2 \zeta_{\mathrm{in}}}{2 \cos \zeta_{\mathrm{in}}} - 1 \right) \tag{9.26}$$

で書ける (▶ web 付録 A.7)．式 (9.26) で，近軸光線（$\zeta_{\mathrm{in}} \ll 1$）を想定して ζ_{in} に関して 4 次の微小量まで考慮して展開すると，光路長差が次式で近似できる．

$$\delta\varphi \fallingdotseq n_1 L_{\mathrm{p}} \frac{\zeta_{\mathrm{in}}^4}{8} \tag{9.27}$$

式 (9.27) は，2 乗分布形光導波路では，入射角 ζ_{in} の異なる光線と直進光との光路長差が，最大でも ζ_{in} の 4 乗に比例することを表す．よって，近軸光線では $\delta\varphi \fallingdotseq 0$ で各光路の光路長が入射角によらず等しくなっているから，フェルマーの原理から派生する性質 (▶ 1.5.2 項) により，2 乗分布形光導波路では結像作用があると結論づけられる．結像作用をもつ 2 乗分布形光導波路は，**分布屈折率レンズ**，**GRIN レンズ**（gradient index lens）または微小なことから**マイクロレンズ**とよばれ，市販されている．

行列法 (▶ 3.4 節) を用いると，長さ L の分布屈折率レンズに対する，式 (3.40c) におけるガウス定数が次式で得られる．

$$a = gn_1 \sin gL, \quad b = c = \cos gL, \quad d = -\frac{\sin gL}{gn_1} \tag{9.28}$$

分布屈折率レンズの利点

(i) 長さ L のマイクロレンズを空気中で使用するとき，（後側）焦点距離が

$$f = \frac{1}{gn_1 \sin gL} \tag{9.29}$$

で得られる．よって，ロッド長 L を変えることにより，異なる焦点距離のレンズが得られる．焦点距離が周期関数で与えられるので，特定の焦点距離を満たすロッド長は無数にある．

(ii) レンズ端面が平面なので，球面レンズと異なり，研磨しやすい．

(iii) 細径（1 mm 程度）なので，狭小空間でも利用できる．

(iv) (i) と (iii) の性質を併用すると，このレンズを密着させてアレー化することにより，像を離れた位置に転送することができる．

分布屈折率レンズによる結像の様子を図 9.7 に示す．ピッチ p の整数倍の長さでは正立の等倍像が，p の半整数倍では倒立の等倍像が得られる．また，$p/4$ の奇数倍では点物体を平行光にでき，またその逆の作用が得られる．

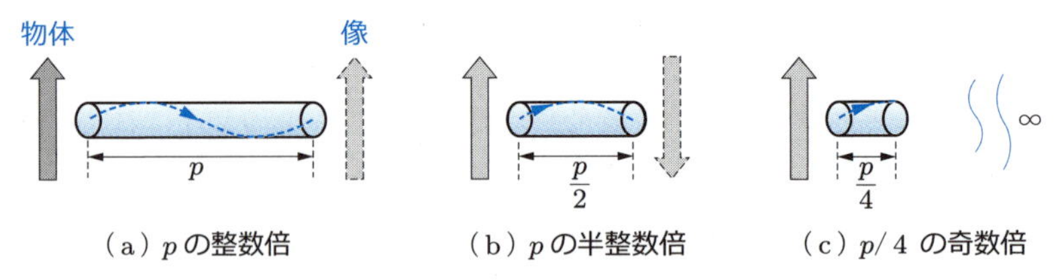

図 9.7　分布屈折率レンズによる結像

物体とレンズ，像とレンズの間隔はゼロだが，わかりやすさのため，少し離して描いている．

分布屈折率レンズのこのような性質を利用すると，正立等倍結像レンズアレーなどの 1 : 1 結像系，あるいは平行ビーム変換系に応用できる．

例題 9.2　集束係数 $g = 0.4\,\text{mm}^{-1}$，軸上の屈折率 $n_1 = 1.5$ の分布屈折率レンズを用いて，焦点距離 $f = 3.0\,\text{mm}$ を実現したい．f よりも短いロッド長 L を求めよ．

解答　式 (9.29) を参照して，$\sin gL = 1/gn_1 f = 1/(0.4 \cdot 1.5 \cdot 3.0) = 0.556$ を得る．正弦関数は周期関数だから，これを満たす L は複数あり，小さい方から二つを求めると，$L = (\sin^{-1} 0.556)/g = 0.589/0.4 = 1.47\,\text{mm}$ と $L = 6.38\,\text{mm}$ を得るが，$L < f$ を満足するのは $L = 1.47\,\text{mm}$ だけである．

球面レンズは，媒質の屈折率が一定であるが，軸方向のレンズ厚変化で結像作用をもたらしているのに対し，分布屈折率レンズでは，媒質厚が一定であるが，断面内の半径方向の屈折率変化で結像作用を生み出している．フレネルの輪帯板では，半径方向で透過・不透過の輪帯を適切に配置することにより結像作用をもたらしている．これらの結像作用の機構は異なるが，どれも物点から像点までに至るあらゆる近軸光線の光路長が等しいという共通点をもっている．

演習問題

9.1 焦点距離が f_1 と f_2 の二つのレンズがある．光軸が一致した状態で，両レンズを密着させるときの合成焦点距離 f_c を，レンズの複素振幅透過率を利用して求めよ．

9.2 位相型の回折光学素子であるキノフォームの複素振幅透過率で，波長に関係する部分が $\exp(-i\pi pr^2/\lambda_s f)$ で表せる．ただし，r は光軸からの距離，λ_s は基準波長，f は焦点距離，p は回折次数である．1 次回折光で基準波長に対する焦点距離を f_s とおくとき，ほかの波長 λ に対する焦点距離を求めよ．

9.3 ホログラフィにおけるホログラム面上の点 (x, y) における光強度分布のうち，干渉項が次式で表される．以下の指数項がもつ光学的意味を説明せよ．

$$I_{\mathrm{int}} = A_{\mathrm{w}}^* A_{\mathrm{s}} \exp\left[-i\frac{\pi(x^2+y^2)}{\lambda\zeta_1} + i\frac{2\pi}{\lambda}x\sin\theta\right]$$
$$+ A_{\mathrm{w}} A_{\mathrm{s}}^* \exp\left[i\frac{\pi(x^2+y^2)}{\lambda\zeta_1} - i\frac{2\pi}{\lambda}x\sin\theta\right]$$

ただし，A は振幅，λ は書き込み波長，ζ_1 は画像信号を与える面とホログラム面の距離，θ は物体光と参照光のなす角度である．

9.4 両凸球面レンズ（第 1 面の曲率半径 R_1，第 2 面の曲率半径 R_2，屈折率 n_{L}，中央の厚さ d）が空気中にあるとき，9.3 節の手法を用いて，薄肉レンズ近似の下で，焦点距離 f_m が式 (3.33) と同じ $1/f_m = (n_{\mathrm{L}} - 1)(1/R_1 - 1/R_2)$ で得られることを示せ．

9.5 球面レンズ，フレネルの輪帯板，分布屈折率レンズのように，見かけ上異なる構造で結像特性が得られている．これらを理解する共通の原理を説明せよ．

10章 フーリエ光学

光学分野でフーリエ解析を実現・利用する学問領域をフーリエ光学とよび，これは20世紀半ばに電気通信系の理論が結像系に適用された後に発達した．光学的フーリエ変換は光の並列性や高速性を活かすもので，凸レンズを用いた光学系や干渉計で実現できる．

10.1節では，2次元フーリエ変換の数学的基礎を説明する．10.2節では，回折におけるフーリエ成分の伝搬を扱い，10.3節での凸レンズによる光学的フーリエ変換作用の議論につなげる．10.4節では，プリズムの位相変換作用とフーリエ変換作用を説明し，回折現象の物理的解釈と結びつける．10.5節では，フーリエ変換の回折現象への応用を述べる．10.6節では，凸レンズによる光学的フーリエ変換の応用として，再回折光学系と光学的フィルタリングを取り上げ，10.7節ではフーリエ分光を説明する．

10.1 2次元フーリエ変換

フーリエ変換は，実空間の関数を，周期性をもつ周波数成分に分解して解析する数学的手法である．光学分野では2次元光画像を対象とするので，本節では2次元フーリエ変換とデルタ関数に関する数学的な基礎知識を説明する．

2次元の実空間座標 x と y に関する関数 $f(x,y)$ に対して，

$$\mathcal{F}[f(x,y)] = \tilde{f}(\mu_x,\mu_y) \equiv \iint_{-\infty}^{\infty} f(x,y)\exp[i2\pi(\mu_x x + \mu_y y)]\,dxdy \tag{10.1}$$

で定義される $\tilde{f}(\mu_x,\mu_y)$ を，関数 $f(x,y)$ の**フーリエ変換**（Fourier transform）とよぶ．$\mathcal{F}$ は括弧内の関数にフーリエ変換を施すことを表す．μ_x と μ_y は**空間周波数**で，単位長さあたりに含まれる明暗の縞の対の数を表す．$\tilde{f}(\mu_x,\mu_y)$ のフーリエ逆変換は次式で表される†.

$$\begin{aligned}\mathcal{F}^{-1}[\tilde{f}(\mu_x,\mu_y)] &= f(x,y)\\ &\equiv \iint_{-\infty}^{\infty} \tilde{f}(\mu_x,\mu_y)\exp[-i2\pi(\mu_x x + \mu_y y)]\,d\mu_x d\mu_y \end{aligned} \tag{10.2}$$

$\mathcal{F}^{-1}$ はフーリエ逆変換を施すことを表す．

† フーリエ変換・逆変換の定義では，指数関数内の符号が，書物により式 (10.1)，(10.2) と反対の場合や，係数が異なる場合があるので，注意されたい．

$\tilde{f}(\mu_x, \mu_y)$ を $f(x, y)$ の**フーリエスペクトル**あるいは**周波数スペクトル**という．また，$|\tilde{f}(\mu_x, \mu_y)|^2$ を $f(x, y)$ の**パワースペクトル**（power spectrum）またはウィナースペクトル（Wiener spectrum）という．パワースペクトルに対して，次のパーセバル（Parseval）の等式が成立している．

$$\iint_{-\infty}^{\infty} |f(x,y)|^2 \, dxdy = \iint_{-\infty}^{\infty} |\tilde{f}(\mu_x, \mu_y)|^2 \, d\mu_x d\mu_y \tag{10.3}$$

式 (10.3) は，エネルギー保存則を実空間と周波数空間で示したものである．

光学の分野でよく現れるディラックのデルタ関数を次に説明する．デルタ関数は 1 次元では $\delta(x)$ で表示され，原点において幅を無限小にし，値を無限大にした場合に，その積分値が 1 になるとして定義され，

$$\delta(x) = \begin{cases} \infty & (x = 0) \\ 0 & (x \neq 0) \end{cases}, \quad \int_{-\infty}^{\infty} \delta(x) dx = 1 \tag{10.4}$$

で表される．x の値を平行移動させても，その関数の性質が保存され，

$$\delta(x - a) = \begin{cases} \infty & (x = a) \\ 0 & (x \neq a) \end{cases}, \quad \int_{-\infty}^{\infty} \delta(x - a) \, dx = 1 \tag{10.5}$$

と書ける．一般の関数 $f(x)$ に対して次式が成り立つ．

$$\int_{-\infty}^{\infty} f(x)\delta(x - a) \, dx = f(a) \tag{10.6}$$

デルタ関数は容易に 2 次元に拡張できる．2 次元デルタ関数を式 (10.1) に従ってフーリエ変換すると，式 (10.6) を利用して，次式を得る．

$$\mathcal{F}[\delta(x, y)] = \iint_{-\infty}^{\infty} \delta(x, y) \exp[i2\pi(\mu_x x + \mu_y y)] \, dxdy = \exp(i2\pi \cdot 0) = 1 \tag{10.7}$$

これをフーリエ逆変換すると，次式を得る．

$$\mathcal{F}^{-1}[1] = \iint_{-\infty}^{\infty} 1 \cdot \exp[-i2\pi(\mu_x x + \mu_y y)] \, d\mu_x d\mu_y = \delta(x, y) \tag{10.8}$$

式 (10.7)，(10.8) は，デルタ関数をフーリエ変換すれば 1 が得られ，1 をフーリエ逆変換すればデルタ関数が得られることを意味する．これは，デルタ関数が物理的には，あらゆる周波数成分を等振幅で含むことを意味する．デルタ関数に関係する式では，

$$\mathcal{F}[\exp[i2\pi(\pm ax \pm by)]] = \delta(\mu_x \pm a, \mu_y \pm b) \tag{10.9}$$

がよく使用される．

フーリエ変換の結果を表 10.1 に示す．$f^*(x, y)$ の光学的意味は，$f(x, y)$ が表す波

表 10.1　2 次元フーリエ変換の性質

$f(x,y) = \mathcal{F}^{-1}[\tilde{f}(\mu_x,\mu_y)]$	$\mathcal{F}[f(x,y)] = \tilde{f}(\mu_x,\mu_y)$
$f^*(\pm x, \pm y)$	$\tilde{f}^*(\mp\mu_x, \mp\mu_y)$
相似則：　$f(ax, by)$	$\dfrac{1}{\lvert ab\rvert}\tilde{f}(\mu_x/a, \mu_y/b)$
移行則：　$f(x \pm a, y \pm b)$	$\tilde{f}(\mu_x,\mu_y)\exp[\mp i2\pi(a\mu_x + b\mu_y)]$
変調：　$f(x,y)\exp[i2\pi(\pm ax \pm by)]$	$\tilde{f}(\mu_x \pm a, \mu_y \pm b)$
畳み込み積分：　$f * g(x,y)$	$\tilde{f}(\mu_x,\mu_y)\tilde{g}(\mu_x,\mu_y)$
微分：　$\dfrac{\partial^n f(x,y)}{\partial x^n}$	$(-2\pi i\mu_x)^n\tilde{f}(\mu_x,\mu_y)$
積分：　$\int f(x,y)\,dx$	$\dfrac{1}{-2\pi i\mu_x}\tilde{f}(\mu_x,\mu_y)$
デルタ関数：　$\delta(x,y)$	1
定数：　1	$\delta(\mu_x,\mu_y)$

フーリエ変換・逆変換の定義は式 (10.1)，(10.2) とする．

面と波面の凹凸が逆であることである．相似則は入力情報の拡大・縮小を表す．移行則は物体の物面での平行移動を表す（▶ 演習問題 10.3）．大きさを無視した点光源，点物体，ピンホール，点像などはデルタ関数で表される．

10.2 回折におけるフーリエ成分の伝搬

6.1.3 項のフラウンホーファー回折で，開口面の実座標を (ξ,η,ζ)，像面の実座標を (x,y,z) とし，光軸を z，ζ 軸に一致させる．このとき，像面での回折像の複素振幅 $u(x,y)$ が，開口面での物体の複素振幅透過率 $u_0(\xi,\eta)$ をフーリエ変換したものに比例することを述べた．両者に含まれるフーリエ成分の関係を調べ，次節の準備をする．

これらに対するフーリエ変換を，式 (10.1) に従って，次のように表す．

$$\tilde{u}_0(\mu_x,\mu_y) = \iint_{-\infty}^{\infty} u_0(\xi,\eta)\exp[i2\pi(\mu_x\xi + \mu_y\eta)]\,d\xi d\eta \tag{10.10a}$$

$$\tilde{u}(\mu_x,\mu_y) = \iint_{-\infty}^{\infty} u(x,y)\exp[i2\pi(\mu_x x + \mu_y y)]\,dxdy \tag{10.10b}$$

ただし，μ_x と μ_y は空間周波数である．上式をフーリエ逆変換すると，式 (10.2) より次式のようになる．

$$u_0(\xi,\eta) = \iint_{-\infty}^{\infty} \tilde{u}_0(\mu_x,\mu_y)\exp[-i2\pi(\mu_x\xi + \mu_y\eta)]\,d\mu_x d\mu_y \tag{10.11a}$$

$$u(x,y) = \iint_{-\infty}^{\infty} \tilde{u}(\mu_x,\mu_y)\exp[-i2\pi(\mu_x x + \mu_y y)]\,d\mu_x d\mu_y \tag{10.11b}$$

回折におけるフーリエ成分の伝搬を考察するため，開口面で方向余弦 $(l_{\mathrm{dif}}, m_{\mathrm{dif}}, n_{\mathrm{dif}})$ の方向に伝搬する，単位振幅，初期位相ゼロの平面波（波長 λ）を考える．式 (1.11) に従い，この平面波の複素振幅は次式で記述できる．

$$U(\xi, \eta, \zeta) = \exp\left[-i\frac{2\pi}{\lambda}(l_{\mathrm{dif}}\xi + m_{\mathrm{dif}}\eta + n_{\mathrm{dif}}\zeta)\right] \tag{10.12a}$$

$$l_{\mathrm{dif}}^2 + m_{\mathrm{dif}}^2 + n_{\mathrm{dif}}^2 = 1 \tag{10.12b}$$

開口面を $\zeta = 0$ として，ここでの平面波の式 (10.12a) と開口面での複素振幅の式 (10.11a) を実座標で比較すると，式 (10.11a) における指数関数内の位相が，

$$l_{\mathrm{dif}} = \lambda\mu_x, \quad m_{\mathrm{dif}} = \lambda\mu_y, \quad n_{\mathrm{dif}} = \sqrt{1 - (\lambda\mu_x)^2 - (\lambda\mu_y)^2} \tag{10.13}$$

の方向に伝搬するフーリエ成分を表すことがわかる．

次に，回折像の複素振幅の式 (10.11b) を**ヘルムホルツ**（Helmholtz）**の方程式**

$$\nabla^2 u(\boldsymbol{r}) + |\boldsymbol{k}|^2 u(\boldsymbol{r}) = 0 \quad (\boldsymbol{k}\text{；波数ベクトル，}\boldsymbol{r}\text{；位置ベクトル}) \tag{10.14}$$

に代入した後，両辺をフーリエ変換すると，次の定数係数の常微分方程式を得る．

$$\frac{d^2}{dz^2}\tilde{u}(\mu_x, \mu_y; z) + k^2[1 - (\lambda\mu_x)^2 - (\lambda\mu_y)^2]\tilde{u}(\mu_x, \mu_y; z) = 0 \tag{10.15}$$

ただし，z は 2 次元フーリエ成分の z 方向変化を意味し，$k = 2\pi/\lambda$ は波数を表す．式 (10.15) の一般解が $\exp[\pm ik\sqrt{1 - (\lambda\mu_x)^2 - (\lambda\mu_y)^2}z]$ で得られる．よって，開口面から距離 L 伝搬後の進行波に対する式 (10.15) の解が，

$$\tilde{u}(\mu_x, \mu_y; L) = \tilde{u}_0(\mu_x, \mu_y)\exp\left[-ik\sqrt{1 - (\lambda\mu_x)^2 - (\lambda\mu_y)^2}L\right] \tag{10.16}$$

で書ける．ただし，初期条件として開口面での値 $\tilde{u}(\mu_x, \mu_y; 0) = \tilde{u}_0(\mu_x, \mu_y)$ を用いた．

回折光は光軸近傍を伝搬するため，6 章からわかるように，方向余弦の l_{dif} と m_{dif} が n_{dif} に比べて非常に小さく，

$$(\lambda\mu_x)^2 + (\lambda\mu_y)^2 \ll 1 \tag{10.17}$$

を満たす（▶ 例題 10.1）．この条件下では $[1 - (\lambda\mu_x)^2 - (\lambda\mu_y)^2]^{1/2} \fallingdotseq 1 - \lambda^2(\mu_x^2 + \mu_y^2)/2$ と近似できるから，式 (10.16) の近似解が次式で表せる．

$$\tilde{u}(\mu_x, \mu_y; L) \fallingdotseq \tilde{u}_0(\mu_x, \mu_y)\exp(-ikL)\exp\left[i\frac{k\lambda^2(\mu_x^2 + \mu_y^2)L}{2}\right] \tag{10.18}$$

式 (10.16)，(10.18) は，開口面から像面まで伝搬する回折波のフーリエ成分は，振幅が近似的に不変で，位相のみが変化することを示している（図 10.1）．

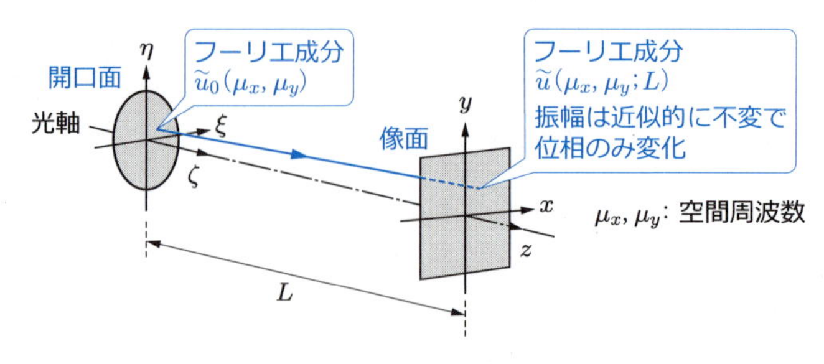

図 10.1　回折によるフーリエ成分の伝搬

例題 10.1　図 6.3 の光学系で，平面波（可視光の $\lambda = 500\,\mathrm{nm}$）が開口幅 $D = 1.0\,\mathrm{mm}$ のスリットに垂直入射するとき，像面で高次回折光を 10 次程度まで考慮しても，式 (10.17) が十分満たされていることを確認せよ．

解答　式 (6.12b) の $X = \mu_x = x/\lambda f$，$Y = \mu_y = y/\lambda f$ を代入した式 (10.17) の左辺 $= (x/f)^2 + (y/f)^2$ の大きさを評価する．x/f と y/f を，式 (6.22) における回折角 θ_{dif} で評価すると $\theta_{\mathrm{dif}} = \lambda/D$ と書ける．このとき，$\lambda/D \approx 500 \times 10^{-6}/1.0 = 5.0 \times 10^{-4}$ となり，10 次回折光まで考慮しても，式 (10.17) が十分満たされていることが確認できる．

10.3　レンズによるフーリエ変換作用

フラウンホーファー回折を利用すれば光学的にフーリエ変換できるが（▶ 6.1.3 項），光学系が長くなるので不便である．そこで本節では，凸レンズを使うことにより，より短い距離でフーリエ変換が可能になることを示す．

収差のない凸レンズ（焦点距離 f）の前方 b に，物体を光軸に垂直に置く（図 10.2）．この物体に垂直に平面波（波長 λ）を照射し，レンズの後方 f にある像面で観測する．ここで，光軸を原点にとり，物面座標を (ξ, η)，レンズ面座標を (ξ', η')，像面座標を (x, y) とし，物体の複素振幅透過率を $u_0(\xi, \eta)$ とする．

像面上の点 $\mathrm{Q}(x, y)$ にできる回折像の複素振幅 $u(x, y)$ を求めるため，レンズ直前の複素振幅を $u_{\mathrm{L}}^{(-)}(\xi', \eta')$ とする．このとき，式 (6.12a) で単位振幅（$A = 1$）の光波が入射しているとして，凸レンズの複素振幅透過率 u_{L}（▶ 式 (9.2)）も考慮した形で，両者が

$$u(x, y) = \frac{i}{\lambda f} \tilde{u}_{\mathrm{L}}^{(-)}(\mu_x, \mu_y) \exp(-ikf) \exp\left[-i\frac{k(x^2 + y^2)}{2f}\right] \tag{10.19}$$

$$\mu_x = \frac{x}{\lambda f}, \quad \mu_y = \frac{y}{\lambda f} \tag{10.20}$$

で関係づけられる．ここで，$\tilde{u}_{\mathrm{L}}^{(-)}(\mu_x, \mu_y)$ は $\tilde{u}_{\mathrm{L}}^{(-)}(\xi', \eta')$ のフーリエスペクトル，k は

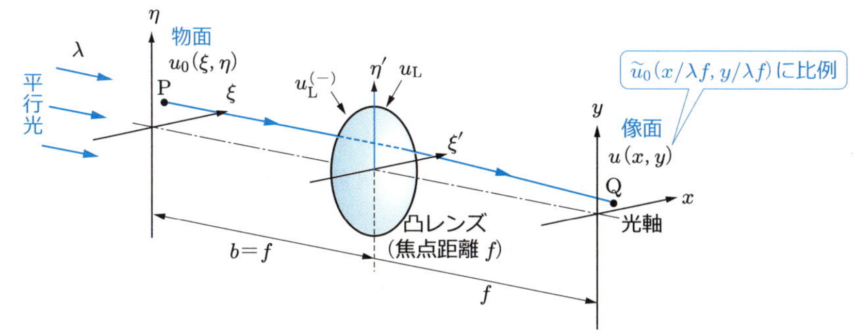

$u_0(\xi,\eta)$: 物体の複素振幅透過率, $u_L^{(-)}$: レンズ直前の複素振幅
u_L : 凸レンズの複素振幅透過率, $u(x,y)$: 回折像の複素振幅

図 10.2 レンズによる光学的フーリエ変換

波数であり，空間周波数を式 (6.12b) で $\mu_x = X$，$\mu_y = Y$ とおいた.

レンズ直前の面と物面でのフーリエスペクトルの関係は，式 (10.18) で $L = b$ とおき，最終項に式 (10.20) を代入すると，

$$\tilde{u}_L^{(-)}(\mu_x,\mu_y) = \tilde{u}_0(\mu_x,\mu_y)\exp(-ikb)\exp\left[i\frac{kb(x^2+y^2)}{2f^2}\right] \tag{10.21}$$

で得られる．ただし，$\tilde{u}_0(\mu_x,\mu_y)$ は物体の複素振幅透過率 $\tilde{u}_0(\xi,\eta)$ のフーリエスペクトル，最終項は位相分散を表す.

式 (10.19) に式 (10.21) を代入すると，レンズ後方 f にある像面上の点 $\mathrm{Q}(x,y)$ における複素振幅が次式で表せる.

$$u(x,y) = \frac{i}{\lambda f}\exp\left[i\frac{k}{2f}\left(\frac{b}{f}-1\right)(x^2+y^2)\right]\exp[-ik(b+f)]\tilde{u}_0(x/\lambda f, y/\lambda f) \tag{10.22}$$

式 (10.22) では，像面での複素振幅が物面での複素振幅透過率のフーリエ変換に比例する項以外に，像面座標に依存する (x^2+y^2) に関する位相項をもつ．この式で，とくに $b = f$，つまり物面をレンズの前側焦点面に設定すれば，この位相項がなくなる．その結果，レンズの後側焦点面における回折像の複素振幅が次式で得られる.

$$u(x,y) = \frac{i}{\lambda f}\exp(-i2kf)\tilde{u}_0(x/\lambda f, y/\lambda f) \tag{10.23}$$

式 (10.23) はレンズによるフーリエ変換作用を表している.

式 (10.23) から，凸レンズの前・後側焦点面での複素振幅に関し次のことがいえる.

(i) 凸レンズの前側焦点面に置いた物体を，光軸に平行な光束で照射すると，後側焦点面における回折像の複素振幅 $u(x,y)$ が，前側焦点面での複素振幅透過

率 $u_0(\xi,\eta)$ の2次元フーリエ変換に比例する．6.2節で述べた光学系では，式(6.12a)で示したように，光強度の段階で回折像と物体透過率のフーリエ変換が比例関係になったのと対照的である．

(ii) レンズの前・後側焦点面における複素振幅でのフーリエ変換関係が，10.6節で説明する各種演算を光学的に行うことを可能にしている．

(iii) 像面において，高い空間周波数成分ほど光軸から離れた位置に結像し，その距離は λf に反比例している．

ここで，式(10.23)におけるフーリエ変換の $\tilde{u}_0$ に関して補足説明をしておく．フーリエ変換の積分範囲は ∞ となっているが，実際はレンズの大きさで制限されている．レンズの大きさを焦点距離 f 程度とすると，積分範囲が $\xi^2/\lambda f \approx f^2/\lambda f = f/\lambda$ で見積もれる．可視光（波長：500 nm）を想定し，f を cm のオーダとすると，$f/\lambda \approx 10/(500 \times 10^{-6}) = 2.0 \times 10^4$ となり，積分範囲が近似的に ∞ とみなせる．

光軸に平行な一様光束が凸レンズに入射するとき，式(10.23)において $u_0(\xi,\eta)$ が定数で，式(10.8)を用いると，そのフーリエ変換の結果は $\tilde{u}_0(\mu_x,\mu_y) = \delta(x,y)$ となり，デルタ関数で表せる（図10.3）．上記結果は，平行光束がレンズ透過後，後側焦点 F_2 に点像ができることを意味する．前側焦点 F_1 にある点光源から出る光は，$u_0(\xi,\eta)$ をデルタ関数で表せるから，式(10.7)を用いると，$\tilde{u}_0(\mu_x,\mu_y)$ が定数となり，後側焦点面ですべての空間周波数成分が均一に分布する．これは，凸レンズ透過後に光束が光軸に平行に伝搬することに相当する．これらの結果は，幾何光学でよく知られた事実 （▶3.1節） とよく対応する．

光学的にフーリエ変換を行えるレンズ系を**フーリエ変換レンズ**といい，これは市販されている．

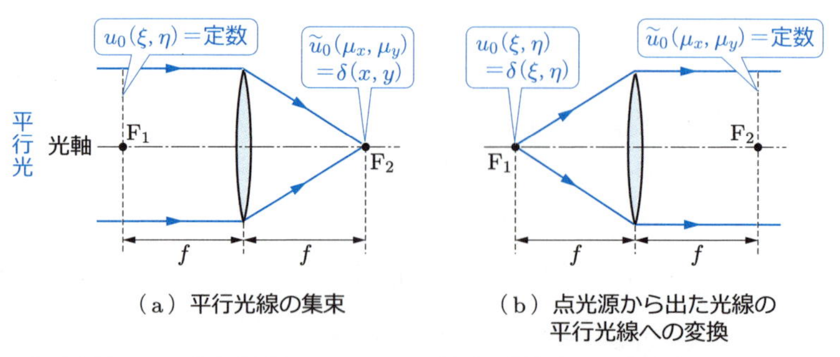

図10.3　凸レンズによるフーリエ変換作用の意味
$\mu_x = x/\lambda f$，$\mu_y = y/\lambda f$

10.4 プリズムの位相変換作用とフーリエ変換因子としての解釈

プリズムは斜辺に入射する光波を屈折させ，プリズムの厚い方へ折り曲げる作用があり，このときの光線としてのずれ角を偏角とよぶ（▶ 2.5 節）．この作用を波動的に解釈すると，複素振幅透過率の位相変換作用，あるいはフーリエ変換作用に置き換えることができる．このような解釈は，光波が光学素子に対して傾いて入射する場合や，回折後に傾いて伝搬する光波を物理的に考えるうえで有用となる．

プリズムに平面波が入射する場合，プリズムの屈折率が空気よりも高いから，プリズム内での光の伝搬速度が遅くなり，プリズムを伝搬する部分の光路長が空気中よりも長くなる．そのため，図 10.4 に示すように，プリズムは，入射平面波をプリズム透過後，プリズムの厚い方に折れ曲がって伝搬する平面波に変換する作用をもつ．

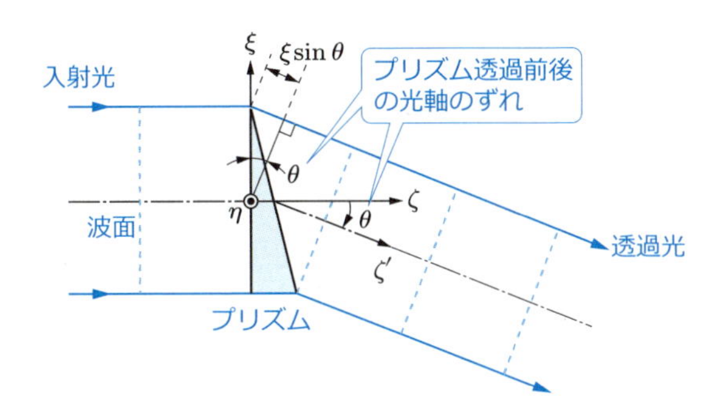

図 10.4　プリズムによる位相変換作用

プリズムに固定した座標を (ξ, η, ζ) として，ζ 軸を光軸にとり，平面波の折れ曲がりが ξ–ζ 面内で角度 θ とする．傾いた波面の伝搬方向を ζ' 軸にとり，座標変換式 $\zeta' = \zeta\cos\theta \pm \xi\sin\theta$ と光波の波数 $k = 2\pi/\lambda$ を用いると，プリズムの位相変換作用が

$$u_{\rm p} = \exp(-ik\zeta') = \exp(-ik\zeta\cos\theta)\exp(\mp ik\xi\sin\theta) \tag{10.24}$$

で表せる．式 (10.24) 右辺は，全体としてはもとの ζ 軸方向に伝搬しつつ，光軸と傾いた方向に伝搬することを表す．複号で上（下）は光軸より上（下）方に傾いた波面を表す．式 (10.24) 右辺第 2 項の起源は，次のようにして説明できる．プリズム面で光軸から距離 ξ の位置から出た光波は，プリズムの厚さが無視できる程度のとき，プリズム透過後に波面が距離 $\xi\sin\theta$ だけずれる．これは，位相が $k\xi\sin\theta$ だけずれることを意味する．したがって，この成分は $\exp(\mp ik\xi\sin\theta)$ で書ける．

回折現象に応用する場合には角度 θ が微小であり，そのときは $\cos\theta \fallingdotseq 1$，$\sin\theta \fallingdotseq \theta$ を用いて，プリズムの位相変換作用が

$$u_{\mathrm{p}} = \exp\left(\mp i\frac{2\pi}{\lambda}\xi\sin\theta\right) \fallingdotseq \exp\left(\mp i\frac{2\pi}{\lambda}\xi\theta\right) \tag{10.25}$$

で近似できる．式 (10.25) における位相因子は，フーリエ変換の式 (10.1)，(10.2) における位相因子と似た形をしている．この因子が焦点距離 f の凸レンズによる回折で生じているとして，像面座標 x に結像するとする．式 (10.19) における $\mu_x = \xi/\lambda f$ を用いて比較すると，$(2\pi/\lambda)\xi\theta = 2\pi(\xi/\lambda f)x$ より，次式が導ける．

$$\theta = \frac{x}{f} \tag{10.26}$$

式 (10.26) は，凸レンズによるフーリエ変換因子のうちの x/f が，光軸と角度 θ をなす方向への伝搬因子を生み出すことを意味しており，これがプリズムによる偏角 θ で解釈できることを示す．よって，m 次回折光の主回折方向を異なる頂角のプリズムに置き換えてモデル化できる．

10.5 フーリエ変換の回折現象への応用

本節では，周波数成分をもつ格子の物理的意味を考えるため，透過物体として周期性をもつ余弦波格子を扱い，単スリットによる回折（▶ 6.3.1 項）と関連づける．また，主回折波方向とホイヘンスの原理との関係も調べる．

10.5.1 有限幅の余弦波格子による回折

凸レンズ（焦点距離 f）の前側焦点面に，振幅透過率が横軸方向に変化する幅 D の余弦波格子を置き，この格子に平面波（波長 λ）を垂直入射させて，後側焦点面で観測する（図 10.5）．光軸を ζ 軸にとり，これを原点として前側焦点面の座標を (ξ, η)，後側焦点面の座標を (x, y) とする．余弦波格子には，直流項に空間周波数 α'（$= \alpha/2$，α：強度分布に対する周波数）の成分が重畳されているとして，この複素振幅透過率を

$$u_0(\xi, \eta) = \begin{cases} 1 + m\cos 2\pi\alpha'\xi \\ \quad = 1 + \dfrac{m}{2}[\exp i2\pi\alpha'\xi + \exp(-i2\pi\alpha'\xi)] & (|\xi| \leqq D/2) \\ 0 & (|\xi| > D/2) \end{cases} \tag{10.27}$$

で表す．ただし，η 方向の開口幅は無限大とし，m（$0 < m < 1$）は変調度を表す．

レンズの後側焦点面での出力像の複素振幅は，式 (10.27) を式 (10.23) に代入して，比例項を省略すると，次式で書ける．

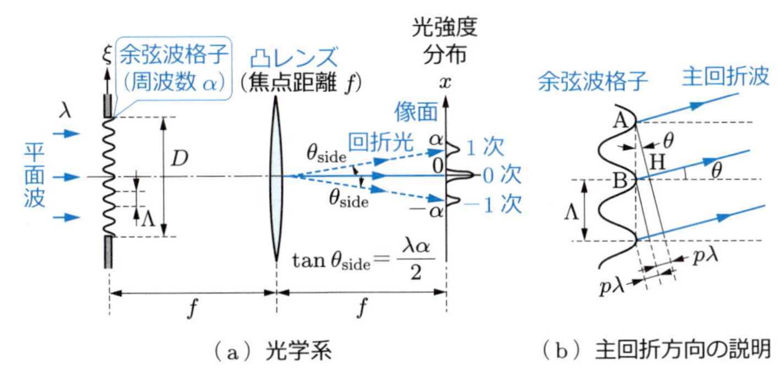

$\alpha = 2\alpha'$, α：強度分布に対する空間周波数, $\Lambda = 1/\alpha'$
λ：波長, θ_{side}：主回折波成分の光軸に対する角度

図 10.5　レンズを用いた余弦波格子による回折

$$
\begin{aligned}
\tilde{u}(\mu_x, \mu_y) &= \int_{-\infty}^{\infty} \int_{-D/2}^{D/2} 1 \cdot \exp[i2\pi(\mu_x \xi + \mu_y \eta)]\, d\xi d\eta \\
&\quad + \frac{m}{2} \int_{-\infty}^{\infty} \int_{-D/2}^{D/2} \exp i2\pi\alpha'\xi \exp[i2\pi(\mu_x \xi + \mu_y \eta)]\, d\xi d\eta \\
&\quad + \frac{m}{2} \int_{-\infty}^{\infty} \int_{-D/2}^{D/2} \exp(-i2\pi\alpha'\xi) \exp[i2\pi(\mu_x \xi + \mu_y \eta)]\, d\xi d\eta
\end{aligned}
\tag{10.28a}
$$

$$
\mu_x = \frac{x}{\lambda f}, \quad \mu_y = \frac{y}{\lambda f} \tag{10.28b}
$$

ξ に関する積分は単スリットの場合（▶ 6.3.1 項）と同様にして行い，η についてはデルタ関数に関する積分公式 (10.8) を用いて，式 (10.28a) の出力像の複素振幅が

$$
\begin{aligned}
&\tilde{u}(\mu_x, \mu_y) \\
&= D\left\{\operatorname{sinc} \mu_x D + \frac{m}{2} \operatorname{sinc}[(\mu_x + \alpha')D] + \frac{m}{2} \operatorname{sinc}[(\mu_x - \alpha')D]\right\} \delta(\mu_y)
\end{aligned}
\tag{10.29}
$$

で表せる．ここで，sinc は式 (5.19b) で定義した sinc 関数である．

有限幅の余弦波格子による回折像の式 (10.29) は，次のことを意味している．

(i) 単スリットでの式 (6.15a) と比較すると，像面で光軸 $(\mu_x, \mu_y) = (0, 0)$ を中心として分布する項だけでなく，光軸と上下にずれて $(\mu_x, \mu_y) = (\pm\alpha', 0)$ を中心として分布する項が現れており（▶ 図 10.5），y 方向もレンズで集束されている．

(ii) 余弦波格子の周波数 α' が，光軸と上下にわずかな角度をなす方向を主回折波とする分布を生み出しており（▶ 後述する式 (10.30)），直進光には周波数情報が含まれていない．

(iii) 余弦波格子でも，その幅 D が単スリットにおける幅 D と同じように，回折像の空間的広がりを決めており，その広がりの程度は sinc 関数で表される．
(iv) 回折像の振幅の相対値は，第1項で1となるのに対して，第2，3項の主回折波成分では変調度に依存した $m/2$ となっている．
(v) 先頭の係数 D は，全光量が格子幅 D に比例することを表している．

光軸からずれた主回折波成分の光軸に対する角度を θ_{side} で表すと，式 (10.29) 第2・3項で $\mu_x = x_{\mathrm{side}}/\lambda f = \pm\alpha'$ および $\alpha' = \alpha/2$ とおいて，次式が得られる．

$$\tan\theta_{\mathrm{side}} = \frac{x_{\mathrm{side}}}{f} = \pm\lambda\alpha' = \pm\frac{\lambda\alpha}{2} \tag{10.30}$$

光軸からずれた主回折波成分の特徴は，次のようにまとめられる．
(i) 主回折波の回折角 θ_{side} は通常微小だから，格子周波数 α' と波長 λ の積で与えられるといってよい．
(ii) α' が高周波になるほど，像面で光軸から離れた位置に結像する．

ここで注意すべきことは，式 (10.29) が複素振幅で表されていることである．実際に観測されるのは光強度分布であり，光強度分布での周波数は，複素振幅での周波数の2倍になる．

式 (10.30) をホイヘンスの原理に基づいて導く．複素振幅透過率が式 (10.27) のとき，ξ 軸上での周期が $\Lambda = 1/\alpha'$ となる（▶図 10.5(b)）．$\Lambda \ll D$ を前提とすると，回折へは $1/\alpha'$ 成分の寄与が支配的となる．6.3.1 項 (3) での議論を参考にすると，透過率が最大となる隣接点 A から，他方の点 B から出る光線へ下ろす垂線の足を H とおくと，$\mathrm{BH} = \Lambda\sin\theta$ となる．6.3.1 項 (3) と異なり，ξ 軸上で Λ 離れた点から出る光波は像面ですべて強め合うから，この条件を $\mathrm{BH} = p\lambda$（p：整数）とおく．両者を等値して，回折角を微小とすると $\theta_{\mathrm{side}} \fallingdotseq p\lambda/\Lambda = p\lambda\alpha'$ を得る．$|p|$ が大きくなるほど，回折への寄与が小さくなるから，主回折波成分は $p = 1$ で得られ，式 (10.30) と一致する．

10.5.2 余弦波格子が無限幅の場合

前項での余弦波格子が ξ 方向に対して実質的に無限に存在するとみなせるとき，回折像は式 (10.28a) における D を ∞ に置き換えて得られる．フーリエ変換の公式 (10.9) を用いると，式 (10.29) における sinc 関数はデルタ関数に置き換えられ，

$$\tilde{u}(\mu_x, \mu_y) = \left[\delta(\mu_x) + \frac{m}{2}\delta(\mu_x + \alpha') + \frac{m}{2}\delta(\mu_x - \alpha')\right]\delta(\mu_y) \tag{10.31}$$

で書ける．この場合，周波数（後側焦点）面における中心周波数位置は有限幅の場合と同じだが，像面での広がりが無限小となる．すなわち，像面つまり周波数面には輝点が現れる．回折格子が長くなるほど周波数面における光波の広がりが小さくなるの

は，特定の周波数成分がより幅広い方向から集まるほど指向性が増すためである．

一般の物体は様々な周波数成分から形成されていると考えてよい．フーリエ変換では線形性が成立しているから，フーリエ面に現れる輝点の分布を観測することによって，物体に含まれる各方向の周波数成分を知ることができる．

例題 10.2 式 (10.29) で主回折波の方向が光軸および角度 θ_{side} のものについて，両者の第 15 暗線が一致するとき，次の問いに答えよ．

(1) このときの格子周波数 α' を開口幅 D の関数として求めよ．

(2) $D = 1.0\,\mathrm{mm}$ のときの α' を求めよ．

(3) 波長 $\lambda = 500\,\mathrm{nm}$ に対する角度 θ_{side} を求めよ．

解答 (1) 角度 θ_{side} の像面での位置は，式 (10.30) より $x_{\mathrm{side}} = \lambda f \alpha'$ で得られる．暗線条件は，$\pi\mu_x D = \pi(x_0/\lambda f)D = m'\pi$ （m'：0 以外の整数）より $x_0 = m'\lambda f/D$ で得られる．両者の第 15 暗線が一致するのは $2 \cdot 15\lambda f/D = \lambda f \alpha'$ のときであり，これより $\alpha' = 30/D$ を得る．

(2) $D = 1.0\,\mathrm{mm}$ のとき $\alpha' = 30/1.0 = 30\,\mathrm{mm}^{-1}$，つまり 1 mm あたり 30 線対となる．

(3) 式 (10.30) を用いて，$\tan\theta_{\mathrm{side}} = \lambda\alpha' = 500 \times 10^{-9} \cdot 30 \times 10^{3} = 0.015$ より $\theta_{\mathrm{side}} = 0.86^\circ$ となる．

10.6 再回折光学系とその応用

凸レンズの前・後側焦点面における複素振幅は，互いに 2 次元フーリエ変換の関係にある (▶ 10.3 節)．各種の数学的演算や畳み込み積分・相関演算のような複雑な演算は，フーリエ変換やフーリエ逆変換を利用することにより，容易に行える．したがって，光学的フーリエ変換を連続して行える光学系を実現すれば，上記のような複雑な演算が光学的に行える．回折を連続して 2 回利用することを**二重回折** (double diffraction) または**再回折**とよぶ．

本節では，光学的画像処理における各種応用の基本となる，再回折を利用した光学系について，基本構成と基本的な応用を説明する．

10.6.1 再回折光学系の基本構成と特徴

再回折を行う光学系を図 10.6 に示す．第 1 凸レンズ L_1（焦点距離 f_1）の後側焦点面と第 2 凸レンズ L_2（焦点距離 f_2）の前側焦点面を一致させ，ここを周波数面 (x, y) とする．入力面 (ξ, η) を第 1 レンズ L_1 の前側焦点面，出力面 $(x_{\mathrm{im}}, y_{\mathrm{im}})$ を第 2 レンズ L_2（焦点距離 f_2）の後側焦点面とする．このような光学系を**再回折光学系**，**二重回

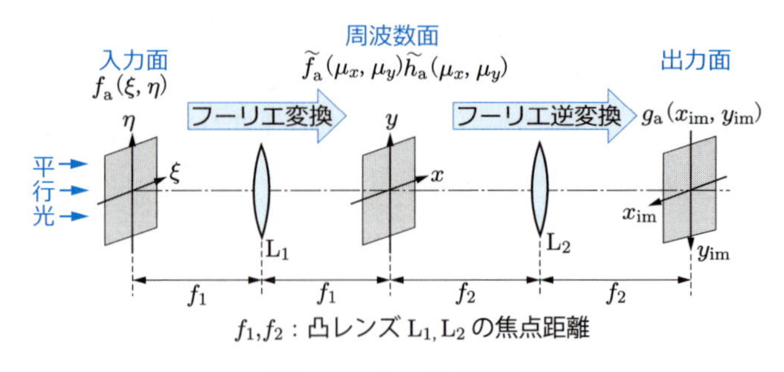

図 10.6　再回折光学系

折光学系または，物体とレンズの距離が焦点距離に等しいので **4–f 光学系**ともいう．

照射光としてコヒーレント光を用いることが望ましく，単色点光源 S（波長 λ）と凸レンズ L_s を用いて作った，コヒーレントな平行光で入力面を垂直照射する．

(1)　周波数面に何も置かない場合

各面の座標間の関係を調べるため，周波数面 (x,y) に何も置かない場合を考える．入力面に複素振幅透過率 $f_a(\xi,\eta)$ の物体を置き，出力面で複素振幅 $g_a(x_{im},y_{im})$ を観測するとき，周波数面 (x,y) では入力情報 $f_a(\xi,\eta)$ のフーリエ変換が得られるから，

$$\tilde{f}_a(\mu_x,\mu_y) = \iint_{-\infty}^{\infty} f_a(\xi,\eta)\exp[i2\pi(\mu_x\xi+\mu_y\eta)]\,d\xi d\eta \tag{10.32a}$$

$$\mu_x = \frac{x}{\lambda f_1}, \quad \mu_y = \frac{y}{\lambda f_1} \tag{10.32b}$$

と書ける．このフーリエ逆変換は次式で書ける．

$$f_a(\xi,\eta) = \iint_{-\infty}^{\infty} \tilde{f}_a(\mu_x,\mu_y)\exp[-i2\pi(\mu_x\xi+\mu_y\eta)]\,d\mu_x d\mu_y \tag{10.33}$$

このような準備の下で式変形を進めると，出力面での複素振幅 $g_a(x_{im},y_{im})$ が

$$g_a(x_{im},y_{im}) = (\lambda f_1)^2 f_a(\xi,\eta) = (\lambda f_1)^2 f_a(-(f_1/f_2)x_{im}, -(f_1/f_2)y_{im}) \tag{10.34}$$

のように，入力面での複素振幅 $f_a(\xi,\eta)$ と関係づけられる (▶ web 付録 A.8)．

以上より，再回折光学系を用いて，フーリエ変換とフーリエ逆変換を連続して行うと，出力面での複素振幅 $g_a(x_{im},y_{im})$ は，入力面での複素振幅 $f_a(\xi,\eta)$ の像となる．このとき，像の物体に対する横倍率は，式 (3.3) を用いて，次式で得られる．

$$M \equiv \frac{x_{im}}{\xi}\left(=\frac{y_{im}}{\eta}\right) = -\frac{f_2}{f_1} \tag{10.35}$$

再回折光学系の特徴

(i) 第1・2凸レンズの焦点距離 f_1 と f_2 は正だから，横倍率 M は負となる．すなわち，再回折光学系では，図 10.6 のように入力物体に対して上下左右が反転した出力像が得られる．

(ii) 横倍率は二つの凸レンズの焦点距離の比で与えられる．

(iii) 入力面への照射光がインコヒーレント光であれば，高周波になるほど周波数特性が低下するから（▶図 8.9），コヒーレント光を用いることが望ましい（▶8.5.3・8.5.4 項）．

再回折光学系はフーリエ変換を連続して2回行う光学系とみなせる．よって，再回折光学系において，第2レンズでフーリエ逆変換を行う場合，図 10.6 に示すように，出力面の座標が入力面と逆向きに描かれることが多い．

(2) 周波数面に物体を置く場合

再回折光学系で入力面 (ξ, η) に複素振幅透過率 $f_{\mathrm{a}}(\xi, \eta)$ の物体を置くと，周波数面 (x, y) には f_{a} のフーリエ変換に相当する複素振幅 $\tilde{f}_{\mathrm{a}}(\mu_x, \mu_y)$ が生じる．周波数面に複素振幅透過率 $H(\mu_x, \mu_y) = \tilde{h}_{\mathrm{a}}(\mu_x, \mu_y)$ の物体を置くと，出力面 $(x_{\mathrm{im}}, y_{\mathrm{im}})$ では

$$g_{\mathrm{a}}(x_{\mathrm{im}}, y_{\mathrm{im}}) = \mathcal{F}^{-1}[\tilde{f}_{\mathrm{a}}(\mu_x, \mu_y) H(\mu_x, \mu_y)] \tag{10.36}$$

の特性が得られる．

したがって，周波数面 (x, y) に種々の特性をもつフィルタなどを置くことにより，原像に対してフィルタリング，光数値演算など，各種の変換操作を施すことができる．次項で光学的フィルタリングのみを紹介する．

10.6.2 光学的フィルタリング

周波数面に様々な特性をもつフィルタをおけば，入力信号の画質（特性）改善や特定成分の抽出，光画像演算，パターン認識などの応用が可能となる．このような目的のため，入力信号のスペクトル情報を操作することを**光学的フィルタリング**という．

雑音がない場合，本来得られるべき特性を $f_0(\xi, \eta)$，ボケ (blurring) の原因を $h_{\mathrm{a}}(\xi, \eta)$，ボケにより劣化した像を $f(\xi, \eta)$ とすると，$f(\xi, \eta) = f_0(\xi, \eta) * h_{\mathrm{a}}(\xi, \eta)$（$*$：畳み込み積分）と書ける．これは，式 (8.15) で示したように，フーリエ空間では

$$\tilde{f}(\mu_x, \mu_y) = \tilde{f}_0(\mu_x, \mu_y) \tilde{h}_{\mathrm{a}}(\mu_x, \mu_y) \tag{10.37}$$

のように積の形で表される．

フィルタリングでボケのないもとの像に戻す場合，本来得るべき特性が f_0 だから，

フィルタ関数 $H(\mu_x, \mu_y)$ を含む式 (10.36) をフーリエ空間で考えると，

$$\tilde{f}_0(\mu_x, \mu_y) = \tilde{f}(\mu_x, \mu_y) H(\mu_x, \mu_y) \tag{10.38}$$

で書ける．雑音がないときのフィルタ関数は，式 (10.37)，(10.38) より，

$$H(\mu_x, \mu_y) = \frac{\tilde{f}_0(\mu_x, \mu_y)}{\tilde{f}(\mu_x, \mu_y)} = \frac{1}{\tilde{h}_{\mathrm{a}}(\mu_x, \mu_y)} \tag{10.39}$$

で得られる．つまり，ボケを伴った像 $f(\xi, \eta)$ で，ボケの原因が $h_{\mathrm{a}}(\xi, \eta)$ としてわかっている場合，h_{a} の逆特性をフィルタとして使って，鮮明な光画像が回復できる．

式 (10.39) は，点像分布関数 $h_{\mathrm{a}}(\xi, \eta)$ が原因で像がボケているから，その逆特性をもってくれば修正像（deblurred image）が得られることを意味する．このような操作を**ディコンボリューション**（deconvolution）という．h_{a} の逆特性をもつフィルタを**逆フィルタ**（inverse filter）とよぶ．ボケの対象ごとに透過率や位相を変えて，劣化像の改善が行える．振幅だけを変化させるものを振幅フィルタ，位相まで含むものを複素フィルタまたは位相フィルタという．

振幅フィルタは，周波数面で透過率に空間変化を加えて，光学濃度に濃淡をもたせるものである．複素フィルタは，周波数面で位相変化をもたせるため，透明媒質の厚さを調整するものである．位相を ϕ で表すと $\exp i\phi = \cos\phi + i\sin\phi$ より，$\phi = \pi/2$ ならば純虚数 i，$\phi = 3\pi/2$ ならば $-i$ を表すことができる．光学では負の値を直接表せないので，$\phi = \pi$ として -1 で符号を反転させる．

逆フィルタを用いる方法では，$\tilde{h}_{\mathrm{a}}(\mu_x, \mu_y)$ の値がゼロ近傍の場合，$H(\mu_x, \mu_y)$ での透過率を極度に大きくしなければならないため，物理的に実現するのは困難で，得られる結果は近似的なものとなる．

10.7 フーリエ分光

分光では通常，プリズム，回折格子などの分散素子を用いて，波長幅の狭い光波を発生させて，物質の特性などを調べる．赤外，とくに遠赤外になると，光源からの黒体輻射が低下するため，分散素子を用いずに，光源からの光波を無駄なく利用することが望まれ，マイケルソン干渉計（▶ 図 5.9）などを用いたフーリエ分光が行われる．

揺らぎを含む場での電界を $E(r, t)$ とし，時間を τ ずらした値との相関の長時間平均 $\langle\cdot\rangle$ をとると，次式で示す自己相関関数が得られる．

$$\Gamma(\tau) \equiv \langle E^*(r, t) E(r, t + \tau) \rangle = \Gamma(-\tau) \tag{10.40}$$

自己相関関数のフーリエ変換は次式で得られる（▶ web 付録の式 (A.5.8)）．

$$S(\nu) \equiv |\tilde{E}(\nu)|^2 = \int_{-\infty}^{\infty} \Gamma(\tau) \exp i2\pi\nu\tau \, d\tau \tag{10.41}$$

ここで，$S(\nu)$ はスペクトル密度，ν は光の周波数，$\tilde{E}(\nu)$ は電界 $E(r,t)$ のフーリエ変換を表す．式 (10.41) はウィーナー－キンチン（Wiener–Khintchin）の定理とよばれる．これは測定した自己相関関数をフーリエ変換するとスペクトル密度が求められることを示しており，フーリエ分光の原理となっている．干渉計では，一方の鏡を固定し，他方の鏡を相対的に移動させて τ を付与して，自己相関関数を測定する．これをインターフェログラムといい，これをフーリエ変換してスペクトル密度が求められる．

演習問題

10.1 物面に対する光学的フーリエ変換が，回折現象を利用して，6.1.3 項，6.2 節，10.3 節で述べた光学系で行える．これらの光学系構成，フーリエ変換の意味合いの違いが明確になるように説明せよ．

10.2 光軸に平行に伝搬する光線がレンズ（焦点距離 f）に入射するとき，凸レンズでは通過後に後側焦点で点像となり，凹レンズでは後側焦点の点像から発したように伝搬することを，フーリエ変換を利用して求めよ．

10.3 フーリエ変換における移行則に関して次の問いに答えよ．

(1) $\mathcal{F}[f(x \pm a, y \pm b)] = \tilde{f}(\mu_x, \mu_y) \exp[\mp i2\pi(a\mu_x + b\mu_y)]$ を導け．

(2) 移行則の光学的意味を説明せよ．また，これを光学的フーリエ変換に利用するときの意義を説明せよ．

10.4 図 10.5 の光学系で，開口面での複素振幅透過率が，$|\xi| \leqq D/2$ で $u_0(\xi, \eta) = m \sin 2\pi\alpha'\xi$ のとき，像面での回折像の複素振幅と光強度を求めよ．

10.5 再回折光学系で関数 $f(x,y)$ の x 方向 1 階偏微分を行う場合，入力面と周波数面にはどのような特性のものを設置すればよいか，説明せよ．

10.6 無限幅の余弦波格子（▶ 10.5.2 項）を再回折光学系の入力面に置き，周波数面で光軸上のみを遮光する場合，出力面で得られる像の複素振幅 $g_{\mathrm{a}}(x_{\mathrm{im}})$ と光強度 $I(x_{\mathrm{im}})$ を求めよ．また，その意味を説明せよ．

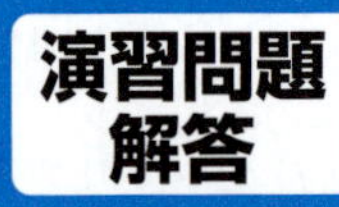

演習問題解答

1章

1.1 (1) 式 (1.3) より，周波数 $\nu = c/\lambda_0 = 3.0 \times 10^8/(633 \times 10^{-9}) = 4.74 \times 10^{14}\,\mathrm{Hz} = 474\,\mathrm{THz}$ (2) 式 (1.6) より，媒質中での波長 $\lambda = \lambda_0/n = 633 \times 10^{-9}/1.5 = 422 \times 10^{-9}\,\mathrm{m} = 422\,\mathrm{nm}$ となる．また，式 (1.4) より，媒質中での波数 $k = 2\pi/\lambda = 2\pi/(422 \times 10^{-9}) = 1.49 \times 10^7\,\mathrm{m}^{-1}$ となる．

1.2 (1) 光路長 $\varphi_1 = \sum_{j=1}^{3} n_j d_j$，位相変化 $(2\pi/\lambda_0)\varphi_1$

(2) 式 (1.12) を用いて，光路長は

$$\varphi_2 = n_1 \int_0^a \left[1 - \frac{1}{2}(gx)^2\right] dx + n_2(b-a) = n_1 a \left[1 - \frac{1}{6}(ga)^2\right] + n_2(b-a)$$

で，位相変化は $k_0\varphi_2$ となる．

1.3 式 (1.23) を用いて，電界は $E = \sqrt{2IZ_0/n} = \{[2 \cdot 1.0 \cdot 10^{-3}/(10^{-3})^2] \cdot 377/3.5\}^{1/2} = (2.15 \times 10^5)^{1/2} = 4.64 \times 10^2\,\mathrm{V/m}$ となる．磁界は式 (1.24a) を用いて，$H = YE = nE/Z_0 = 3.5 \cdot 4.64 \times 10^2/377 = 4.3\,\mathrm{A/m}$ となる．

1.4 (1) $\lambda = 500\,\mathrm{nm}$ での屈折率は $n = 1.484$，位相速度は式 (1.5) より $v_\mathrm{p} = c/n = 2.02 \times 10^8\,\mathrm{m/s}$ となる．群速度は式 (1.29) より $v_\mathrm{g} = v_\mathrm{p}[1 + (\lambda/n)(dn/d\lambda)] = v_\mathrm{p}[1 - (2C_2/n\lambda^2)] = 1.85 \times 10^8\,\mathrm{m/s}$ となる．$\lambda = 600\,\mathrm{nm}$ での屈折率は $n = 1.464$，位相速度は $v_\mathrm{p} = 2.05 \times 10^8\,\mathrm{m/s}$，群速度は $v_\mathrm{g} = 1.93 \times 10^8\,\mathrm{m/s}$ となる．

(2) 式 (1.2)，(1.3) より得られる $\omega = 2\pi c/\lambda$ を利用して，

$$\frac{dn}{d\omega} = \frac{dn/d\lambda}{d\omega/d\lambda} = \frac{-2C_2/\lambda^3}{-2\pi c/\lambda^2} = \frac{C_2}{\pi c\lambda}$$

で $dn/d\omega > 0$ となり，屈折率が角周波数に対して単調増加するので，正常分散である．

1.5 式 (1.30) で振動子が一つで，低密度で振動子の数 N が微小だから，第 2 項が第 1 項に比べて微小となり，

$$n = \left(1 + \frac{e^2}{\varepsilon_0}\frac{N/m}{\omega_\mathrm{r}^2 - \omega^2}\right)^{1/2} \fallingdotseq 1 + \frac{e^2 N}{2\varepsilon_0 m(\omega_\mathrm{r}^2 - \omega^2)}$$

と近似できる．これに式 (1.2)，(1.3) より得られる $\omega = 2\pi c/\lambda$ を代入し整理して，与式が導ける．

2章

2.1 空気中から入射する光線が，屈折率 n の媒質の上面の点 S で屈折し，底面の点 P に到達するものとする（解図 1）．点 P の直上へ引いた線と媒質上面の交点を O，入射光線の延長

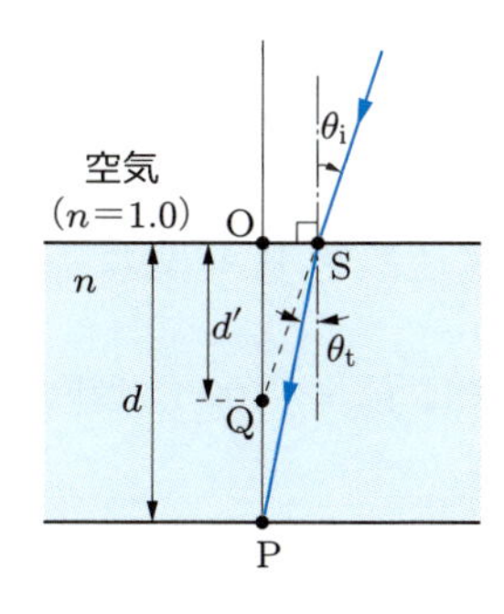

解図 1

線との交点を Q とすると，$d = \mathrm{OP}$，見かけ上の厚さが $d' = \mathrm{OQ}$ で表せる．光線の入射角を θ_i，屈折角を θ_t とおくと，$\mathrm{OS} = d' \tan\theta_i = d\tan\theta_t$ が成立する．一方，スネルの法則より，$1.0\sin\theta_i = n\sin\theta_t$ となる．直上から見るので，θ_i と θ_t は微小で，$\theta_i \fallingdotseq \sin\theta_i \fallingdotseq \tan\theta_i$ と近似できるので，両式より $d' \fallingdotseq d\theta_t/\theta_i \fallingdotseq d/n$ となり，屈折率だけ薄く見える．この式に $n = 1.62$, $d = 7.0\,\mathrm{mm}$ を代入して，見かけ上の厚さは $d' = d/n = 7.0/1.62\,\mathrm{mm} = 4.32\,\mathrm{mm}$ となる．

2.2　2.1 節の最後の留意点を参照．水の層での屈折角を θ_t とおいて，$1.0\sin 15^\circ = 1.33\sin\theta_t$ より，$\theta_t = 11.2^\circ$ となる．

2.3　光ビームの平面板内での屈折角を θ_t，光ビームの平面板両平面での屈折点の，平面板に平行な方向での表裏面でのずれ量を D_2 とすると，$D_2 = d\tan\theta_t$ で書ける．スネルの法則 $\sin\theta_i/\sin\theta_t = n$ を利用して，$D_2 = d\sin\theta_t/\cos\theta_t = d\sin\theta_i/n\sqrt{1-(\sin\theta_i/n)^2}$ を得る．

(1) 反射光ビームの平行ずれ量は，$D_R = 2D_2\sin(90^\circ - \theta_i) = 2D_2\cos\theta_i = 2d\sin\theta_i\cos\theta_i/\sqrt{n^2-\sin^2\theta_i}$ となる．

(2) 透過前後の光ビームの平行ずれ量は，$D_T = d\sin\theta_i - D_2\cos\theta_i$ となる．D_T での第 2 項は (1) での結果を利用でき，$D_2\cos\theta_i = d\sin\theta_i\cos\theta_i/\sqrt{n^2-\sin^2\theta_i}$ と書ける．よって，$D_T = d\sin\theta_i(1-\cos\theta_i/\sqrt{n^2-\sin^2\theta_i})$ となる．

2.4　斜辺への入射角が 45° となるから，臨界角が 45° より小さければよい．よって，式 (2.6) を用いて $\theta_c = \sin^{-1}(1.0/n) \leqq 45^\circ$ より，$n \geqq 1.0/\sin 45^\circ = \sqrt{2} \fallingdotseq 1.414$ となればよい．

2.5　(1) 式 (2.19) の結果を利用すると，偏角は入射角に無関係となる．二つのプリズムの頂角が逆向きだから，偏角の符号が逆となる．よって，$(n_1-1)\alpha_1 - (n_2-1)\alpha_2 = 0$ を満たせばよい．これを解いて，$\alpha_2 = \alpha_1(n_1-1)/(n_2-1)$ で得られる．

(2) $\alpha_2 = \alpha_1(n_1-1)/(n_2-1) = 5.0(1.518-1)/(1.620-1) = 4.18^\circ = 4^\circ 11'$ となる．

(3) 二つの偏角の和は $(n_1-1)\alpha_1 + (n_2-1)\alpha_2 = 0.518\cdot 5.0 + 0.620\cdot 4.18 = 5.18^\circ$ となる．

2.6　与えられた屈折率を式 (2.6) に代入して，$\sin\theta_c = 1-\Delta$ を得る．Δ が微小だから，θ_c は $\pi/2$ 近傍の値である．それを $\theta_c = \pi/2 - \vartheta$ で近似すると，$\sin\theta_c = \cos\vartheta \fallingdotseq 1-\vartheta^2/2 = 1-\Delta$ となる．よって，$\vartheta = \sqrt{2\Delta}$ で，臨界角が $\theta_c = \pi/2 - \sqrt{2\Delta}$ で近似できる．$\Delta = 1.0\%$のとき，$\theta_c = \pi/2 - \sqrt{2\cdot 0.01} = 1.43\,\mathrm{rad} = 81.9^\circ$ となる．

3章

3.1 薄肉レンズ近似では式 (3.33)，厚肉レンズでは式 (3.52) を使う．

(1) 両レンズとも，焦点距離が $f' = f'_{\rm A} = 100$ で得られる．$f' > 0$ なので平凸レンズである．

(2) 同様にして，薄肉レンズ近似では $f' = 44.4$，厚肉レンズでは $f'_{\rm A} = 44.9$ となり，両凸レンズである．

(3) 同様にして，薄肉レンズ近似では $f' = -109.1$，厚肉レンズでは $f'_{\rm A} = -108.8$ となり，両凹レンズを表す．

これらの数値例より，薄肉レンズ近似での相対誤差はせいぜい 1%程度であることがわかる．

3.2 (1) 式 (3.30) より，$f' = -300\,{\rm mm}$（凹レンズ） (2) 凹レンズでは正立虚像が得られるから，式 (3.4) で表される横倍率が 0.5 となればよく，$M = s_2/s_1 = 0.5$ より $s_1 = 2s_2$ を得る．これらの結果をガウスのレンズ公式 (3.2) に代入して，$s_1 = -300\,{\rm mm}$，$s_2 = -150\,{\rm mm}$ となり，物体をレンズの前方 300 mm に置くと，像がレンズの前方 150 mm にできる．

3.3 (1) 式 (3.30) に $n_1 = 1.33$，$n_2 = 1.0$，$n_{\rm L} = 1.52$，$R_1 = 80.0$，$R_2 = -80.0$ を代入して，$f' = 113\,{\rm cm}$ を得る． (2) 式 (3.31) に $s_2 = 250\,{\rm cm}$ を代入して，$s_1 = -274\,{\rm cm}$ を得る．つまり，物体が水深 274 cm にある． (3) 演習問題 2.1 の結果を利用すると，屈折率に応じて浅く見えるから，$274/1.33 = 206\,{\rm cm}$ に見える．

3.4 (1) 式 (3.52)〜(3.55) で $n_1 = n_2 = 1.0$ とおいて，$f'_{\rm A} = -f_{\rm A} = 13.8$，$s_{\rm F1} = -12.7$，$s_{\rm F2} = 12.9$，$s_{\rm H1} = s_{\rm N1} = 1.2$，$s_{\rm H2} = s_{\rm N2} = -0.92$ となる． (2) 式 (3.9) に $z_1 = -10$，$f'_{\rm A} = -f_{\rm A} = 13.8$ を代入して，$z_2 = 19.0$ となり，後側焦点後方 19.0 に像ができる．式 (3.8) より，横倍率が $M = -1.38$ となり，倒立実像ができる．

3.5 レンズで倒立実像が得られるから $f'_{\rm A} > 0$ である．結像式 (3.56) や式 (3.13) での各値は，主点から測ったものである．レンズの曲面が前後で対称だから，式 (3.54) より主点位置もレンズ前後に対して対称となる（$s_{\rm H2} = -s_{\rm H1}$）．実験結果 1 より $98 - s_{\rm H2} = 98 + s_{\rm H1} = f'_{\rm A}$ を得る．実験結果 2 より得られる $\ell_1 = -148 - s_{\rm H1} = -[f'_{\rm A} + (148-98)]$，$\ell_2 = 298 - s_{\rm H2} = f'_{\rm A} + (298-98)$ を式 (3.56) または式 (3.13) に代入すると，$1/(f'_{\rm A}+50) + 1/(f'_{\rm A}+200) = 1/f'_{\rm A}$ より $f'_{\rm A} = 100\,{\rm mm}$ を得る．また，$s_{\rm H1} = 2\,{\rm mm}$ となる．

3.6 図 3.2 における $\triangle {\rm PO_1N_1}$ と $\triangle {\rm QO_2N_2}$ の相似関係より，節点基準の横倍率が $M' = (s_2 - s_{\rm N2})/(s_1 - s_{\rm N1})$ で表せる．これに式 (3.49) を代入して整理した式のガウス定数部分を，式 (3.44) を用いて横倍率 M に置換すると，

$$M' = \frac{s_2 - s_{\rm N2}}{s_1 - s_{\rm N1}} = \frac{-(c - as_2/n_2) + n_1/n_2}{(n_1/n_2)(b + as_1/n1) - 1} = \frac{-M + n_1/n_2}{(n_1/n_2)(1/M) - 1} = M$$

となり，式 (3.44) に一致する．

3.7 合成焦点距離 $f'_{\rm c}$ は式 (3.59) で得られる．これの両辺を微分した式の右辺に $\delta f'_j = -f'_j/\nu_j$（$\nu_j$：アッベ数）を代入して，

$$-\frac{\delta f'_{\rm c}}{f'^2_{\rm c}} = \frac{1}{f'_1\nu_1} + \frac{1}{f'_2\nu_2} - \frac{d_{\rm s}}{f'_1 f'_2}\left(\frac{1}{\nu_1} + \frac{1}{\nu_2}\right)$$

を得る．焦点距離の色収差を消去するため $\delta f'_{\rm c} = 0$ とし，同一材質だから $\nu_1 = \nu_2$ として，

$d_s = (f_1' + f_2')/2$ を得る．つまり，後側焦点距離の和が，レンズ間隔の 2 倍になるように設定すればよい．この場合，同符号のレンズでも焦点距離の色収差を除去できる．

3.8 $R = -100$ を式 (3.65) 第 2 式に代入すると，焦点距離 $f = 50\,\mathrm{cm}$ を得る．凹面鏡での横倍率が式 (3.66) で得られるから，実像の場合は倒立で $M = f/(s_1 + f) = -2$ を解くと，$s_1 = -3f/2 = -75\,\mathrm{cm}$ を得る．また，これらの値を式 (3.65) に代入して $s_2 = -150$ を得る．物体を鏡の前方 75 cm に置くと，像が鏡の前方 150 cm に得られる．虚像の場合は正立で $M = f/(s_1 + f) = 2$ を解くと，$s_1 = -f/2 = -25$ を得る．これらの値を式 (3.65) に代入して $s_2 = 50$ を得る．物体を鏡の前方 25 cm に置くと，像が鏡後方 50 cm に得られる．

3.9 式 (3.65) より $1/s_2 = -(s_1 + f)/s_1 f$ となる．物体位置はつねに $s_1 < 0$ で，凸面鏡（$R > 0$）では式 (3.65) 第 2 式より $f < 0$ だから，この式から $s_2 > 0$，つまり像が鏡より右側で虚像を得る．また，同じ式から $-s_2/s_1 = f/(s_1 + f)$ を得る．これは式 (3.66) により横倍率 M に等しいから $M = f/(f + s_1)$ とおける．これに $s_1 < 0$，$f < 0$ を適用して $0 < M < 1$，つまり物体より小さい正立虚像が得られる．

4章

4.1 式 (4.12a) で $r_P = 1.0$ とおくと，$n_1 \cos\theta_t = 0$ が導け，$n_1 \neq 0$ より $\theta_t = \pi/2$ を得る．この結果をスネルの法則の式 (2.2) に代入して $n_1 \sin\theta_i = n_2$ を得る．これより入射角が $\theta_i = \sin^{-1}(n_2/n_1)$ で書け，これは臨界角の式 (2.6) に一致している．式 (4.12b) で $r_S = 1.0$ とおいた式からも同じ結果を得る．

4.2 (1) 式 (4.19) より，ブルースタ角 $\theta_B = \tan^{-1}(1.518/1.0) = 56.6° = 56°37'$ (2) $\theta_B = \tan^{-1}(1.62/1.0) = 58.3° = 58°19'$ (3) $\theta_B = \tan^{-1}(4.09/1.0) = 76.3° = 76°16'$

4.3 (1) 式 (2.4) より，反射光について $\theta_r = \pi - \theta_i$ を得る．また，式 (4.12a) から $\theta_i + \theta_t = \pi/2$ が得られ，両式より $\theta_r - \theta_t = \pi/2$ が導かれる． (2) 4.3 節参照

4.4 式 (4.19) より $\tan\theta_B = n_2/n_1$，$\tan\theta_B' = n_1/n_2 = 1/\tan\theta_B$ を得る．これより $\cos\theta_B \cos\theta_B' - \sin\theta_B \sin\theta_B' = \cos(\theta_B + \theta_B') = 0$ を得る．よって $\theta_B + \theta_B' = \pi/2$ となる．

4.5 光強度透過率 $\mathcal{T}_j$ に関しては，P 成分に対して式 (4.13a)，(4.24a) より

$$t_P t_P' = \frac{2\sin\theta_t \cos\theta_i}{\sin(\theta_i + \theta_t)\cos(\theta_i - \theta_t)} \frac{2\sin\theta_i \cos\theta_t}{\sin(\theta_t + \theta_i)\cos(\theta_t - \theta_i)}$$

$$= \frac{\sin 2\theta_i \sin 2\theta_t}{\sin^2(\theta_i + \theta_t)\cos^2(\theta_i - \theta_t)} = \mathcal{T}_P$$

S 成分に対して式 (4.13b)，(4.24b) より

$$t_S t_S' = \frac{2\sin\theta_t \cos\theta_i}{\sin(\theta_i + \theta_t)} \frac{2\sin\theta_i \cos\theta_t}{\sin(\theta_t + \theta_i)} = \frac{\sin 2\theta_i \sin 2\theta_t}{\sin^2(\theta_i + \theta_t)} = \mathcal{T}_S$$

となり，成り立つ．

4.6 演習問題 4.5 の結果と式 (4.23a) を利用すると，P 成分について

$$t_P t_P' + r_P^2 = \frac{\sin 2\theta_i \sin 2\theta_t}{\sin^2(\theta_i + \theta_t)\cos^2(\theta_i - \theta_t)} + \frac{\tan^2(\theta_i - \theta_t)}{\tan^2(\theta_i + \theta_t)}$$

$$= \frac{\sin 2\theta_{\rm i} \sin 2\theta_{\rm t} + \cos^2(\theta_{\rm i} + \theta_{\rm t}) \sin^2(\theta_{\rm i} - \theta_{\rm t})}{\sin^2(\theta_{\rm i} + \theta_{\rm t}) \cos^2(\theta_{\rm i} - \theta_{\rm t})}$$

となる．上式の分子第 2 項を，三角関数に関する加法定理や倍角公式を用いて，

$$\begin{aligned}\cos^2(\theta_{\rm i} + \theta_{\rm t}) \sin^2(\theta_{\rm i} - \theta_{\rm t}) &= [1 - \sin^2(\theta_{\rm i} + \theta_{\rm t})][1 - \cos^2(\theta_{\rm i} - \theta_{\rm t})] \\ &= -\sin 2\theta_{\rm i} \sin 2\theta_{\rm t} + \sin^2(\theta_{\rm i} + \theta_{\rm t}) \cos^2(\theta_{\rm i} - \theta_{\rm t})\end{aligned}$$

と変形すれば，式 (4.21) が成り立つことがわかる．S 成分についても同様にして示される．これと演習問題 4.5 の結果から，式 (4.25) も成り立つことが示される．

4.7 (1) n_2 と $\theta_{\rm i}$ に対する式を式 (4.35) 第 2 式に代入して，次のようになる．

$$\tan\frac{\delta\phi_{\rm S}}{2} \fallingdotseq \frac{\sqrt{\cos^2\vartheta - (1-2\Delta)}}{\sin\vartheta} \fallingdotseq \frac{\sqrt{(1-\vartheta^2/2)^2 - (1-2\Delta)}}{\vartheta} \fallingdotseq \frac{\sqrt{2\Delta - \vartheta^2}}{\vartheta}$$

(2) $\theta_{\rm i} = 85°$ のとき，$\vartheta = 5° = \pi/36\,{\rm rad}$，$\Delta = 0.01$ を代入して，$\tan(\delta\phi_{\rm S}/2) = 1.28$，$\delta\phi_{\rm S} = 104.0° = 1.82\,{\rm rad}$ となる．

5 章

5.1 (1) 主極大の間にある暗線の数は $N-1$ で得られるから，孔の数が $N = 7+1 = 8$ となる． (2) 暗線位置が式 (5.21b) で得られるから，暗線間隔を x，ピンホール面と像面の間隔を L として，ピンホール間隔が $d = \lambda L/Nx$ で求められる．各値を代入して，孔の間隔を 0.365 mm で得る． (3) 主極大の位置は式 (5.21a) で得られ，その間隔は暗線間隔の N 倍だから，主極大間の間隔を $0.25 \cdot 8 = 2.00\,{\rm mm}$ で得る．

5.2 垂直入射（入射角 $\theta_{\rm i} = 0$）の場合，光強度反射率が式 (4.15)，(4.23a) を用いて $r^2 = 0.02$ となるから，反射が微小として扱える．よって，2 光波による反射光強度の極大条件は，式 (5.16a) より，m を整数として $\lambda_0 = 2nd/(m+1/2)$ で得られる．与えられた数値をこの式に代入すると，$m = 1$ のとき $\lambda_0 = 709\,{\rm nm}$，$m = 2$ のとき $\lambda_0 = 426\,{\rm nm}$ を得る．

5.3 (1) 式 (5.28b) より得られる $d = m\lambda_m/2n$ に $m = 1$，$\lambda_m = 550\,{\rm nm}$，$n = 1.38$ を代入して，$d = 199.3\,{\rm nm}$ を得る． (2) $\lambda_m = 2d\sqrt{n^2 - \sin^2\theta_{\rm i}}/m$ に各値を代入して，$\lambda_m = 545.7\,{\rm nm}$ を得る．

5.4 (1) 振幅反射率の式 (4.12a) を用いて，$r_1 = (n-1.0)/(n+1.0)$，$r_3 = (n-n_{\rm s})/(n+n_{\rm s})$ より $n = \sqrt{n_{\rm s}}$ を得る．

(2) すべての反射波の強度反射率 $\mathcal{R}_{\rm T}$ は，式 (5.33) で $n_2 = n$ とおいて，

$$\mathcal{R}_{\rm T} = \frac{2R_1[1 + \cos(2k_0 nd\cos\theta_2)]}{1 + R_1^2 + 2R_1\cos(2k_0 nd\cos\theta_2)} = 1 - \frac{(1-R_1)^2}{1 + R_1^2 + 2R_1\cos(2k_0 nd\cos\theta_2)}$$

を得る．垂直入射の場合に $\mathcal{R}_{\rm T} = 0$ となる条件は，第 2 項の分母で $\cos 2k_0 nd = -1$ となることで，$2k_0 nd = (2m+1)\pi$ より $2nd = (m+1/2)\lambda_0$ となる（m：整数）．

(3) 入射側で隣接する反射波が逆相となればよい．

5.5 全透過光強度が極大値をとる条件は式 (5.28) で与えられる．最初の屈折率を n，屈折率変化量を δn，エタロンの厚さを d，極大波長を λ_m とおく．干渉次数 m は $m = 2nd/\lambda_m =$

$1.0003 \cdot 40 \times 10^6/500 = 8.0024 \times 10^4$ となる．10 気圧上昇後の条件は $501.5\,\mathrm{nm} = 2(n + \delta n)d/m = (n+\delta n)40 \times 10^6/(8.0024 \times 10^4)\,\mathrm{nm}$ より $n + \delta n = 1.0033$，$\delta n = 3.0 \times 10^{-3}$ となる．よって，1 気圧あたりの屈折率変化量は 3.0×10^{-4} となる．

5.6 (1) BS の光強度透過率を T とすると，光強度反射率は $(1-T)$ となる．光源を単位光強度とすると，BS で分岐後に各アームを伝搬して合波された後の観測位置での光強度は $I_1 = I_2 = T(1-T)$ となる．これらを式 (5.4a) に代入すると，観測位置での光強度分布が $I = 2T(1-T)\{1 + \cos[2\pi(\varphi_1 - \varphi_2)/\lambda_0]\}$ で得られる． (2) 観測位置での光量が $2T(1-T) = -2(T-1/2)^2 + 1/2$ となり，$T = 1/2$ のとき光量が最大となる． (3) 干渉計における光波の分岐では，半透鏡を用いるのがよい．

6章

6.1 スポット半径は式 (6.32) を用いて求められるから，その直径は CD では $1.10\,\mu\mathrm{m}$，DVD では $689\,\mathrm{nm}$，BD では $303\,\mathrm{nm}$ となる．このように，CD，DVD，BD の順にスポット直径が小さくなっており，同じ大きさのディスクで記録容量が増加している．

6.2 異なる波長どうしでは干渉しないので，2 波長を個別に扱える．単スリットによる回折像の極小位置は式 (6.17) で，L を f に置換して求められる．波長 λ_1 について $\lambda_1 = 2.5 \cdot 0.25/(4 \cdot 250)\,\mathrm{mm} = 6.25 \times 10^{-4}\,\mathrm{mm} = 625\,\mathrm{nm}$，波長 λ_2 について $\lambda_2 = 2.5 \cdot 0.25/(5 \cdot 250)\,\mathrm{mm} = 5.0 \times 10^{-4}\,\mathrm{mm} = 500\,\mathrm{nm}$ となる．

6.3 6.3 節参照

6.4 (1) レンズを用いる場合，式 (6.38) で L を f に置換する．$N = 2$ を代入して三角関数に関する倍角の公式を用い，$X \equiv x/\lambda f$ とおいて，回折光強度が $I_2(x) = 4D^2(\sin \pi DX/\pi DX)^2 \cos^2 \pi dX$ で書ける．

(2) 微細構造が極小値をとる位置は $\pi dX = \pi dx/\lambda f = m\pi \pm \pi/2$（$m$：整数）より，$x_{m'} = (m' \pm 1/2)\lambda f/d$ で得られる．よって，0 次回折光の両側に生じる極小値の間隔は $\lambda f/d = 500 \times 10^{-9} \cdot 0.5/d = 2.0 \times 10^{-3}\,\mathrm{m}$ で，$d = 1.25 \times 10^{-4}\,\mathrm{m} = 125\,\mu\mathrm{m}$ となる．微細構造が極大値をとる位置は $\pi dX = \pi dx/\lambda f = m'\pi$（$m'$：整数）より $x_\mathrm{M} = m'\lambda f/d$ となる．また，包絡線がゼロとなる位置は $\pi DX = \pi Dx/\lambda f = m''\pi$（$m''$：整数）より $x_\mathrm{E0} = m''\lambda f/D$ となる．$m' = 5$，$m'' = 1$ とおいた x_M と x_E0 を等値して，$D = d/5 = 2.5 \times 10^{-5}\,\mathrm{m} = 25\,\mu\mathrm{m}$ を得る．

6.5 図 6.8 参照

6.6 格子が 200 本/mm だから，周期は逆数をとって $d = 0.005\,\mathrm{mm} = 5\,\mu\mathrm{m}$ となる．式 (6.43) で $\theta_\mathrm{in} = 0^\circ$, $m = 1$ とおくと, $\theta_\mathrm{dif} = \sin^{-1}(\lambda/d)$ を得る． (1) $\theta_\mathrm{dif} = \sin^{-1}(0.633/5) = 7.27^\circ$　(2) $\theta_\mathrm{dif} = \sin^{-1}(0.515/5) = 5.91^\circ$　(3) $\theta_\mathrm{dif} = \sin^{-1}(0.405/5) = 4.65^\circ$

6.7 与えられた値を式 (6.44b) に代入して，$\sin\theta_\mathrm{in} = 480m/1600 + 0.819$ より $m = -1$ のとき $\theta_\mathrm{in} = 31.3^\circ$，$m = -2$ のとき $\theta_\mathrm{in} = 12.7^\circ$ を得る．

6.8 式 (6.44b) より，CD で $m = -2$ のとき $380 \leqq -(1600/2)(\sin 20^\circ + \sin\theta_\mathrm{dif}) \leqq 780$ を満たせばよく，これを解いて $-54.79^\circ \geqq \theta_\mathrm{dif} \geqq -90^\circ$ を得る．DVD で $m = -1$ のとき，

$380 \leqq -740(\sin 20^\circ + \sin\theta_{\rm dif}) \leqq 780$ より $-58.82^\circ \geqq \theta_{\rm dif} \geqq -90^\circ$ となればよく，両者を合わせて，求める回折角の範囲は $-58.82^\circ \geqq \theta_{\rm dif} \geqq -90^\circ$ となる．

7章

7.1 垂直入射のとき，くさび形の斜辺に対する入射角は $\varphi = \pi/2 - \alpha$ となる．方解石から空気に入射するときの臨界角 $\theta_{\rm c}$ を，式 (2.6) を用いて求めると，常光線に対して $\theta_{\rm c} = \sin^{-1}(1/1.6584) = 37.08^\circ$，異常光線に対して $\theta_{\rm c} = \sin^{-1}(1/1.486) = 42.30^\circ$ を得る．よって，$37.08^\circ < \varphi < 42.30^\circ$，つまり頂角を $47.70^\circ < \alpha < 52.92^\circ$ に設定すればよい．

7.2 白雲母の厚さを d とすると，相対位相差は，式 (7.26b) と同様にして $\phi = (2\pi/\lambda_0)(n_3 - n_2)d$ で得られ，$\phi = 2m\pi + \pi/2$（m：整数）とすればよい．よって，必要な厚さが $d = [\lambda_0/(n_3 - n_2)](m + 1/4)$ で得られる．最小厚は $m = 0$ として求められ，$d = 30.1\,\mu\mathrm{m}$ を得る．

7.3 厚さを d とすると，式 (7.26b) より位相差を $\phi = 2\pi(n_{\rm e} - n_{\rm o})d/\lambda_0 = 2m\pi + \pi$（$m$：整数）とすればよい．よって，求める波長は $\lambda_0 = (n_{\rm e} - n_{\rm o})d/(m + 1/2)$ より，$m = 11$ のとき 633 nm，$m = 12$ のとき 582 nm となる．

7.4 (1) 式 (7.32) 第 2 項で g を g_{33} に置き換えると $g_{33}/2n_{\rm o} = 3.555 \times 10^{-5}$ で，左・右回り円偏光の屈折率は $n_{\rm L} = n_{\rm o} + g_{33}/2n_{\rm o} = 1.54434$，$n_{\rm R} = n_{\rm o} - g_{33}/2n_{\rm o} = 1.54426$ となる． (2) 旋光能は式 (7.34) より $\rho = 3.79 \times 10^{-7}\ \mathrm{rad/nm} = 21.7^\circ/\mathrm{mm}$ で，偏光面の回転角度が $21.7 \cdot 1.5 = 32.6^\circ$ となる．

7.5 x 軸と角度 θ をなす任意の直線偏光は

$$\boldsymbol{J}_\theta = \begin{pmatrix} \cos\theta \\ \sin\theta \end{pmatrix} = \frac{1}{2}\begin{pmatrix} \mathrm{e}^{i\theta} + \mathrm{e}^{-i\theta} \\ (\mathrm{e}^{i\theta} - \mathrm{e}^{-i\theta})/i \end{pmatrix}$$

と表される．

$$\text{右回り円偏光：}\boldsymbol{J}_{\rm R} = \frac{1}{\sqrt{2}}\begin{pmatrix} 1 \\ -i \end{pmatrix}, \quad \text{左回り円偏光：}\boldsymbol{J}_{\rm L} = \frac{1}{\sqrt{2}}\begin{pmatrix} 1 \\ i \end{pmatrix}$$

を式 (7.24) に用いると，展開係数が

$$C_{\rm R} = \frac{1}{2\sqrt{2}}\left[(\mathrm{e}^{i\theta} + \mathrm{e}^{-i\theta}) + \frac{(\mathrm{e}^{i\theta} - \mathrm{e}^{-i\theta})i}{i}\right] = \frac{\exp i\theta}{\sqrt{2}}, \quad C_{\rm L} = \frac{\exp(-i\theta)}{\sqrt{2}}$$

となり，$\boldsymbol{J}_\theta = C_{\rm R}\boldsymbol{J}_{\rm R} + C_{\rm L}\boldsymbol{J}_{\rm L}$ と表される．

8章

8.1 8.1 節参照

8.2 光学系の明るさは開口数の大きさで決まる．式 (8.1) を用いて，①$NA = 1.0\sin 45^\circ = 0.707$，②$NA = 1.516\sin 30^\circ = 0.758$，③$NA = 1.66\sin 25^\circ = 0.702$ となる．②の NA が一番大きいので最も明るい．

8.3 結像式 (3.2) に $s_1 = -5.0f$ を代入して $s_2 = 5f/4$ を得る．F 数が 2.0 のとき，式

(8.3a) より $D = f/2.0$ となる．$\delta/2 = f/1000$ より得られる δ を式 (8.6) に適用して，焦点深度が $\xi = f/200 = 5.0 \times 10^{-3} f$ となる．F 数が 4.0 のとき，同様にして焦点深度が $1.0 \times 10^{-2} f$ となる．F 数が小さな明るい光学系の方が，焦点深度が浅くなる．

8.4 (1) インコヒーレント光では干渉しないから，幅 D の単一スリットによる回折像強度の式 (6.16) で，軸を $d/2$ と $-d/2$ だけずらした結果の和で得られる．式 (6.15b) の sinc 関数の定義を用いると，二つのスリットによる回折光強度分布が次式で得られる．

$$I_2(x) = D^2 \operatorname{sinc}^2 \frac{D(x-d/2)}{\lambda L} + D^2 \operatorname{sinc}^2 \frac{D(x+d/2)}{\lambda L}$$

(2) $I_2(x)$ における第 1 項の第 1 暗線位置は，$\pi D(x_0 - d/2)/\lambda L = \pi$ より $x_0 = \lambda L/D + d/2$ で，最大値の位置は $\pi D(x_{\mathrm{M}} - d/2)/\lambda L = 0$ より $x_{\mathrm{M}} = d/2$ となる．$\mathcal{R}_{\mathrm{R}} = x_0 - x_{\mathrm{M}} = \lambda L/D$ がレイリーの分解能である．

8.5 レンズは円形だから，分解能は，式 (8.11) 下段の式を用いて $\mathcal{R}_{\mathrm{R}} = 1.22 \cdot 500 \times 10^{-9} \cdot 2.0\,\mathrm{m} = 1.22\,\mu\mathrm{m} = 1.22 \times 10^{-3}\,\mathrm{mm}$ となる．限界周波数は，式 (8.25) 第 2 式を用いて $\mu_{\mathrm{c}} = 1/(500 \times 10^{-9} \cdot 2.0) = 10^6$線対/m $= 10^3$線対/mm となる．

8.6 重なり部分の比率を求める．$0 \leqq \mu_x \leqq 1$ のとき $S_1(\mu_x) = 2(1-\mu_x)$，$S(0) = 2$ で $H_1(\mu_x) = 1 - \mu_x$ となる．$1 \leqq \mu_x \leqq 2$ のとき $S_2(\mu_x) = (\mu_x + 1) - 2 = \mu_x - 1$ で $H_2(\mu_x) = (\mu_x - 1)/2$ となる．$2 \leqq \mu_x \leqq 3$ のとき $S_3(\mu_x) = 3 - \mu_x$，$H_3(\mu_x) = (3 - \mu_x)/2$ となる．$3 \leqq \mu_x$ のとき $H_4(\mu_x) = 0$ となる（解図 2）．

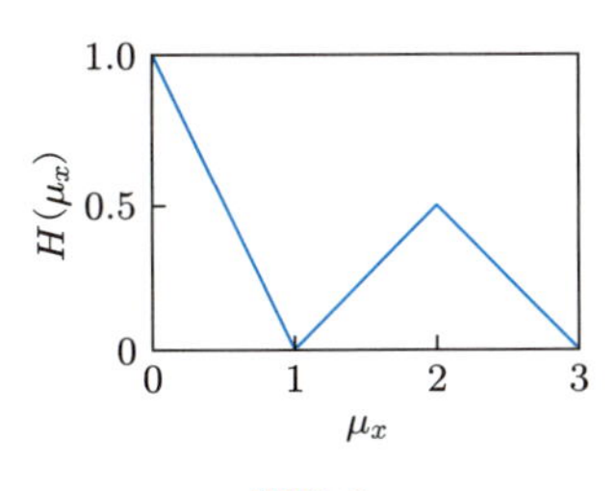

解図 2

9 章

9.1 レンズの複素振幅透過率の式 (9.2) で，焦点距離を f_1，f_2 とした式を $u_{\mathrm{p}1}$，$u_{\mathrm{p}2}$ とおき，それらの積をとると，

$$u_{\mathrm{p}1} u_{\mathrm{p}2} = \exp\left(i\frac{\pi r^2}{\lambda f_1}\right) \exp\left(i\frac{\pi r^2}{\lambda f_2}\right) = \exp\left[i\frac{\pi r^2}{\lambda}\left(\frac{1}{f_1} + \frac{1}{f_2}\right)\right] = \exp\left(i\frac{\pi r^2}{\lambda f_{\mathrm{c}}}\right)$$

となり，合成焦点距離 f_{c} を $1/f_{\mathrm{c}} = 1/f_1 + 1/f_2$ で得る．これは式 (3.60) と一致している．

9.2 与えられた複素振幅透過率で $p = 1$，$f = f_{\mathrm{s}}$ とおき，求める焦点距離を式 (9.2) で f とすると，$\exp(-i\pi r^2/\lambda_{\mathrm{s}} f_{\mathrm{s}}) = \exp(-i\pi r^2/\lambda f)$ より，$f = f_{\mathrm{s}}\lambda_{\mathrm{s}}/\lambda$ で得られる．

9.3 9.1・10.4 節を参照して，第 1 項の位相因子内の最初の項は焦点距離 ζ_1 の凹レンズ作用を，2 番目の項は光軸と角度 $-\theta$ をなす方向の伝搬成分を表す．第 2 項の位相因子内の最

初の項は焦点距離 ζ_1 の凸レンズ作用を，2 番目の項は光軸と角度 θ をなす方向の伝搬成分を表す．

9.4 レンズの上・下端を結んだ鉛直線で，第 1・2 面を二つのプリズム群に分離し，光軸上の左（右）側の厚さを d_1（d_2）とする．このとき，$(x_m + x_{m-1})/2$ および第 1（2）面のプリズム群での頂角 α_{1m}（α_{2m}）は，式 (9.9) における d と R をそれぞれ d_1（d_2），$-R_1$（R_2）に置換して得られる（▶図 9.4）．また，偏角 δ_{jm} は式 (9.10) における α_m を α_{jm} に置換して得られる．図 9.4(b) において $\pi/2 - \delta_m = \phi_m$ とすれば，このレンズでは $\phi_m = \pi/2 - (\delta_{1m} + \delta_{2m})$ を満たす．以上の結果より，次のようになる．

$$
\begin{aligned}
\frac{1}{f_m} &= \frac{1}{[(x_m + x_{m-1})/2]\tan\phi_m} = \frac{\tan(\delta_{1m} + \delta_{2m})}{(x_m + x_{m-1})/2} \fallingdotseq \frac{(n_{\mathrm{L}} - 1)(\alpha_{1m} + \alpha_{2m})}{(x_m + x_{m-1})/2} \\
&= (n_{\mathrm{L}} - 1)\left(\sqrt{\frac{N}{2R_1 d_1 m}}\sqrt{\frac{2d_1 m}{R_1 N}} + \sqrt{-\frac{N}{2R_2 d_2 m}}\sqrt{-\frac{2d_2 m}{R_2 N}}\right) \\
&= (n_{\mathrm{L}} - 1)\left(\frac{1}{R_1} - \frac{1}{R_2}\right)
\end{aligned}
$$

9.5 物点から像点に至るあらゆる近軸光線の光路長が等しくなっていることが本質である．

10 章

10.1 6.1.3 項の構成では，フーリエ変換を得るためには，開口面と像面の距離 L を非常に大きくとる必要があった．6.2 節の構成では，凸レンズ後方で焦点距離の長さでフーリエ変換が得られるようになったが，像面座標に依存する位相項を含むという欠点があるため，光強度でフーリエ変換の関係が満たされた．10.3 節の構成では，距離が短くなるとともに，複素振幅でフーリエ変換が満たされるようになった．

10.2 物面座標を (ξ, η)，像面座標を (x, y) として，フレネル回折の式 (6.5a) を利用する．光軸に平行な入射光線だから $L_{\mathrm{h}} = L$ とおける．$u_0(\xi, \eta)$ に代入するレンズの複素振幅透過率は式 (9.2) で表せる．式 (6.5a) で $L = \pm|f|$（複号同順で，上（下）側を凸（凹）レンズとする）とおくと，後側焦点面での複素振幅が

$$
\begin{aligned}
u(x, y) &= \iint_S \exp\left(\pm ik\frac{\xi^2 + \eta^2}{2|f|}\right)\exp\left(\mp ik\frac{\xi^2 + \eta^2}{2|f|}\right)\exp\left(\pm ik\frac{x\xi + y\eta}{|f|}\right) d\xi d\eta \\
&= \iint_S \exp\left(\pm ik\frac{x\xi + y\eta}{|f|}\right) d\xi d\eta = \delta(x, y)
\end{aligned}
$$

となる．最後の式変形には式 (10.8) を利用した．これは，凸（凹）レンズではレンズ後（前）方にある焦点に点像が得られることを意味する．

10.3 (1) $f(x \pm a, y \pm b)$ をフーリエ変換の定義式 (10.1) に代入し，$X = x \pm a$，$Y = y \pm b$ とおくと，次のように与式が得られる．

$$
\begin{aligned}
&\mathcal{F}[f(x \pm a, y \pm b)] \\
&= \iint_{-\infty}^{\infty} f(X, Y)\exp\{i2\pi[\mu_x(X \mp a) + \mu_y(Y \mp b)]\}\, dXdY
\end{aligned}
$$

$$= \exp[\mp i2\pi(a\mu_x + b\mu_y)] \iint_{-\infty}^{\infty} f(X,Y) \exp[i2\pi(\mu_x X + \mu_y Y)]\, dXdY$$

(2) 物面で物体が平行移動しても，フーリエ空間では結像位置が不変だが，位相因子が加わることを意味する．そのため光強度で観測すると，“T” と “L” のように，平行移動するとほぼ一致するパターンの判別が難しい．逆に，入力情報の位置が物面内でずれていても，フーリエ変換面での光強度分布があまり変化しないので，この性質は文字読み取りなどのパターン認識に利用されている．

10.4　$u_0(\xi,\eta) = -im[\exp i2\pi\alpha'\xi - \exp(-i2\pi\alpha'\xi)]/2$ と変形した式を式 (10.23) に代入すると，式 (10.28a)，(10.29) を参考にして，像面での複素振幅が

$$\tilde{u}(\mu_x,\mu_y) = -iD\frac{m}{2}\{\mathrm{sinc}[(\mu_x+\alpha')D] - \mathrm{sinc}[(\mu_x-\alpha')D]\}\delta(\mu_y)$$

で，光強度が

$$I(\mu_x,\mu_y) = |\tilde{u}(\mu_x,\mu_y)|^2 = \left(\frac{m}{2}\right)^2 D^2\{\mathrm{sinc}^2[(\mu_x+\alpha')D] + \mathrm{sinc}^2[(\mu_x-\alpha')D]$$
$$- 2\,\mathrm{sinc}[(\mu_x+\alpha')D]\,\mathrm{sinc}[(\mu_x-\alpha')D]\}\delta(\mu_y)$$

で得られる．複素振幅に虚数項があり，光強度に負符号の項が現れている．

10.5　式 (10.2) を利用すると，関数 $f(x,y)$ の x 方向 1 階偏微分は次式で表される．

$$\frac{\partial f(x,y)}{\partial x} = -i2\pi\mu_x \iint_{-\infty}^{\infty} \tilde{f}(\mu_x,\mu_y)\exp[-i2\pi(\mu_x x + \mu_y y)]\, d\mu_x d\mu_y$$

上式で $-i2\pi\mu_x\tilde{f}(\mu_x,\mu_y)$ を式 (10.1) における $\tilde{f}(\mu_x,\mu_y)$ とみなすと，$\mathcal{F}[\partial f(x,y)/\partial x] = -i2\pi\mu_x\tilde{f}(\mu_x,\mu_y)$，$\mu_x = x/\lambda f$ となる．よって，入力面に $f(x,y)$，周波数面に複素振幅透過率 $(-i2\pi\mu_x)$ をもつフィルタを置けばよい．負の透過率の領域では位相を π だけずらす．

10.6　周波数面で光軸上の遮光は 0 次回折光の除去を意味するから，式 (10.31) の第 1 項を省いた形で出力面の複素振幅が得られる．よって，$\mu_x = x/\lambda f$，$x_{\mathrm{im}}/\xi = -1$ を用いて，

$$g_{\mathrm{a}}(x_{\mathrm{im}}) = \frac{m}{2}\int_{-\infty}^{\infty}[\delta(\mu_x+\alpha') + \delta(\mu_x-\alpha')]\exp(-i2\pi\mu_x\xi)\, d\mu_x$$
$$= \frac{m}{2}[\exp i2\pi\alpha'\xi + \exp(-i2\pi\alpha'\xi)] = m\cos 2\pi\alpha' x_{\mathrm{im}}$$

$$I(x_{\mathrm{im}}) = |g_{\mathrm{a}}(x_{\mathrm{im}})|^2 = \frac{m^2}{2}(1 + \cos 4\pi\alpha' x_{\mathrm{im}})$$

を得る．$I(x_{\mathrm{im}})$ の式を式 (10.27) と比較すると，もとの情報の 2 倍の周波数成分 $2\alpha'$ のみが現れ，直流成分がなくなっていることがわかる．すなわち，0 次回折光を除去したために，もとの周波数成分 α' が再現されていない．

参考書

【光学全般】

・M. Born and E. Wolf: *Principles of Optics*, Pergamon press (1970).
・ボルン，ウォルフ（草川徹・横田英嗣訳）：光学の原理（I・II・III），東海大学出版会 (1974).
・ロッシ（福田国也・中井祥夫・加藤利三訳）：光学（上・下），吉岡書店 (1967).
・村田和美：光学，サイエンス社 (1979).
・石黒浩三：光学，裳華房 (1982).
・鈴木達朗：応用光学 I，朝倉書店 (1982).
・E. Hecht：*Optics*, Addison-Wesley Publishing (1987).
・ヘクト（尾崎義政・朝倉利光訳）：ヘクト 光学（I・II・III），丸善 (2004).
・鶴田匡夫：応用光学（I・II），培風館 (1990).
・宮本健郎：光学入門，岩波書店 (1995).
・左貝潤一：光学の基礎，コロナ社 (1997).

【その他の光学】

・久保田広：光学，岩波書店 (1964).
・吉原邦夫：物理光学，共立出版 (1966).
・久保田広：波動光学，岩波書店 (1971).
・松居吉哉：レンズ設計法，共立出版 (1972).
・土井康弘：偏光と結晶光学，共立出版 (1975).
・三宅和夫：幾何光学，共立出版 (1979).
・早水良定：光機器の光学（I・II），日本オプトメカトロニクス協会 (1989).
・大津元一：現代光科学（I・II），朝倉書店 (1994).
・応用物理学会光学懇話会編：結晶光学，森北出版 (2003).
・黒田和男：物理光学―媒質中の光波の伝搬―，朝倉書店 (2011).

【光工学】

・小山次郎，西原　浩：光波電子工学，コロナ社 (1978).
・飯塚啓吾：現代光工学の基礎，オーム社 (1980).
・龍岡静夫：光工学の基礎，昭晃堂 (1984).

索　引

さ　行

た　行

な 行

は 行

ま 行

や 行

ら 行

著　者　略　歴

左貝　潤一（さかい・じゅんいち）

1973 年　大阪大学大学院工学研究科修士課程修了（応用物理学専攻）

現　在　立命館大学名誉教授・工学博士

編集担当　富井　晃（森北出版）

編集責任　上村紗帆（森北出版）

組　　版　中央印刷

印　　刷　　同

製　　本　ブックアート

エッセンシャルテキスト　光学

2019 年 7 月 26 日　第 1 版第 1 刷発行

著　　者　左貝潤一

発 行 者　森北博巳

発 行 所　森北出版株式会社

東京都千代田区富士見 1-4-11（〒102-0071）

電話 03-3265-8341／FAX 03-3264-8709

https://www.morikita.co.jp/

日本書籍出版協会・自然科学書協会　会員

JCOPY ＜（一社）出版者著作権管理機構　委託出版物＞

落丁・乱丁本はお取替えいたします．

Printed in Japan／ISBN978-4-627-77631-9